Das praktische Jahr des Maschinenbau-Volontärs.

Ein Leitfaden für den Beginn der Ausbildung zum Ingenieur.

Von

Dipl.-Ing. F. zur Nedden.

Anastatischer Neudruck 1919.

Springer-Verlag Berlin Heidelberg GmbH
1907.

ISBN 978-3-662-24371-8 ISBN 978-3-662-26488-1 (eBook)
DOI 10.1007/978-3-662-26488-1
Additional material to this book can be downloaded from http://extras.springer.com

Vorwort.

Durch die Einführung des pflichtmäßigen Arbeitens in Werkstätten vor Beginn des Studiums haben die technischen Hochschulen eigenem unabweisbaren Bedürfnis, mit in erster Linie aber auch dem Verlangen der Industrie Rechnung getragen. Diese segensreiche, unentbehrliche Einrichtung des „praktischen Jahrs“ vor dem Studium krankt an einem schweren Fehler, der ihre Wirkung durchschnittlich erheblich beeinträchtigt, bisweilen nahezu gleich Null setzt: das ist der Mangel an Erläuterung neben der Anschauung.

In Zeitschriften*) hatte der Verfasser bereits Gelegenheit, ausführlich über diesen Mangel und die Möglichkeit seiner Beseitigung zu sprechen. Hier sei nur ganz kurz zusammengefaßt: Ein vollbelasteter wirtschaftlicher Betrieb, wie es die Maschinenfabrik durchschnittlich ist, kann nicht Pädagogik üben. Sehr willkommen und sehr lobenswert, wenn seine Betriebsleiter trotzdem das nobile officium der Volontärausbildung sorgfältig und gern ausführen. Vielleicht könnte man es sogar sehr unklug nennen, dafür keine Zeit zu haben: denn der Mangel an Werkstattsausbildung ihrer jung eintretenden Ingenieure rächt sich am ehesten an den Fabriken selbst. Tatsache ist, daß die Unterweisung der Volontäre über das Aneignen von handwerksmäßigen Fertigkeiten hinaus sehr im argen liegt, — und mit dieser Tatsache ist ohne Nörgelei zu rechnen.

Die Erläuterung muß von außen kommen, geschieht sie nicht innen. Verlegung des „praktischen Jahrs“ hinter ein erstes

---

*) Siehe u. a.: „Die Werkstattspraxis der Maschinenbauvolontäre“ in der Zeitschrift „Werkstattstechnik“ März 1907.

Studienjahr oder einen vorbereitenden Hochschulkursus wäre wünschenswert und von guter Wirkung, — ist aber ohne abermalige Umwälzung des kaum gefestigten neueren Studienplans nicht möglich. Erläuterung durch Abendkurse käme nur für besondere Fälle in Betracht. Vorläufig kann nur durch geeignete Lektüre Abhilfe geschaffen werden. Aber sie fehlt fast gänzlich.

So kam der Verfasser dazu, dieses Buch zu schreiben. Der Weg, den es einschlägt, ergibt sich aus dem Zweck von selbst. Den Fachgenossen gegenüber soll nur betont werden, daß dieses Buch nicht den Anspruch darauf erhebt, ein wissenschaftliches zu sein. Eben das soll vermieden werden. Die Tabellen beispielsweise wollen nur Relationen und Größenordnungen veranschaulichen. Die „Beobachtungswinke“ am Schluß der letzten Kapitel sind in keiner Hinsicht planmäßig oder auch nur annähernd erschöpfend. Nur möchte das Buch mehr sein, als eine allgemeine „populäre“ Plauderei. Sein Ziel ist ernstliche Förderung, Anregung zum Nachdenken, sein Streben strenge Sachlichkeit. Der Verfasser ist sich sehr wohl bewußt, daß sein Buch keineswegs ohne Mängel ist. Er bittet, dies mit der Neuheit des Unternehmens entschuldigen zu wollen, und gibt sich der Hoffnung hin, daß diese Mängel durch die tatkräftige Mitarbeit aller derer, die seinen Kern für gut erkannt haben, aus Neubearbeitungen verschwinden werden, falls der Bedarf solche erheischen sollte. Wenn es dem Verfasser nur gelungen wäre, den Lesern etwa die ständige Unterhaltung mit einem am Ende seiner Studien stehenden älteren Kameraden zu ersetzen, so wäre die Absicht schon völlig erreicht. —

Hinzuzufügen ist, daß aus Rücksicht auf möglichste Vermeidung verwirrender Vielseitigkeit, wie aus Rücksicht auf den Umfang, die praktische Tätigkeit im Maschinenbau mit Ausschluß des rein elektrotechnischen Gebiets ins Auge gefaßt wurde. Trotzdem dürfte der Inhalt auch Studierenden der Elektrotechnik und der Hüttenkunde von Nutzen sein. —

Durch den Inhalt der ersten Abschnittte, ganz besonders auch durch die im Anhang zusammengestellten wichtigen amtlichen Bestimmungen dürfte die Lektüre auch schon längere Zeit vor Beginn der praktischen Tätigkeit von Nutzen sein.

Es ist mir eine angenehme Pflicht, an dieser Stelle meinen beiden verehrten Lehrern: den Professoren an der Kgl. technischen

Hochschule zu Charlottenburg Kammerer und Dr.-Ing. Schlesinger Dank zu sagen für die freundliche und wertvolle Unterstützung ihres Rates. Vor allem aber fühle ich mich meinem lieben Kameraden und Amtsgenossen, Herrn Dipl.-Ing. Mitter, tief verpflichtet für die unermüdliche Anregung und Mitarbeit in vielfachen Besprechungen, die mir während der Entstehung dieses Werkchens ständig von ihm zuteil wurde.

Die Zusammenstellung der in den mechanischen Werkstätten für Massenfabrikation üblichen Werkzeuge verdanke ich zu einem Teile dem liebenswürdigen Entgegenkommen der Firma Ludwig Loewe & Co. zu Berlin; den Lageplan der Deutschen Niles-Werkzeugmaschinenfabrik lieferte mir freundlichst deren Direktion.

Ich habe in diesem Buche immer wieder betont, daß die Volontäre bei höflichem Benehmen stets das erdenklichste Entgegenkommen der Betriebsleiter und Direktionen finden würden. An diese alle richte ich daher die Bitte, diese Anschauung zu bestätigen, und wenn nicht mitwirkend, so doch Spielraum gewährend die Selbstbelehrung des Volontärs nach Möglichkeit zu fördern.

Aachen, September 1907.

Dipl.-Ing. **zur Nedden.**

Inhalt.

Vierter Teil.

Einleitung.

Vom Berufe des Ingenieurs. „Aussichten“.

Viele, die dieses Buch in die Hand bekommen, werden sich über die Statistik des Ingenieurberufs vielleicht klarer sein, als der Verfasser selbst. Sie werden vermutlich gefunden haben, daß, wie in allen andern Berufen, so auch bei diesem, im deutschen Land Überfüllung herrscht. Und in der Tat hat Überangebot Gehälter geschaffen, deren Niedrigkeit dem gebildeten Ingenieur die Schamröte in die Wangen treiben, beides: für die Empfänger, wie für die Geber, die ihresgleichen geringer besolden, als den letzten Arbeiter. So ist ein großes Ingenieurproletariat entstanden. Auch wandern viele unserer hoffnungsvollsten jungen Kräfte deshalb aus. Anderseits wird man gewiß von allen Seiten dem jungen Mann, der Ingenieur werden will, liebenswürdig versichern, er habe „da noch die größten Chancen“. Weder möge ihn die erste Erkenntnis einschüchtern, noch die zweite Redensart allzu hochgemut stimmen. Es ist halt bei uns, wie überall: der Tüchtige kommt vorwärts, vielleicht, wenn er Glück hat, recht schnell, — und der Stümper bleibt unten.

Berufsfreude.

Die Ausbildung zum Ingenieur ist eine der schwersten, die es überhaupt gibt. Aber sie ist, besonders nach Überwindung der ersten Jahre, auch sehr anregend und wendet sich an den ganzen Menschen. Die Fundamente unseres Berufes schauen recht reizlos aus: Die nüchtern zu erwägende Zweckmäßigkeit, die krasse Wirtschaftlichkeit als allein maßgebendes Moment stoßen häufig die Jünger unserer Kunst ab, wenn sie mit allzu ästhetischen, wohl gar poetischen Hoffnungen an die Sache herangehen. Ja gewiß, der Ingenieur als solcher freut sich in seinen freien Augenblicken an den schönen Maschinen, an dem Bewußtsein der

Herrschaft über Kräfte und Massen, — aber so lange er arbeitet und schafft, ist er nur darauf bedacht, möglichst **billige** Maschinen zu bauen. Sein Maßstab soll nicht „Schönheit“ und „technische Vollkommenheit“ sein, sondern sich lediglich in Mark und Pfennig ausdrücken. Er muß sich stets bewußt bleiben, daß bei zwei dem gleichen Zweck dienenden Maschinen nicht die technisch vollkommenere, sondern die bei gleicher Leistung billigere gekauft wird, und das ist allein maßgebend. Völlig in den Hintergrund tritt das Streben nach **theoretisch** größter Vollkommenheit, das in den reinen Wissenschaften mit Recht obherrscht und ihren Hauptreiz bildet.

Aber in all der scheinbaren Nüchternheit steckt doch ein Reiz, und all dem Materialismus entspringt dennoch ein unerwartet ideales Ergebnis. Denn es ist ein uraltes Grundgesetz, daß die höchste Zweckmäßigkeit stets auch schön ist, — ganz ungewollt. Und so ist es gekommen, daß die modernsten Fabrikgebäude, bei deren Erbauung man sich bewußt von allem Streben nach architektonischer Verzierung abwandte, und die nur aus Zweckfolgerungen sozusagen auskristallisierten, plötzlich einen neuen architektonischen Stil, ein auch ästhetisch befriedigendes Gesamtbild zeigen. So schuf das Bedürfnis nach billigster Krafterzeugung jene herrlichen Maschinen, um deren beinah rätselhaftes Ebenmaß uns mancher Kunstgewerbler beneidet. Aber es ist mit diesem ästhetischen Erfolg, wie mit Rübezahl im Märchen: er erscheint nur freiwillig. Wer nur **schön** konstruieren **will**, geht sicher falsch. Wer **richtig** und **zweckmäßig** konstruiert, schafft meist auch Schönes.

Dazu kommt, daß auch die zum Grundsatz erhobene Wirtschaftlichkeit etwas Befriedigendes in sich birgt, Es ist wie ein Wettlauf um den Preis der vollkommensten Verbindung von höchster Leistung und größter Preiswürdigkeit. Das Erreichen des Ziels befriedigt an sich.

Die Veranlagung.

Soviel von der rein konstruktiven Seite des Ingenieurberufs. Es ist zu beachten, daß solche Ingenieure, die eine **rein** konstruktive Tätigkeit haben, keineswegs die überwiegende Mehrheit sind. Organisatorische, volkswirtschaftliche, kaufmännische, administrative Fähigkeiten können sie und müssen sie häufig entfalten, mitunter vorwiegend. In dieser Vielseitigkeit des Berufs, in der Möglichkeit, die entgegengesetztesten Fähigkeiten zu verwerten, liegt recht eigentlich die „Chance“ des gebildeten Ingenieurs. Darum sollen sich die jungen Leute bei der Berufswahl nicht von der Wahl des technischen Berufs dadurch abschrecken lassen, daß sie die eine oder die andere Fähigkeit nicht besitzen, die gemeinhin als Vorbedingung dafür gilt: etwa ausgeprägte Veranlagung für Mathematik, zeichnerische Begabung oder der verschwommene Begriff des „praktischen Blicks“. Alles das ist schulbar; nur eins muß Anlage sein: der offene Sinn für die Zweckmäßigkeit, und das Anerkenntnis, daß sie allein oberstes Gesetz des Schaffens ist. Daneben ist ein gewisser Unternehmungsgeist, eine natürliche Keckheit neuen Aufgaben gegenüber, und schließlich noch die Fähigkeit wichtig, sich räumlich Dinge vorzustellen: die Raumvorstellungsgabe, das unerläßliche „dreidimensionale Denken“.

Die wichtigste und recht eigentlich seinen Beruf darstellende Tätigkeit des Ingenieurs ist das Konstruieren, ein Wort, unter dem sich der Laie gar nichts oder meist etwas ganz Verkehrtes vorstellt. Konstruieren bedeutet in den allerseltensten Fällen: etwas ganz neu, aus dem Nichts heraus schaffen. Stets befindet sich der Konstrukteur in Anlehnung an bereits Vorhandenes, das er nur entweder einem neuen Zwecke anpaßt oder für den bisherigen Zweck tauglicher macht. Dies ist aber nicht dahin zu verstehen, das wir etwa nach Vorbildern abzeichnen, oder nachahmen. Dies wäre ebenso stumpfsinnig, wie unklug. Denn die Zwecke, die erreicht werden sollen, wechseln ständig, und die Werkzeugmaschinen, die die Stücke herstellen, ihre Arbeitsweise und ihre Genauigkeit sind in steter Entwicklung begriffen. Außerdem haben wir auch vielfach dazu Sünden der Väter gutzumachen. Der Vorgang beim Schaffen des modernen Ingenieurs ist — um ein Bild zu gebrauchen — nicht unähnlich dem künstlerischen Schaffen der Größten unter den modernen Kunstgewerblern: Gegeben ist das Problem des Stuhles, oder Löffels, oder Beleuchtungskörpers. Dieses Problem ist bisher schon unzählige Male gelöst. Aber der eine löste es ohne Rücksicht auf den bildnerischen Stoff, der andere ohne Rücksicht auf die Herstellung, der dritte ohne Rücksicht auf den Gebrauchszweck, ein vierter endlich wollte nur „stilgemäß“ schaffen: nichts davon ist ganz falsch, jedes aber unzweckmäßig, unwirtschaftlich, unkünstlerisch. Der moderne Meister des Kunstgewerbes schafft daher, ohne nach rechts oder

Konstruieren.

links zu blicken, rein aus den drei Grundrücksichten: Zweck, Herstellung, Material — heraus ein neues Möbel oder Gerät, das mehr oder weniger von den bisherigen abweicht, aber sie alle in gleichzeitiger Erfüllung dieser drei Grundforderungen übertrifft. Ziehen wir von diesem Schaffen die rein künstlerische Seite ab, die der Künstler schon triebhaft mitberücksichtigt: die Rücksicht auf den ästhetischen Eindruck, so erhalten wir eine ziemlich genaue Parallele zum Schaffen des wirklich hochstehenden Ingenieurs, und es ist klar, daß in solchem Schaffen stets dieselbe, geradezu künstlerische Befriedigung liegen kann, die der Meister des Kunstgewerbes empfindet.

Natürlich sind die Grenzen für solche sozusagen reformatorische Tätigkeit beim Ingenieur viel, viel enger gezogen, als beim Kunstgewerbler. Im allgemeinen stellt der größte Teil unserer guten Maschinenfabrikate eine Summe von Erfahrungen und Rücksichten auf die Grundforderungen dar, die durch stets neues Ur-Entwickeln der Formen seitens eines Einzelnen niemals übertroffen werden kann. Außerdem würde eben ein steter Wechsel in der Formgebung gerade dem Grundsatz billigster Herstellung widersprechen. Denn jede neue Form wird kostspielig durch die Notwendigkeit für den Arbeiter, sich umzugewöhnen, neue Vorrichtungen und Arbeitsmethoden zu ersinnen und auszuprobieren usw. Nur ganz selten wird es daher einem wahrhaft genialen Ingenieur vergönnt sein, zusammen mit einem Stabe mitschaffender Konstrukteure solche neuen Typen aufzustellen und zu vervollkommnen. Aber selbst in den engen Grenzen, die der hastende Betrieb unserer Großbetriebe somit zieht, wird sich der wahre Ingenieur vom Techniker schlechtweg darin unterscheiden, daß er ständig an den vorhandenen Teilen Verbesserungen vornimmt, sodaß sie die Grundforderungen noch vollkommener erfüllen, als bisher. Und hierin liegt der stete Reiz unserer Arbeit.

Projektieren. Vom Konstruieren zu unterscheiden ist das Projektieren, ebenfalls eine Haupttätigkeit des Ingenieurs. Es besteht im Zusammenstellen vorhandener Maschinenarten für einen bestimmten Zweck, bisweilen auch im genauen Aufstellen der Forderungen, die eine neue, eigens für ihre Erfüllung zu bauende Maschine oder Anlage zu erfüllen hat. Hier steht im Vordergrund das scharfe Abwägen zwischen der Kostspieligkeit verschiedener Lösungen derselben technischen Aufgabe, z. B. Kanalisation einer Stadt, Bau einer elektrischen Bahn oder Hafenanlage usw. In der immer wechselnden Form der Anforderungen und ihrer jeweils besten Befriedigung, sowie in der freieren Verfügung liegt hier der besondere Reiz. Aber ebensowenig können alle Ingenieure diese Tätigkeit ausüben, wie alle Offiziere Generalstäbler sein können.

Forschen.

Um im Bilde zu bleiben, gibt es in der Heerschar der Ingenieur außer den Frontsoldaten, den praktischen Ingenieuren, auch noch eine große Gruppe der forschenden Ingenieure. Dank unserer gründlichen Vorbildung geht vor allem in Deutschland beides häufig Hand in Hand: Forschen und Bauen. Unzweifelhaft ist das die bei weitem fruchtbarste Form der Ingenieurtätigkeit. Nur wenigen ist ihre Ausübung vergönnt. Die vorgeschrittene Form unserer technischen Errungenschaften macht heute einen wirklichen Fortschritt nur mehr möglich, wenn ein Teil der Ingenieure sich ausschließlich der wissenschaftlichen Forschung widmet. Dem Physiker, Chemiker und Mathematiker bringt einen derartigen Ingenieur seine Tätigkeit nahe. Umfassendste Kenntnisse wissenschaftlicher Natur sind Grundlage. Hier ist mathematische Begabung, Forscherblick, Beherrschung der wissenschaftlichen Methodik unerläßlich. Vom reinen Physiker, Chemiker und Mathematiker unterscheidet den forschenden Ingenieur jedoch stets ein Etwas; er arbeitet in stetem Hinblick, in ununterbrochener Berührung mit der Praxis; sein Auge ist stets auf die technische Ausnutzung der von ihm gewonnenen Erkenntnis gerichtet. Und darum braucht er, der durch die Stille seiner Studierstube, durch die Abgeschiedenheit seines Laboratoriums so leicht verführt werden könnte, die Werkstattsbedingungen zu vernachlässigen, erst recht die eigene Werkstattspraxis. Und je weniger Aussicht vorhanden ist, daß der beginnende Ingenieur später in der Werkstätte seine Heimat sehen wird, desto lebhafter präge er sich alle Erkenntnisse des kurzen praktischen Jahres ein. Was für die Praktiker eine Vorschule bedeutet, ist für den Theoretiker eine nie wiederkehrende, und darum doppelt und dreifach eifrig zu benutzende Gelegenheit, Wissen zu erwerben. Und ein Ingenieur ohne Kenntnis der Werkstattsvorgänge — ist kein Ingenieur.

Erfinden.

Ebenso bleibt ein Erfinder, der nicht in strengster Anlehnung an wirtschaftliche und werkstattstechnische Ausführbarkeit erfindet, stets ein Ikaride. Die heutigen großen technischen Erfindungen sind nicht geniale Eingebungen, sondern das Ergebnis mühevoller Arbeit auf wissenschaftlichem, konstruktivem und wirtschaftlichem Gebiet.

Welchen Weg daher der angehende Ingenieur späterhin auch immer einschlagen mag, immer steht vor ihm unabweisbar das Erfordernis der gründlichen Durchbildung als Konstrukteur. Zu dieser gehört oft recht wenig eigentliche Mathematik, sicherlich meist keine höhere, als etwa die Sekunda eines Gymnasiums treibt; und die Entfaltung zeichenkünstlerischer Begabung wird ganz und gar nicht Erfordernis. Denn alle Formen müssen sich aus Kreisen und geraden Linien bilden, da die Maschinen, welche das Werkstück nachher schaffen, nur kreisende oder hin- und hergehende geradlinige Bewegungen zu vollziehen vermögen.

Aber andres ist unbedingt nötig: Die genaueste, eingehendste Kenntnis aller Kräfte, die beim normalen Arbeiten des zu entwerfenden Teils auf ihn wirken. Ferner die vertrauteste Bekanntschaft mit der Fähigkeit des Materials, diese Kräfte aufzunehmen und zweckdienlich weiterzuleiten. Diese Wissenschaft lehrt die Hochschule. Dazu kommt aber als größte Hauptsache ein Drittes.

Notwendigkeit praktischer Werkstattserfahrung.

Das Schwergewicht der Kosten eines Maschinenteils liegt meist nicht in dem Preise des in ihm steckenden Materials, sondern in den Kosten seiner Bearbeitung, d. h. der Summe von Arbeiten, denen der Rohstoff unterworfen werden muß, bis er verwendungsfertig ist. Bearbeitung sparen, heist Geld sparen. Der Konstrukteur wird aber nur dann hierzu imstande sein, wenn er genau über alle Zwischenzustände und Bearbeitungen unterrichtet ist, die dazu gehören, aus dem rohen Metallklotz die gewollte Form zu schaffen. Er wird umso billiger und zweckmäßiger konstruieren, je genauer er mit allen Kniffen und Pfiffen der Werkstatt, mit den Kunstgriffen der Handwerker, mit dem Arbeitsverfahren der Bearbeitungsmaschinen vertraut ist. Auch im negativen Sinne ist häufig praktische Erfahrung unerläßlich: um nämlich ermessen zu können, wie weit man mit der Vereinfachung gehen kann, ohne die Güte der Ausführung zu gefährden.

Diese Erfahrung zu geben, kann nicht Sache der Hochschule sein. Es ist ohne weiteres klar, daß nur der Betrieb in der

Werkstatt selbst hierzu imstande ist. Denn mit dem bloßen Wissen, wie's gemacht wird, ist's häufig nicht einmal getan. Der Ingenieur muß es im Gefühl haben, was werkstättentechnisch möglich und zweckmäßig ist, und was nicht.

Aufgabe und Inhalt des praktischen Jahrs.

Diese Gründe zeigen die Notwendigkeit praktischer Belehrung vor dem Studium. Daß diese praktische Tätigkeit eine so ausgedehnte ist, liegt einesteils an der außerordentlichen Größe und Neuheit des zu überschauenden Stoffs, anderenteils aber auch daran, daß nicht nur dies eine Ziel, sondern noch eine Anzahl anderer Zwecke durch das praktische Jahr erreicht werden müssen.

Fast jeder Ingenieur kommt mehr oder minder häufig in die Lage, bei der Montage einer Maschine, d. h. bei ihrer endgültigen Aufstellung an Ort und Stelle, nach vorhergehender probeweiser Zusammenstellung der einzelnen Teile in der Fabrik, selbständig und leitend mitwirken zu müssen. Es ist ganz unerläßlich, daß er hierbei mit dem Schlosserhandwerk durchaus vertraut ist, schon um die nötigen Anordnungen in sachlich richtiger Weise treffen und ihre Ausführung nachprüfen zu können. Häufig jedoch ist man durch die Umstände gezwungen, sogar selbst mit Hand anzulegen. Und in diesen Fällen gilt es, abgesehen davon, daß man einen Monteur geradezu ersetzen muß, auch vor den Untergebenen sich keine Blöße zu geben, besonders, da gerade hierauf die Leute sehr sehen und darnach den Grad der dem Ingenieur entgegengebrachten Achtung zu bemessen pflegen. Für viele Arbeiten erschließt eigenhändige Ausführung überhaupt erst das Verständnis. Aus diesen Gründen ist die rein handwerksmäßige Handfertigkeit, wenigstens in allen Schlosserarbeiten, ein völlig unentbehrlicher Bestandteil der Ingenieurausbildung.

Abgesehen aber von den zu sammelnden reinen Kenntnissen und Fertigkeiten ist auch eine Vertiefung in die ganzen Grundlagen, auf denen sich unsere Maschinenindustrie aufbaut, ganz unerläßlich. Sie sind verschiedene: technische, wirtschaftliche und nicht zuletzt soziale.

Aus eigener Anschauung muß der Anfänger den Unterschied zwischen Maschinenarbeit und Menschenarbeit kennen lernen, so daß er in den Stand gesetzt wird, in jedem einzelnen Fall Vor- und Nachteile der einen oder andern abzuwägen. Er muß sich über das Wesen der Arbeitsteilung und über ihre Wirkungen und Grenzen informieren. Er muß es am eignen Leibe erfahren, welche Arbeit schwer, welche leicht ist, wieviel Geschicklichkeit oder Körperkraft oder Kopfarbeit jede Hantierung erfordert. Der Einfluß der Arbeitsbedingungen auf den Menschen und auf die Qualität der Arbeit, die durch das Zusammenarbeiten vieler eintretenden Wirkungen können nur durch Anschauung und Selbstempfinden klar werden. Was dem Einzelnen zugemutet werden kann und muß, was es heißt, jahraus jahrein 10 Stunden täglich in der Fabrik zu arbeiten, und welchen Maßstab man an die Arbeit jedes einzelnen legen muß, das sind alles reine Empfindungssachen, die unmöglich durch reines Lehren vermittelt werden können. Daneben ist unerläßlich eine, wenn auch nur ungefähre Übersicht über die Kosten der einzelnen Materialien und der Verfahren zu ihrer Verarbeitung, ein Einblick in Lohnkosten und Maschinenspesen, in die Arten der Entlohnung und die Möglichkeit der Vorkalkulation. Es ist ferner wünschenswert, daß der Eleve bereits in der Fabrik sein Auge für die spezifisch technische Formgebung, so, wie sie aus den konstruktiven Grundsätzen entspringt, sowie für ihre zeichnerische Darstellung gewinnt. Und schließlich ist von allerhöchster Wichtigkeit das Einleben in die Anschauungswelt der Arbeiter, in ihre soziale Schichtung und Lage. Denn es ist von höchstem Einfluß auf das Gedeihen eines jeden industriellen Unternehmens, ob sich Arbeitgeber und Arbeitnehmer, Beamte und Arbeiter auch über das Gebiet des rein Technischen hinaus sozial verstehen und achten. Und Mangel an Verständnis und Achtung auf der einen Seite ist durch umso größere auf der anderen auszugleichen.

So sind die Aufgaben, die des Volontärs in der Fabrik zunächst harren, mannigfaltig und keineswegs leicht. Sie fordern Verständnis, offenen Blick, eignes Denken, Geschicklichkeit und nicht zum wenigsten Taktgefühl. Aber wie sie den ganzen Menschen in Anspruch nehmen, so bilden sie auch den ganzen Menschen, und für die meisten Ingenieure bedeutet ihre Volontärtätigkeit eine große Veränderung in Wesen und Weltanschauung. Das praktische Jahr ist ein hartes, aber auch besonders interessantes, und demjenigen wird es am meisten bieten und am leichtesten fallen, der mit Lust und Liebe dabei ist.

Erster Teil.

Abschnitt 1.

Die Vorbereitungen zum „Praktisch-Arbeiten".

Über die Frage, welche industriellen Unternehmungen am besten geeignet sind, dem Ingenieur die praktische Vorbildung zu gewähren, gehen die Ansichten auch der Fachleute noch weit auseinander. Je nachdem der Betreffende das Schwergewicht der Ausbildung mehr in die handwerksmäßige Erlernung des Maschinenbaues oder in das Vertiefen in die Bedingungen des modernen Großbetriebs und der Massenfabrikation legt, wird er die „Lehre" beim Mechaniker oder das Elevenjahr im Großbetrieb befürworten. Es ist aber ganz unzweifelhaft, daß ein Mann, der nicht imstande ist, sein Gesellenstück im Tischlern, Formen oder Schlossern zu liefern, dennoch ein hervorragender Ingenieur sein kann. Sicherlich wären von allen großen Ingenieuren der Jetztzeit wohl kaum ein Zehntel ohne weiteres brauchbare Schlosser. Es bedeutet ein völliges Verkennen der Bedeutung der Arbeitsteilung und ein nutzloses Überbürden des schon schwer mit Lernstoff belasteten Maschinenbaubeflissenen, wenn man ihm zumutet, alle beim Maschinenbau notwendigen Hantierungen selbst zu erlernen. Das ist überhaupt an sich nicht möglich. Und, das zugegeben, ist es im übrigen nur noch Willkür, wo da die Grenze zu ziehen ist. Außerdem ist das erforderliche Maß handwerksmäßiger Kenntnisse für die verschiedenen Arten der Ingenieure verschieden. Der Betriebs-Ingenieur braucht als unmittelbarer Werkstatt-Leiter ein erheblich größeres Maß rein handwerksmäßiger Kenntnisse, ja Fertigkeiten, als der Konstruktions-Ingenieur, der sicherlich über allzu kleinlichen handwerksmäßigen Rücksichten die weiteren Zwecke seines Schaffens vernachlässigen würde. Da es aber in

Kleinbetriebe.

den seltensten Fällen möglich und niemals zweckmäßig ist, von vornherein eine bestimmte Sonder-Laufbahn ins Auge zu fassen, so folgt daraus die Notwendigkeit, dem angehenden Ingenieur eine möglichst vielseitige, aber nicht einseitig handwerksmäßige Bildung zu geben. Diese kann im Bedarfsfall später immer noch erfolgen.

Riesenbetriebe? Anderseits ist nicht zu verkennen, daß die Aussichten für Eintreten des zu fordernden Erfolgs im praktischen Jahr zweifellos in einem ganz großen Betriebe nicht so gute sind, wie in mittelgroßen. Denn im Riesenbetrieb geht der Einzelne unter; der Volontär verliert die Fühlung mit den Werkleitern, die ihn belehren könnten.

Mittelgroße Betriebe. Gottseidank haben wir nun gerade in Deutschland eine große Anzahl Mittelbetriebe, die doch auch den allergrößten an Vollendung der Arbeitsmethoden und Organisation nichts nachgeben und obendrein meist den Vorteil größerer Vielseitigkeit der Fabrikate und leichterer Übersichtlichkeit gewähren.

Einfluß der Art des Fabrikats. Diese letzteren Betriebe, — mit einigen hundert bis zu tausend Arbeitern, — dürften für die Erledigung des Volontärjahres sicherlich die geeignetsten sein, wobei es bis zu einem gewissen Grade sogar ziemlich gleichgültig ist, ob die Firma sich mit dem sogenannten allgemeinen Maschinenbau (Dampf- und Gasmaschinen, Arbeitsmaschinen, d. h. Pumpen, Gebläse usw.) oder mit Spezialitäten befaßt, als Werkzeugmaschinen, Automobilen, Lokomotiven usw. Selbst solche Unternehmungen, welche nur Maschinenteile (Zahnräder, Kupplungen, Transmissionen usw.) als Sondererzeugnisse fabrizieren, sind, wenn einigermaßen in neuzeitlichem Sinne geleitet, durchaus geeignet. Denn der Volontär soll ja nicht Maschinen bauen lernen, — das lehrt ihn die Hochschule —, sondern er soll sich einen Überblick über die herrschenden Arbeitsmethoden und -organisation verschaffen, und dabei ist das schließliche Fertigfabrikat Nebensache.

Fürsprache. Diese Tatsache dürfte den jungen Leuten, die als Volontäre Aufnahme suchen, wissenswert und willkommen sein. Denn einerseits ist aus örtlichen und sonstigen Rücksichten die Auswahl der sich bietenden Möglichkeiten an sich meist klein, anderseits ist es leider, besonders für den, welcher industriellen Kreisen ferner steht, immer noch recht schwierig, überhaupt in einer Maschinenfabrik von Ruf als Volontär zugelassen zu werden.

Naturgemäß kann auch das größte Werk nur eine verhältnismäßig sehr beschränkte Anzahl von Eleven aufnehmen, da diese selbst bei der leider üblichen geringen Rücksichtnahme auf sie immerhin noch manche Störung verursachen und — wahrscheinlich sehr mit Unrecht — stets als unproduktive „obligation de noblesse" betrachtet werden. Diese geringe Anzahl „offener Stellen" aber wird in unseren großen Firmen fast ausnahmslos für solche jungen Leute vorbehalten, zu deren Eltern oder Gönnern das Werk nahe geschäftliche Beziehungen oder Verpflichtungen hat, und niemand könnte hiergegen etwas einzuwenden haben.

Liste des „V. D. I."

Für solche, denen derartige Fürsprache fehlt, bietet nun die vom „Verein Deutscher Ingenieure" (Geschäftsstelle: Berlin NW, Charlottenstraße 43) zusammengestellte und kostenlos verabfolgte Liste, „derjenigen deutschen Maschinenfabriken . . . . welche sich bereit erklärt haben, jungen Leuten Gelegenheit zu praktischer Werkstattausbildung zu geben" ein vorzügliches Auskunftsmittel. An die dort aufgeführten Firmen kann man sich mit einiger Aussicht auf Erfolg wenden. Das Verzeichnis umfaßt nahezu 500 Fabriken (darunter die allerhervorragendsten) in allen Teilen Deutschlands.

Diese Firmen haben die gedachte Einwilligung gegeben unter ausdrücklicher Kenntnisnahme von den im Anhang dieses Buches abgedruckten „Bestimmungen über die Ausbildung der jungen Männer, welche an technischen Hochschulen Maschineningenieurwesen . . . . . . studieren wollen", und sind auch deshalb besonders für unseren Zweck geeignet.

Zeitpunkt der Anmeldung.

Es empfiehlt sich jedoch stets, wenn anders eine so frühe Entschließung vorliegt, die Anfrage und eventuelle Anmeldung womöglich schon Jahre lang vor beabsichtigtem Beginn der praktischen Tätigkeit an die Maschinenfabrik zu richten, da in diesem Falle auch die bedeutendsten und deshalb in dieser Hinsicht umworbensten Firmen häufig die Aufnahme bewilligen.

Entgelt.

Für die Zulassung als Volontär ist in der Mehrzahl der Fälle ein Entgelt zu entrichten, ob zu Recht oder zu Unrecht, soll an dieser Stelle nicht zur Diskussion gelangen. Diese „Entschädigung" soll sich nach § 1 der Bestimmungen durchschnittlich in den Grenzen von 300 bis 500 M. bewegen. Nicht selten aber wird dieser Satz trotz § 1 überschritten. Dem Verfasser sind Entschädigungen von 600 bis 2000 M. pro Jahr bekannt.

Es sei gleich hinzugefügt, daß bei Auswahl zwischen zwei sich bereit erklärenden Maschinenfabriken, wenn irgend möglich, der Punkt, welche „billiger“ ist, nicht mit in Betracht gezogen werden sollte. Denn einerseits bietet die höhere Summe keineswegs etwa Gewähr für bessere Ausbildung; die Festsetzung ist vielmehr eine ganz willkürliche und sogar innerhalb desselben Jahrganges schwankende. Anderseits bietet mitunter die „teurere“ Fabrik eine so ungleich vorzüglichere Gelegenheit zur Ausbildung, daß die dort gesparten Hunderte von Mark sehr leicht sich dadurch rächen können, daß nach Besuch der „billigeren“ Fabrik das Hochschulstudium umso langwieriger und um Tausende teurer wird.

Staatswerkstätten.

Neben den privaten Werken kommen staatliche in Betracht, und zwar die Kaiserlichen Werften zu Wilhelmshaven und Kiel, und die Werkstätten der Deutschen Staatseisenbahnen. Im Anhang dieses Buches finden sich die näheren Bestimmungen über die Aufnahme von Volontären in diese Werkstätten, sowie Aufklärung darüber, ob praktische Tätigkeit in ihnen für die Aufnahme in die staatliche Laufbahn Vorbedingung ist. An gleicher Stelle sind auch die Plätze, an denen sich die Werkstätten befinden, zusammengestellt.

Eisenbahn-Werkstätten.

Allgemein ist zu der Frage der praktischen Arbeit in den staatlichen Werkstätten folgendes zu bemerken: Die Eisenbahnwerkstätten sind durchweg Reparatur-, niemals Fabrikationswerkstätten. Viele sind nicht mit Gießerei und Modelltischlerei versehen; wo sie vorhanden sind, sind es solche in kleinstem Umfang. Vor allem aber fehlt durchweg „die auf Erwerb gerichtete Tätigkeit“, der rote Faden, der sich durch alle Privatunternehmungen zieht und den Namen „Dividende“ führt. Diese ertragslosen Werkstätten sind für den Erwerb der wirtschaftlichen Kenntnisse wenig geeignet.

Es liegt somit im Wesen der Sache und nicht etwa in Nachlässigkeit der Beamten, daß die Erledigung der praktischen Arbeit in den Betriebswerkstätten der Staatsbahnen nur als Notbehelf anzusprechen ist. Wenn die Absicht für späteren Eintritt in den Staatsdienst besteht, und die Bestimmungen des betreffenden Bundesstaates die Erledigung der praktischen Tätigkeit in den Eisenbahnwerkstätten erfordern, wird natürlich dieser Weg unumgänglich. Sehr erfreulicher Weise hat Preußen diese Bestimmung im letzten Jahr fallen lassen. Die Berührung mit der Behörde beginnt hier überhaupt erst nach dem Diplomexamen. Bis dahin ist die Ausbildung nur an die Vorschriften der technischen Hochschulen gebunden, die durchweg die Erledigung der praktischen Arbeitszeit in beliebigen Privatwerken gestatten. Die Bestimmungen der anderen Bundesstaaten geben fast ausnahmslos gleich weites Spiel für die erste praktische Ausbildung. Dafür ist diese an sich von den Hochschulen als Vorbedingung zur Aufnahme der Studierenden erklärt worden.

Werften.

Anders liegen die Verhältnisse bei den kaiserlichen Werften. Auch ihre Bestimmungen sind im Anhang abgedruckt. Hier handelt es sich um vollgültige, erstklassige Unternehmen, die sich von Privatunternehmungen (abgesehen davon, daß das Reich Inhaber ist) höchstens vorteilhaft unterscheiden. Sie arbeiten sehr wohl unter dem Gesichtspunkte größter Wirtschaftlichkeit und sind heute mit allen Feinheiten ausgestattete Musterunternehmen. Naturgemäß kommen sie in erster Linie für Schiffsmaschinenbauer in Betracht; aber auch für den allgemeinen Maschinenbau steht die praktische Tätigkeit auf einer großen Werft in keiner Beziehung zurück.

Ausrüstung des Volontärs.

Die Ausrüstung der Volontäre zu ihrer praktischen Tätigkeit verursacht tröstlich geringe Kosten:

Sie besteht aus zwei für zusammen etwa 8 bis 10 M. (höchstens!) erhältlichen „Monteuranzügen" aus blauer Leinwand, einer Kappe und eventuell für die Zeit in der Schmiede noch Holz-„Pantinen" oder dicken Lederstiefeln. Eventuell genügt sogar ein bloßes blaues Überhemd nebst „alten" Hosen als Arbeitsbekleidung. Sehr zu empfehlen ist — besonders im Sommer — das Mitnehmen eines blechernen Kännchens mit Milch oder Kaffee; man ist über das vielleicht peinliche Gefühl, es auf der Straße zu tragen, sehr bald erhaben, wenn man den Nutzen erfahren hat. Schließlich wird die Ausrüstung vervollständigt durch Zollstock oder Bandmaß, einen Bleistift und Notizblock, endlich durch Kleiderbürste, Seife und Handtuch. Von Seifen sind besonders solche mit frottierender Wirkung (Pflanzenfaser- oder Bimssteinseife) sehr empfehlenswert und oft allein imstande, das Öl und den Sand oder Lehm von Händen und Gesicht auch nur einigermaßen zu entfernen. Schließlich ist noch vor dem Tragen von Fingerringen zu warnen.

Werkstätten-Reihenfolge.

Auf einen sehr wichtigen Punkt sei hier hingewiesen: In vielen, und darunter den allervorzüglichsten Fabriken ist bezüglich der Reihenfolge, in der die einzelnen Werkstätten während der Ausbildungszeit durchlaufen werden, gar keine Bestimmung getroffen. Die jungen Leute werden meist aufs geratewohl in die Werkstätten verteilt, in denen „Platz" ist. Auch die unten folgenden „Bestimmungen usw." treffen für diesen Punkt ausdrücklich keine Anordnungen. Trotzdem ist es unzweifelhaft ganz unentbehrlich und durch vieltausendfache Erfahrung bestätigt, daß für den Neuling alle Anschauung in den Werkstätten nur den halben Nutzen hat, wenn er nicht zuvörderst die fertigen Fabrikate und ihre endgültige Zusammenstellung in der Montagehalle kennen gelernt hat. Erst dann hat er überhaupt die Möglichkeit, einigermaßen einen Überblick zu gewinnen. Der erfahrene Ingenieur vergißt dies gar zu leicht.

Nun mag es schwierig sein, beim Beginn eines neuen Volontärjahrgangs zunächst sämtliche (oft 12 und mehr) Eleven in die Montagehalle zu stellen, selbst wenn man darauf verzichtet, sie mit Hand anlegen zu lassen. Schon durch das bloße Herumstehen stören sie. Dennoch sollte in Anbetracht der grundlegenden Wichtigkeit eines solchen (wenn auch nur eine einzige Woche andauernden) Aufenthalts in Montage oder Lager, dieser möglich gemacht werden, und er kann es auch in der Tat bei gutem Willen der Werkleiter und der nötigen Bescheidenheit der Volontäre Jedenfalls sollte jeder Vater oder Volontär selbst unbedingt schon bei der ersten Besprechung mit dem Direktor des Werks darauf dringen, daß dem Eintretenden diese Möglichkeit gegeben werde. Die weitere Reihenfolge der Tätigkeiten ist dann verhältnismäßig weniger einflußreich. Im allgemeinen dürfte ein dem Fabrikationsgange entgegengesetztes Durchlaufen der Werkstätten das Vorteilhafteste sein.

Dauer.

Zum Schlusse ist noch über eine Frage zu sprechen, die nicht nur den Volontären und ihren Eltern, sondern auch unter den Fachleuten viel Kopfzerbrechen verursacht: Die Dauer der praktischen Arbeitszeit.

Die Meinungen weichen stark voneinander ab. Von solchen, die unter 2 Jahren sich überhaupt keinen Vorteil versprechen, bis zu denen, die einen kurzen vorbereitenden „Kursus" für ausreichend halten, finden sich Vertreter aller Übergangsansichten.

Der Verfasser hält es in diesem Rahmen für müßig, überhaupt darauf einzugehen, nachdem übereinstimmend vom „Verein Deutscher Ingenieure", den Hochschulen und den Baubehörden ein Jahr als Allgemeinmaß aufgestellt wurde.

Doch mögen die sich keineswegs Sorgen machen, welche als Oster-Abiturienten (unsre Hochschul-Jahreskurse beginnen im Oktober) von der Duldungs-Bestimmung Gebrauch machen, nur 6 Monate zu erledigen, bevor sie immatrikuliert werden, — unter der Verpflichtung, die weiteren 3 × 2 oder 2 × 3 Monate zwischendurch, d. h. innerhalb der großen Ferien, abzumachen. In 6 Monaten kann jemand, der die Augen offen hält, sich recht wohl soweit einleben in den Geist der Maschinenfabrikation, daß er ohne weiteres für die Hochschule „reif" ist. Und die späteren kleinen Arbeitszeiten sind desto fruchtbarer.

Sie sind so unverhältnismäßig viel fruchtbarer, und für gewisse Erkenntnisse so unentbehrlich, daß auch diejenigen, welche ein ganzes Jahr vor dem Studium arbeiten, nicht versäumen dürfen, später nochmals längere Zeit in die Fabrik als Volontär zu gehen.

Für diese kleinen Zeiträume werden allerdings von den Werken sehr ungern Volontäre zugelassen. Es empfiehlt sich daher dringend, bei Zeiten, womöglich schon als Klausel bei Beginn des ersten Abschnitts, Vorsorge zu treffen, daß man da keine Schwierigkeiten findet. Schöner ist es allerdings noch, wenn man in einem zweiten Werk die bei der ersten Arbeitsgelegenheit erworbenen Kenntnisse vielseitiger ausgestalten kann.

Abschnitt 2.

Rechte und Pflichten des Volontärs.

Zwei Grenzen.

Es scheint vielleicht überflüssig, einem wohlerzogenen jungen Mann von seinen Rechten und Pflichten in einer zivilisierten Umgebung erzählen zu wollen. Immerhin erschien es mir notwendig, einige Worte darüber zu sagen, da ich aus Erfahrung weiß, daß in den Köpfen mancher jungen Leute eine ganz eigenartige Auffassung über ihre Stellung in der Fabrik herrscht. So berief sich z. B. ein früherer Kamerad von mir einmal auf sein „akademisches Bürgerrecht: er brauche sich von einem Betriebs-Ingenieur nichts gefallen zu lassen". Der Herr fiel der verdienten Lächerlichkeit anheim: er verkannte eben völlig seine Stellung. Einem anderen meiner Kameraden verabreichte ein Schlosser eine schallende Ohrfeige, und leider keineswegs, ohne daß ihm das bisherige Benehmen des Volontärs ein Recht dazu gegeben und ihn zu einem solchen Wagnis ermutigt hätte. So sehr verkannte dieser Eleve seine Stellung nach der anderen Seite hin.

Arbeitsordnung. Zunächst unterwirft sich der Volontär dem Direktor gegenüber mündlich, und am ersten Tage seines Aufenthalts in der Fabrik auch (durch Unterschrift im Aufnahmebuch) schriftlich der Arbeitsordnung der Fabrik. Hieraus folgt, daß sich seine Stellung äußerlich in nichts von der eines gewöhnlichen Arbeiters unterscheidet: er ist an die Arbeitszeit streng gebunden, zahlt Strafe in die Arbeiterkasse, wenn er zu spät kommt, hat sich bei seinem Meister zu melden, wenn er die Fabrik außer der Zeit verlassen will, und wird nur auf dessen „Passierschein" hin herausgelassen. Er ist den Anordnungen der Meister und Betriebs-Ingenieure ebenso zu folgen verpflichtet, wie der Einjährig-Freiwillige seinen Unteroffizieren und Offizieren gegenüber. Seine Stellung ähnelt überhaupt in vielem der eines Einjährig-Freiwilligen in der Armee.

Belehrung. Denn die Rücksicht auf seine bessere Bildung und auf seine spätere Lebensstellung geben ihm tatsächlich eine besondere Stellung, ohne daß dies besonders ausgesprochen wäre. Diese Sonderstellung kommt aber nicht sowohl zum Ausdruck in der Möglichkeit, gegebenen Anordnungen nicht Folge zu leisten, als in dem Recht auf Belehrung zu jeder Zeit, es sei denn, daß seine Frage gerade besonders störte. Hier ist eine durch den persönlichen Takt herauszufühlende Grenze.

Häufig jedoch — und das ist aufs äußerste zu beklagen — wird seitens der Vorgesetzten dieses Recht nicht genügend berücksichtigt. Abgesehen davon, daß Meister und Betriebs-Ingenieure in manchen Fabriken für Volontäre kaum zu sprechen sind, oder auf ihre Fragen in einer Art antworten, daß diese das nächste Mal vorziehen, lieber nicht zu fragen, bestehen auch große

Bewegungsfreiheit. Meinungsverschiedenheiten bezüglich des Rechtes des Volontärs, eventuell auch einmal den ihm zugewiesenen Arbeitsplatz, Schraubstock oder Hobelbank usw. vorübergehend, ja auf Stunden zu verlassen, wenn an irgend einer Stelle der Fabrik eine lehrreiche, nicht häufig wiederkehrende Arbeit ausgeführt wird. So erinnere ich mich zufällig, daß ich während meiner Volontärzeit in einer namhaften Lokomotivfabrik einmal gern dabei sein wollte, wie mein Nachbar, ein Dreher, seine Stähle ausglühte, schmiedete, härtete und neu schliff. Mein Meister traf mich in der Werkzeugschmiede an, wie ich zusah, wies mich „sehr deutlich" auf meinen Platz zurück, und, wie das häufig so geht, es hat der Zufall gewollt, daß ich nie wieder Gelegenheit fand, eine derartige Arbeit mit anzusehen oder gar selbst auszuführen. Dies ein mir zufällig bewußtes Beispiel. Wie viele unbewußte Ausfälle mögen dem Volontär durch solches Vorgehen der Werkmeister entstehen! Selbstverständlich ist es nicht angängig, daß die Volontäre beliebig fortwährend in der Fabrik spazieren gehen, denn — abgesehen von disziplinarischen Gründen — der Meister ist für sie bis zu gewissem Grade verantwortlich, und er muß imstande sein, bei Anfragen stets anzugeben, wo der Volontär steckt. Auch ist es dem Volontär selbst anzuempfehlen, daß er mit Festigkeit sich selber zwingt, wochenlang auf seinem Platze zu arbeiten, ohne nach links oder rechts zu sehen, um ganz vollkommen sich in das Gefühl der Arbeiter hineinversetzen zu können. Solche Erfahrungen sind später dem Betriebsleiter oder Fabrikorganisator von großem Vorteil: denn er kennt dann die Grenzen der Durchführbarkeit von Disziplinmaßregeln. Aber von diesen Einschränkungen abgesehen, muß dem Volontär das Recht zustehen, sich jederzeit in der Fabrik umzusehen. Seine Pflicht ist es natürlich, dem Werkmeister hiervon in jedem einzelnen Falle Mitteilung zu machen. Es ist anzunehmen, daß er meist, bei richtiger, auch den Unterbeamten gegenüber bescheidener Form der Bitte, Entgegenkommen finden wird. Sollte dies jedoch nicht der Fall sein, so ist der Volontär zweifellos berechtigt, solche Einschränkung seines teuer genug erkauften Rechts dem Betriebs-Ingenieur oder schlimmstenfalls der Direktion mitzuteilen und um Änderung zu bitten.

Bei allen solchen Fragen spielt eine große Rolle das Benehmen des Volontärs selbst. Mit höflichen, anständigen und wohlerzogenen Formen kommt man, wie wohl meist im Leben, so auch den oft rauh oder geschäftsmäßig kalt erscheinenden Meistern und Ingenieuren gegenüber am weitesten; ja, es ist eine zu große Demut lange nicht so unangebracht als etwa das Pochen auf sein Benehmen

Recht oder gar auf das „akademische Bürgerrecht". Denn damit wird der an und für sich ja tatsächlich ziemlich ohnmächtige Volontär einfach ausgelacht.

Verkehr mit den Arbeitern.

Abgesehen von der praktischen Dienlichkeit ist aber das anständige Benehmen des Volontärs auch Pflicht; nicht nur Pflicht „aus Paragraph so und so viel", sondern aus den Rücksichten, die er der Gesellschaftsklasse, die er vertreten soll, schuldet, und deshalb muß vor allen Dingen das Benehmen den Arbeitern gegenüber völlig einwandsfrei sein. Diese Leute, die auf den ersten Blick häufig einen so ungeschliffenen Eindruck machen, und die unter einander oft in rohestem Tone verkehren, achten doch aufmerksam auf jeden kleinen Verstoß, den ein „Gebildeter" gegen den gesellschaftlichen Takt begeht. Sie richten ihr Benehmen gegenüber dem Volontär ganz nach dem Ton, in dem er mit ihnen verkehrt. Der Hochfahrende erfährt sicher nichts von Belang aus ihrem Munde, der Zurückhaltende erfährt von ihrer Seite gleiche Zurückhaltung. Ein „reicher Junge", den auch in der Fabrik allein die Glorie des väterlichen Geldbeutels umstrahlt, der sich aber im übrigen „gehn läßt", wird nur um des von ihm erwarteten Quantums Bier willen geschätzt und kann gelegentlich „Redensarten" oder ein Lächeln hinter seinem Rücken erwarten. Aber ein junger Mensch, der mit ehrlicher Menschenachtung und in kameradschaftlichem Ton an den Arbeiter herantritt, ohne sich dabei „etwas zu vergeben", oder sich zu „gemein zu machen", wird stets Antwort auf seine Frage erhalten und eine anständige Behandlung erfahren, ja, er wird höchstwahrscheinlich mit Verwunderung bemerken, wie ganz unsozialdemokratisch freundlich und höflich die Arbeiter gegen ihn sind, und häufig wird er Gelegenheit finden, tiefe Blicke in Empfinden und Denkart einer Volksschicht zu werfen, die Seinesgleichen sonst nur vom Hörensagen und in der entsprechenden Entstellung kennen lernte.

Abgesehen von dem Nutzen, den bereitwillige Auskunfterteilung seitens der Arbeiter dem angehenden Ingenieur für seine Ausbildung bringt, liegt eine tiefe ethische und soziale Bedeutung in solch richtigem Erfassen der Stellung des Volontärs; ein Engländer drückte das in einem Aufsatz über technische Erziehung einmal dahin aus: „Die Anwesenheit eines wohlerzogenen Volontärs wirkt in der Werkstatt, wie die Anwesenheit einer Dame in einer Herrengesellschaft". Jedenfalls gilt, wenn irgendwo, so in der

Fabrik das Sprichwort: „Wie man in den Wald ruft, so schallt's heraus", und je ernsthafter es der Volontär mit seinen Pflichten nimmt, desto größere Rechte werden ihm alleitig zugestanden werden.

Schonung der Gesundheit.

Schließlich sei der junge Ingenieur-Aspirant noch auf eine Pflicht aufmerksam gemacht, die zwar als ein Ausfluß des Selbsterhaltungstriebes eigentlich selbstverständlich ist, aber dennoch häufig nicht genügend beachtet wird: es ist die Pflicht gegen die Gesundheit. Die praktische Arbeit ist an und für sich für den ihrer ungewohnten und seit Geschlechtern nicht auf körperliche Arbeit geschulten Organismus eine starke Anstrengung, sicherlich eine durchschnittlich bei weitem stärkere, als für den Arbeiter, mit dem sich aber doch der Volontär in einem uneingestandenen Wettlauf befindet. So richtig dies Bestreben des Volontärs an sich ist, so sehr muß vor unnützem Ehrgeiz gewarnt werden, der sich häufig an der Gesundheit rächt. Natürlich ist es nicht nur dienlich, sondern unbedingt erforderlich, daß sich der junge Eleve mitunter bis an die Grenze seiner Kraft anstrengt, schon um das Urteil für die Arbeit zu gewinnen. Aber falsch ist ein ausgesprochenes Wettearbeiten — schon, weil es meist zum Unterliegen des „Intelligenten" führt —, und es ist auch z. B. unnötig, daß der junge Mann den Schmiedehammer „über den Kopf zu schwingen" lernen will, weil er sich durchschnittlich bei diesem schweren und langwierigen „Studium" überanstrengt und die Fabrik schließlich mit Herzerweiterung oder Klappenfehler verläßt. Durchaus vermeidbar ist es ferner, daß er die giftigen Dämpfe beim Löten oder beim Messinggießen einatmet, während anderseits das Arbeiten in der anerkannt schädlichen Luft beim Eisenguß zu den Unvermeidlichkeiten gehört. Die Grenze muß da ein jeder nach eigenem Gefühl ziehen. Die Warnung vor Unvernunft ist nur erfahrungsgemäß sehr angebracht, denn ein ganz beträchtlicher Prozentsatz der Hochschulstudenten leidet an Herzerweiterung oder ähnlichen „Berufskrankheiten", welche auf Überanstrengung im praktischen Jahr zurückzuführen sind.

Entlohnung.

Vielfach hört man Volontäre von einem Recht auf Entlohnung reden. Hierin liegt ein Verkennen der Sachlage. Es ist schwer, die verborgenen Schädigungen zahlenmäßig abzuschätzen, die der Fabrik durch Störungen entstehen, die der Volontär wissentlich oder unwissentlich verursacht. Läge wirklich ein Überschuß der Leistung des Volontärs über sein Stören vor, so liegt in dem großen Wert des praktischen Jahrs für diesen Entschädigung genug. Vor allem aber berücksichtige der Volontär das eine, daß es garnicht in seinem Interesse liegt, entlohnt zu werden: denn dem Recht auf Lohn stände der pflichtgemäße Verzicht auf Bewegungsfreiheit gegenüber. Diese ist wertvoller als die paar Mark, — eine Summe, die höchstens mal während eines vorübergehenden Abschnitts als Maßstab gegenüber dem Verdienst des geschickten Arbeiters dienlich ist. Wohl aus diesem Grunde ist Entlohnung hie und da üblich, aber, wie gesagt, nicht einmal wünschenswert.

Zweiter Teil.

Abschnitt 3.

Entstehung und Bestandteile einer Maschine.

Es ist eigentlich merkwürdig und sicherlich eine Lücke in der „allgemeinen“ Bildung, daß wir von verhältnismäßig ganz außerordentlich wenigen landläufigen Fertigfabrikaten ihre Entstehungsgeschichte kennen. Ganz besonders peinlich empfindet dies der junge Mann, der, vom humanistischen oder Realgymnasium kommend, zum ersten Mal in eine Maschinenwerkstatt tritt. Er hat seinen Beruf im allgemeinen nach Gesichtspunkten gewählt, die ihm bei diesem Schritt plötzlich als ganz abstrakte bewußt werden. Es fehlt zunächst völlig die gedankliche Verbindung zwischen dem scheinbar zusammenhanglosen Schaffen rings um ihn, und dem fertigen Ganzen, das er immer vor Augen hatte, wenn er an seine künftige Lebensaufgabe dachte.

Diese Verbindung herzustellen soll im Folgenden versucht werden. Leider zwingt die Rücksicht auf die Verschiedenartigkeit der Fabrikate, welche die Gesamtheit der Leser dieses Buchs vor sich jeweils entstehen sieht, hier von Maschinen und Maschinenteilen ganz im allgemeinen zu sprechen. Sollten Unklarheiten im Einzelfalle bestehen, so hat hoffentlich diese allgemeine Darstellung wenigstens den Erfolg, daß sie richtige Fragestellung an die Betriebsleiter ermöglicht.

Kraftmaschinen, Arbeitsmaschinen, Kraftübertragung.

Ganz allgemein ist eine Maschine eine Vereinigung beweglicher und festgehaltener Teile zur Umwandlung mechanischer Arbeit. Je nachdem in der Maschine die Naturkraft, von welcher wir stets die Arbeit entnehmen, in Gestalt von Fallwasser, Dampf, Gas usw. selbst wirkt, oder die Maschine zur Leistung ihrer Arbeit erst von einer anderen Maschine angetrieben werden muß, scheiden sich die Maschinen allgemein in Kraft- und in Arbeitsmaschinen. Die Verbindung, mittels derer letztere von den Kraftmaschinen ihren Antrieb erhalten, heißt Transmission oder (Kraft-) Übertragung.

Wirkungsgrad.

Bei beiden Arten von Maschinen ist das Auge des Ingenieurs stets mit besonderem Interesse auf einen Punkt gerichtet: Die Kraftmaschine erhält Naturkraft zugeführt und leistet nutzbare Antriebsarbeit, die Arbeitsmaschine erhält Antriebsarbeit zugeführt und leistet damit die Nutzarbeit, für deren Verrichtung sie bestimmt ist. Auf diesem Wege soll möglichst wenig von der kostbaren, in Mark und Pfennig eingekauften Naturkraft verloren gehen. Verluste an sich sind unvermeidlich: sie rühren her von der Reibung der Teile aneinander, dem Luftwiderstand, Erschütterungen, Formänderungen usw. Aber in der möglichsten Verringerung dieser Widerstände liegt eines der Hauptziele des Maschinenbaus. Daher beobachtet sie der Ingenieur ständig. Er mißt bei jeder Maschine die geleistete Nutzarbeit und die hineingesteckte Arbeit und setzt beide dadurch in Beziehung, daß er einen Bruch schreibt, dessen Zähler die Nutzarbeit, dessen Nenner die eingeleitete Arbeit ist. Wären beide gleich groß, also die Maschine ideal, so hätte dieser Bruch seinen Höchstwert 1. So aber ist stets der Zähler kleiner als der Nenner, folglich der Bruch kleiner als 1. Man bezeichnet den Bruch mit dem griechischen Buchstaben η und nennt ihn den „Wirkungsgrad“ oder auch den Gütegrad, da er einen unmittelbaren Maßstab der Güte der Maschine in Bezug auf ihre arbeitumwandelnde Tätigkeit bildet. η hat bei Kraftmaschinen im ganz rohen Durchschnitt einen in der Gegend von 0,8 bis 0,85 liegenden Wert, steigt jedoch bei guten Fabrikaten bis in die Gegend von 0,9.

3 Entstehungsabschnitte.

Um eine solche Maschinerie zur Aufnahme des Rohstoffes „Naturkraft“ und Wandlung desselben in das Fertigfabrikat „Nutzarbeit“ zu schaffen, bedarf es dreier Tätigkeiten: 1. des Konstruierens, 2. des Fabrizierens und 3. des Aufstellens oder, bei beweglichen Maschinen, des Transports an den Lieferort.

Konstruieren, Disposition.

Das Konstruieren ist Sache des Konstruktionsingenieurs. Er beginnt, falls es sich um die Neukonstruktion einer in dieser Gestalt von der betr. Fabrik bisher noch nicht fabrizierten Maschine handelt, mit der Zusammenstellung der zu der Anlage erforderlichen Teile in ihrer Grundgestalt. Auf diese „Disposition“

folgt die Berechnung, welche übrigens von nun ab ständig, auch neben und in den weiteren Tätigkeiten, auftritt. Aus den zunächst rein geometrischen Grundlagen der Disposition werden mittels der sich aus ihr ergebenden Maße und der dem Ingenieur bekannten Eigenschaften der eingeführten Kraft die in dem ganzen System und in jedem einzelnen seiner Teile herrschenden Kräfte genau berechnet und untersucht. Hieraufer folgt die Wahl der für Aufnahme und Fortleitung dieser Kräfte geeignetsten oder durch die Fabrikation und die Wichtigkeit des Maschinenteils bedingten Baustoffe.

Festigkeit.

Der Entwurf der Teile ist auf Grund dieser Daten ermöglicht. Er besteht in Festlegung vor allem der Querschnitte der Teile, nach Maßgabe der auf sie entfallenden Kraftleistung und des dem gewählten Material zuzumutenden Widerstands gegenüber diesen Kräften.

Durchkonstruieren.

Die Arbeit des Konstruktions-Ingenieurs wird beendet durch das „Durchkonstruieren" der entworfenen Teile, eine Tätigkeit, die häufig das gesamte Leben eines industriellen Werkes darstellt. Worin sie besteht, ist schon an anderer Stelle besprochen worden: in der immer vollendeteren Anpassung der Abmessungen und der Form der Teile an ihren Zweck und ihre Herstellung. Die fertig konstruierten Teile verlassen die Hand des Konstrukteurs in Gestalt von genauen Zeichnungen, welche sämtliche zur Fabrikation des dargestellten Gegenstandes erforderlichen Maßzahlen enthalten und alle an dem Stück vorzunehmenden Prozesse, die „Bearbeitungen", genau ersichtlich machen müssen. Diese Zeichnungen sind an sich ein Fertigfabrikat und lösen sich als solches von Erzeuger und Erzeugungsstätte, dem Konstruktionsbureau, zu selbstständigem Dasein ab.

Fabrikation.

Sie bilden die Grundlage der Fabrikation.

Die Fabrikation ist die Angelegenheit der Betriebs-Ingenieure. Sie stehen an der Spitze der Betriebe, die nötig sind, um die Teile aus den vorgeschriebenen verschiedenen Baustoffen herzustellen. Über diese ist zunächst zu bemerken:

Baustoffe.

Die im Maschinenbau verwendeten Materialien müssen sämtlich die Eigenschaft besitzen, die Kräfte, deren Träger sie werden, ohne merkbare Änderung ihrer Form fortzuleiten. Aus diesem Grunde ist innerhalb der heutigen Maschine kein Teil aus Holz. Es herrschen ausschließlich die starren Metalle: Eisen und Stahl,

Kupfer, Bronze und für ein paar besondere Teile einige wenige Zinklegierungen.

Die Auswahl der Metalle für jeden einzelnen Teil geschieht auf Grund folgender Rücksichten: 1. Festigkeit, 2. Herstellungsmöglichkeit, 3. Preis, 4. Bearbeitung, 5. bei manchen Maschinenteilen Abnutzung infolge ihres ständigen Aufeinanderreibens. Im Hinblick auf diese Forderungen verhalten sich alle Baustoffe verschieden. In den meisten Fällen erfüllt nur jeweils ein einziges Material die Summe der gerade vorliegenden Forderungen gleichzeitig. Dies wird dann gewählt. Die Rücksicht auf das Aussehen der Teile spielt keine Rolle.

Für die Anfertigung verwickelt geformter Gegenstände wählt man zweckmäßig den Guß, wenn nicht zur Zusammensetzung aus einzelnen Teilen durchaus gegriffen werden muß. Denn diese ist, soll sie zuverlässig sein, meist teurer. Als Baustoff dient meistens Gußeisen, neuerdings kommt in wichtigen Fällen auch Stahlguß zur Anwendung. Beide Baustoffe sind auch für den Fachmann nicht mit dem Auge zu unterscheiden. Von geschmiedetem Material aber unterscheidet sie der Ingenieur äußerlich durch die für das geschulte Auge kenntliche besondere Formgebung. Außerdem unterscheiden sich Schmiede- und Gußeisen durch Glanz, Gefüge und Farbe der Oberfläche und des Bruchs. Kleine Gußwaren, vor allem die nicht Kraft leitenden Maschinenteile: „Armaturen“, werden auch aus Kupferlegierungen: Bronze, Rotguß, Messing hergestellt, da sich für das Gießen kleiner Stücke das Gußeisen wegen seiner Zähflüssigkeit (wie Öl) weniger eignet. Dieser Gelbguß aber verbietet sich für größere Stücke durch seine Kostspieligkeit.

Der Guß verlangt eine Form, zu deren Herstellung in der Regel ein Modell benutzt wird. Es besitzt die Form des zu gießenden Gegenstandes, wird aus Holz hergestellt und in bildsamen Sand eingesenkt. Nach Herausnahme des Modells behält die Formmasse den „Abdruck“ bei, welcher dann mit flüssigem Metall ausgefüllt wird. Der erhebliche Preis des Modells verteuert den auszuführenden Gegenstand wesentlich. Dieser Kostenzuschlag wird nur durch mehrfache Verwendung desselben Modells auf genügende Kleinheit herunterdividiert. Benutzung vorhandener Modelle spielt deshalb in der Praxis eine große Rolle.

Gußeisen ist ein nicht ganz zuverlässiges Material; wichtige Teile fertigt man deshalb aus Schmiedeeisen und Stahl an. Beide Materialien kann auch der Fachmann dem Aussehen nach nicht voneinander unterscheiden. Schmiedestücke müssen in der Form einfach gehalten werden, damit sie möglichst schnell geschmiedet werden können. Andernfalls erkalten sie während des Schmiedens und müssen von neuem „Hitze bekommen", um weiter geschmiedet werden zu können. Jede „Hitze" erzeugt „Abbrand" (d. h. ein Teil des Eisens verbrennt, oxydiert im Feuer) und ihre häufige Wiederholung macht das Material weniger fest, verschlechtert es.

Gießerei, Schmiede.

Die Schmiede und die Gießerei mit der ihr zur Seite stehenden Modelltischlerei sind somit die Erzeugungsstätten der rohen Maschinenteile. Die roh angefertigten Gegenstände bedürfen der weiteren Bearbeitung auf Werkzeugmaschinen oder durch Handarbeit. Diese soll möglichst eingeschränkt werden, weil sie teurer und ungenauer ist, als die Maschinenarbeit. Größere Berührungsflächen der zu verbindenden Teile bearbeitet (glättet und ebnet) man nicht in der ganzen Erstreckung, sondern man beschränkt die Bearbeitung auf einzelne vorstehende Flächenteile, sogenannte „Arbeitsleisten". Der Leser braucht sich nur in der Werkstatt umzusehen, um solche in großer Menge zu finden. Natürlich vermeidet man womöglich dieses kostspielige Zusammensetzen der Maschinenteile ganz und verfertigt sie aus einem Stück. Rücksichten auf billige Herstellung und auf den Transport sprechen hier das entscheidende Wort.

Schlosserei, mechanische Werkstätten.

Die Bearbeitung der Rohteile geht nun, wenn nur „von Hand" möglich, in der Schlosserei vor sich. Die Bearbeitung durch Maschinen findet in den sogenannten „mechanischen Werkstätten" statt, von deren Gesamtheit sich die Dreherei sondert, in der die zylindrischen, konischen und kugeligen Flächen bearbeitet werden. Außerdem gehören zur Fabrikation noch eine Anzahl kleinerer, meist irgend einem der vorerwähnten mit angegliederten Betriebe, wie Kupferschmiede für Rohrverbindungen, Klempnerei für Lötungen und einige Gießprozesse (mit Zinnlegierungen), Härterei für Veredelung besonders durch Kräfte in Anspruch genommener, „beanspruchter" Oberflächen u. s. f. Je nach der Art der fabrizierten Maschinen finden sich ferner noch Spezial-Schmieden: Träger-Nietabteilung, Kesselschmiede u. a.

Montage.

Alle diese Abteilungen oder Betriebe liefern die fertig hergerichteten Teile in die zentrale Montage, in der nunmehr die Teile zusammengepaßt und mit einander verbunden werden.

Zur Verbindung der einzelnen Maschinenteile untereinander bedient sich der Maschinenbau vor allem der Schrauben. Diese sieht man deshalb in ihren verschiedenen Formen (Stiftschrauben, Schaftschrauben, Kopfschrauben u. ä.) und Größen überall in der Montagehalle stapelweise liegen. Sie werden entweder in der Dreherei oder den mechanischen Werkstätten der Fabrik massenweise hergestellt oder von auswärts bezogen. Ferner sind Verbindungsmittel von untergeordneter Bedeutung der einfache zylindrische Bolzen, der vor dem Herausfallen durch einen quer durch sein Ende gestecktes Stück Draht, einen sog. „Splint“ geschützt wird, — dann der Keil, den wohl auch jeder Laie als einen solchen erkennt, und die „Feder“ d. i. ein rein prismatischer dünner Stab zur Befestigung von Scheiben oder Rädern auf ihren Achsen. Von diesen Verbindungen allen, den sogenannten lösbaren, unterscheidet sich als unlösbare die Nietverbindung. Der Niet ist zunächst nichts weiter als ein Nagel, der durch eine Reihe von durchlochten Blechen oder Scheiben gesteckt wird, und dessen Herausfallen durch Breitschlagen des spitzen Endes in sachgemäßer Form verhindert wird. Solch ein Niet kann natürlich aus seinem Loche nur gewaltsam, durch Abtrennen eines Kopfes mit dem Meißel, entfernt werden. Infolgedessen ist er für normale Verhältnisse unlösbar. Während übrigens alle lösbaren Verbindungen vom Monteur vorgenommen werden, müssen naturgemäß die Nietungen, soweit es sich um ein Breitschlagen ihres Schafts in glühendem Zustand handelt, in der Nietschmiede (Kesselschmiede oder Abteilung für Eisenkonstruktionen) ausgeführt werden. Abgesehen vom Nieten werden jedoch alle Maschinen an der einen zentralen Stelle, der Montagehalle, aus ihren Teilen zusammengesetzt.

Zusammenstellung.

Bewegliche Maschinen, wie Lokomotiven, Lokomobilen und Automobile, sowie kleinere Maschinen, die fertig montiert die für das verfügbare Transportmittel (Eisenbahn, Schiff, Lastwagen) zulässigen Gewichte und Abmessungen nicht überschreiten, und die ohne besondre Kunstgriffe aufgestellt werden können, werden vollkommen fix und fertig zusammengestellt und entweder als Ganzes, oder in wenige Hauptteile mit daran hängenden Nebenteilen zertrennt verfrachtet. Diese Art Maschinen wird im allgemeinen „ab Werk“ geliefert, d. h. die Arbeit der Maschinenfabrik ist beendet mit dem Augenblick, wo das Fabrikat die Fabriktore verläßt.

Auswärts-Montage.

Anders bei größeren Maschinen, deren Transport völlige Zerlegung, deren Aufbau am Bestimmungsort sorgfältige Fundamentierung erfordert. Zwar werden auch diese in der Montagehalle in allen Metallteilen sorgfältigst zusammengepaßt, sie werden jedoch, nach sorgfältiger Nummerierung aller Einzelteile, wieder ganz auseinander genommen und von den Monteuren der Fabrik erst am Lieferungsorte betriebsfertig gemacht, der bisweilen tausende von Kilometern entfernt, ja jenseit von Ozeanen liegt. Die Fabrik läßt sich trotz aller derartiger Schwierigkeiten, deren Kosten ja auch der Abnehmer trägt, die Montage an Ort und Stelle gar nicht gern abnehmen, da von der sachgemäßen Einbettung in das (aus Beton und Eisen hergestellte) Fundament das tadellose Arbeiten der Maschine sehr wesentlich abhängt. Auch kann die „Inbetriebsetzung“ großer maschineller Einheiten nur von besonders erfahrenen, eingearbeiteten Leuten vorgenommen werden.

Erst bei eintretendem tadellosen Betrieb werden solche Maschinen vom Besteller „abgenommen“ und damit erst schließt der Werdegang der Maschine ab, der in Vorstehendem kurz und oberflächlich skizziert ist, um einen ersten Überblick zu geben.

Einzelheiten aus allen Abschnitten dieses Entstehungsprozesses, zu beleuchten oder auf ihre Beobachtung hinzuweisen, wird die Aufgabe späterer Kapitel sein.

Abschnitt 4.

Die Leitgedanken der modernen Maschinenfabrikation.

Arbeitsteilung.

Von Anfang an trug die gewerbsmäßige Herstellung der Maschinen Keim und Drang zur Arbeitsteilung in sich, d. h. zur Verteilung der einzelnen Arbeitsabschnitte unter gesonderte Gruppen von Menschen (Konstruktionsbureau, Rohstoff- und Bearbeitungswerkstätten und Montage) und innerhalb dieser wiederum unter einzelne Köpfe und Hände.

Mit der Erschaffung dieser Arbeitsgruppen und ihrer weiteren Unterteilung tat man den entscheidenden Schritt vom Handwerk zur Fabrik. Und durch die sofort erforderlichen großen Maschinen waren zahlreiche Arbeiter nötig und der Bau von Maschinen bildete sich gleich von Anfang an zu einem fabrikmäßigen aus.

Ein weiterer Antrieb zur fabrikationsweisen Herstellung von Maschinenteilen lag von Anfang an in der Arbeitsteilung auch der einzelnen Werke untereinander. Newcomen, einer der ersten Dampfmaschinen-Ingenieure, schuf und baute sich die Bohrmaschine zur Ausbohrung des Dampfzylinders noch selber. Aber schon die nächsten Nachfolger hätten dies, wollten sie selbst, nicht gedurft, denn die Zylinderbohrmaschine wurde Newcomen patentiert. Er baute sie für die anderen. So schieden sich von Anfang an Dampfmaschinen- und Werkzeugmaschinenfabriken. Als später Fulton das erste Dampfschiff, Stephenson die erste Lokomotive erbaute, wurden aus der Herstellung von Lokomotiven und Schiffsmaschinen ebenfalls neue Sondergebiete; Fowler, der Erfinder des Dampfpfluges, betrieb dessen Herstellung als ausschließliche Spezialität; und so teilten sich die einzelnen Fabriken ganz von selbst in die Gesamtarbeit des Maschinenbaus.

Bald erkannte man die großen Vorteile, die solche anfangs zwangsweise Arbeitsteilung mit sich brachte: da nämlich erfahrungsgemäß jede Arbeit von dem am besten und schnellsten ausgeführt wird, der sie am häufigsten, ja womöglich ausschließlich und ununterbrochen ausführt, so lag darin der Antrieb, die von einer Fabrik übernommene Spezialität nun auch wiederum in eine Summe von Einzelspezialitäten aufzulösen, deren Herstellung einzelnen Arbeitsgruppen ausschließlich anheimfiel.

Organisation. Mit der zunehmenden Gliederung der Betriebe wuchs die Notwendigkeit und Verantwortlichkeit ihrer einheitlichen Oberleitung und immer mehr wurden die Konstruktions- und die Betriebs-Ingenieure, anfangs die Organisatoren, Leiter und häufig auch Besitzer der Fabriken, aus dieser Stellung verdrängt und durch kaufmännisch und ausdrücklich organisatorisch geschulte Kräfte ersetzt, sofern sie nicht selbst aus ihrer rein technischen in diese administrative Rolle hineinwuchsen. Von diesem Augenblicke an kann man erst eigentlich von einer planmäßigen Fabrikation sprechen, und von dieser Zeit an haben sich bis heute bestimmte allgemeine Grundsätze und Verfahren der Maschinenfabrikation herausgebildet. Sie waren zuerst mehr das mühsam errungene Erfahrungsergebnis der „reinen Praktiker“; heute jedoch stellt die Kenntnis dieser Methoden schon durch ihre systematische Form und durch die teilweise vorzügliche Literatur der letzten 10 Jahre eine Art Wissenschaft dar.

Billig und gut.

Der Grundsatz, der sich am allerfrühesten als oberster Leitsatz der planmäßigen Fabrikation herausgebildet hat, erwuchs aus dem Zwange der Konkurrenz. Nur unmittelbar nach der Geburt einer Erfindung treten ein paar Monate oder Jahre die Kosten der neuen Maschine hinter die Frage ihrer technischen Vervollkommnung zurück. Vor allem muß der junge Vogel erst flügge werden. Kaum aber ist das Stadium der ersten kostspieligsten Kinderkrankheiten überwunden, so denkt erstens der Fabrikant selbst daran, nunmehr möglichst viel Geld aus der neuen Sache zu ziehen, zweitens aber hat sich auch „die Konkurrenz“ bereits der Idee bemächtigt und setzt ihrerseits eine ähnliche, natürlich billigere Maschine in die Welt. Und „Patente sind nur dazu da, daß sie umgangen werden“. Sehr selten sind sie tatsächlich der Schutz, der sie sein sollen. Dem ersten Fabrikanten hilft es auch nicht viel, daß wirklich vielleicht seine Maschinen technisch vollkommener sind, als die Nachahmungen: wenn sie nicht auch ebenso billig oder billiger sind.

Betriebskosten.

Die Billigkeit einer Maschine bestimmt sich nun Gottseidank in den weitaus meisten Fällen und in den Augen der meisten Abnehmer nicht allein durch ihren Anschaffungspreis, sondern auch durch ihre Betriebskosten. Kostet die von der einen Maschine nutzbar abgegebene Pferdestärke z. B. pro Stunde 1 Pfg. weniger, als bei einer anderen, so wird sie, selbst bei bedeutend geringerem Anschaffungspreis der letzteren, ihr doch vorgezogen werden. Denn bei 100 Pferdestärken und 300 Arbeitstagen zu je 12 Stunden braucht die „teuerere“ Maschine um 100·300·12 = 360000 Pf. = 3600 M. jährlich weniger zur Erzeugung derselben Leistung, als die „billige“, und daraus kann man abschätzen, um wieviel die „billige“ billiger sein muß, um nicht dennoch teurer als die teuere Maschine zu werden. Da nun mehr oder weniger sparsames Erzeugen der gewünschten Leistung abhängt von dem Wirkungsgrad der Maschine und dieser wiederum ein Maß für ihre technische Vollkommenheit bildet, so kommt auf diesem Umweg auch aus wirtschaftlichen Gründen die Notwendigkeit zur Geltung, die Maschine nicht nur so billig, wie an sich möglich, sondern auch so vollkommen, wie bei diesem Preise eben möglich, zu erbauen.

Grundsatz der Wirtschaftlichkeit.

Der oberste Grundsatz der Maschinenfabrikation, wie aller Fabrikation überhaupt, ist demnach das Streben nach dem Ideal: „Bau vollkommenster und doch billigster Maschinen“, oder, abstrakter ausgedrückt: **Erstrebung des maximalen Effekts mit minimalem Aufwand.**

Dieser Leitgedanke geht durch alle Anordnungen in unseren Fabriken hindurch; er ist der unsichtbare, aber überall fühlbare Beherrscher aller unserer höchst entwickelten Betriebe. Nur an ein paar willkürlich herausgegriffenen Beispielen sei sein Einfluß gezeigt.

Massenherstellung.

Vor allem führte er zur höchsten Vervollkommnung der anfangs bereits erwähnten Arbeitsteilung. Das rohe, unbearbeitete Stück, aus dem ein Maschinenteil hergestellt werden soll, koste der Fabrik eine bestimmte Summe. Die gesamten Kosten des fertigen Stücks, meist ein Vielfaches dieser Summe, kommen heraus, wenn man zu ihr die Kosten der Bearbeitung durch Maschinen oder Menschen addiert. Diesen beträchtlichsten Teil der „Selbstkosten“ oder „Produktionskosten“ des Stücks zu verringern ist nun der Hauptvorteil der Arbeitsteilung. Stellt beispielsweise ein mit 5 M. täglich entlohnter Arbeiter täglich fünf Stück von dem in Frage stehenden Teil fertig, so betragen die Lohnkosten pro Stück 1 M. Ist er aber durch tägliche, ja jahrelange Wiederholung derselben Arbeit an demselben Stück dahin gelangt, ohne größere Anstrengung pro Tag 10 Exemplare fertig zu stellen, so kostet das Stück nur noch $^5/_{10} = ^1/_2$ M. Derartige Leistungssteigerungen werden nun durch die verfeinerte Arbeitsteilung tatsächlich erreicht, und ihr Nutzen wird daraus klar.

Spezialisierung.

Auch die zweite Art der Arbeitsteilung trägt zur Annäherung an das Ideal des maximalen Effekts mit minimalen Kosten bei: die Spezialisierung der Fabrikation auf bestimmte Sorten von Maschinen, ja auf eine einzige Sorte, auf einen einzigen Typ derselben, schließlich sogar nur auf bestimmte Maschinenteile. Es ist von vornherein klar, daß, je geringer die Mannigfaltigkeit der erzeugten Stücke ist, desto weniger Konstrukteure die Fabrik braucht, sie zu entwerfen. Hierdurch verringern sich die Kosten des Konstruktionsbureaus wesentlich, ja, fallen bisweilen, wie z. B. in Schrauben- und Mutternfabriken, ganz fort. Eine Fabrik, die ein Sondererzeugnis ausschließlich fabriziert und mit allen ihren Einrichtungen durch Jahre hindurch ohne Veränderung fortarbeitet, wird offenbar Fabrikate von derselben Güte bedeutend billiger herstellen, als eine vielleicht an sich viel besser eingerichtete und geleitete Fabrik, die zur Herstellung dieses selben Gegenstandes erst alle Einrichtungen entsprechend abändern oder gar neu schaffen muß, um sie nach kurzer Zeit für andere Fabrikate wiederum umzuändern oder ganz zu verwerfen. Aber es sinkt nicht allein der Preis bei gleicher Güte, nein, es steigt sogar noch obendrein die Güte des Spezialfabrikates gegenüber dem gelegentlich verfertigten. Bei unausgesetztem Nachdenken über die günstigste Herstellung eines Teils, bei ständiger jahrelanger Erfahrung in seiner praktischen Brauchbarkeit steigt natürlich die Wahrscheinlichkeit, daß er wirklich die höchste Zweckmäßigkeit und Dauerhaftigkeit erreicht.

Verringerung der Abschreibungen.

Durch Arbeitsteilung, wie durch Spezialisierung ergibt sich aber noch ein weiterer Vorteil zugunsten billiger Produktion: Maschinen, Gebäude, Fabrikgelände usw. bedürfen der ständigen Unterhaltung, das in ihnen steckende Kapital muß verzinst und getilgt werden, kurz, die Fabrik als Ganzes bedarf zu ihrer bloßen Erhaltung einer Reihe von Geldausgaben, die natürlich ebenfalls zu den Selbstkosten der Fabrikate zugeschlagen werden müssen, ehe man ans Verdienen denken kann. Diese laufenden Unkosten sind eine ziemlich gleichbleibende Größe, gleichgültig, ob die Fabrik steht oder arbeitet, ob sie weniger oder mehr erzeugt. Dividiert man nun die Unkosten durch die Anzahl der jährlich erzeugten Fabrikate, so erhält man den „Unkostenzuschlag" pro Stück. Dieser wird umso kleiner, je mehr Stücke pro Jahr hinausgehen, d. h. je schneller das einzelne fabriziert wird. Somit trägt die Arbeitsteilung und Spezialisierung auch durch die aus ihnen folgende größere Schnelligkeit der Herstellung zur Verminderung der Selbstkosten bei.

Maschinenarbeit.

Demselben Zweck dienen die Bearbeitungsmaschinen. Manche Arbeiten können ja nur durch Maschinen geleistet werden, da der Mensch zu ihrer Verrichtung zu schwach ist. Aber heute werden der Maschine auch täglich neue Arbeiten überlassen, die früher

Menschen verrichteten. Sie ersetzen zum Teil mehrere Arbeiter, und erfordern zu ihrer Bedienung nur eine Person, laufen auch wohl ganz automatisch. Dadurch ersparen sie direkt Arbeitslohn. Aber selbst, wenn sie die Arbeit nur eines Mannes, aber schneller verrichten, als dieser es auch bei bester Übung vermöchte, sind sie bisweilen schon daseinsberechtigt, da sie dadurch größeren Umsatz, geringeren Unkostenzuschlag pro Stück erzeugen. Außerdem hat die Maschinenarbeit den Vorteil größerer Gleichmäßigkeit und Zuverlässigkeit der Bearbeitung, wodurch sie neben der Verbilligung auch eine Verbesserung der Fabrikate bewirkt, also zur Erreichung des Ideals nach zwei Seiten hin beiträgt.

Herstellungsrücksichten. Die Maschinen haben nur einen Nachteil: sie sind größtenteils nur für schablonenhafte, ganz genau gleichartige Arbeiten und Stücke zu gebrauchen. Dieser Fehler zwingt den Fabrikanten, darauf zu halten, daß in seinem Betriebe möglichst viel gleichartige, ja gleiche Stücke hergestellt werden: er geht zur Massenfabrikation über. Dieser Zwang bedingt ganz eigenartige Konstruktionen. Die Rücksicht auf die bequeme massenweise Herstellung tritt stärker neben die Notwendigkeit technischer Zweckmäßigkeit. Wird die Herstellung um 1 M. pro Stück teurer, dauert sie 10 Minuten länger als unbedingt nötig, so fällt das bei Herstellung von einem oder 10 Stücken nicht so sehr ins Gewicht, aber bei 1000 Stücken macht's 1000 M. und 167 Stunden aus, und das zählt. Anderseits schafft hier jeder kleine Konstruktionskniff, jede ersparte Handreichung in der Werkstatt, mit 10000, ja Millionen multipliziert, großen Gewinn und Vorsprung vor der Konkurrenz. Bei Massenerzeugung wird weitere Steigerung der Arbeitsteilung nötig und möglich. Jede Sekunde ersparter Bearbeitungszeit fällt hunderttausendfach ins Gewicht, und deshalb sind hier die Vorteile der geübten Hand vor der ungeübten am ehesten zu merken. War es bei der gewöhnlichen Erzeugung nicht möglich, jedem Arbeiter immer ein und dasselbe Stück zur Bearbeitung zu übergeben, einfach deshalb, weil garnicht ausreichend viel gleiche Stücke vorhanden waren, um die Zeit eines Arbeiters ganz auszufüllen, so ist diese Möglichkeit nunmehr vollauf vorhanden und wird natürlich sofort ausgenutzt. Die Massenherstellung stellt also die Form der Fabrikation dar, in welcher das Ideal „höchster Effekt mit kleinster Aufwendung“ am weitesten erreicht werden kann, denn sie erlaubt höchste Vervollkommnung der Arbeitsteilung, weitgehendste Einführung und höchste Ausnutzung der Maschinenarbeit und schnellste Herstellung, also größten Umsatz im Jahr.

Allerdings hat sie eine Vorbedingung, ohne die sie nicht durchgeführt werden kann: weitgehende Spezialisierung im Fabrikat. Wo diese möglich ist, bedeutet sie ja, wie wir sahen, an sich einen weiteren Vorteil. Vielfach jedoch ist sie durchaus nicht möglich. Aber es gibt auch für solche Maschinenfabriken, die scheinbar nur einzelne, einander oft ganz unähnliche Maschinen bauen, ein Mittel, sich die Vorteile der Massenerzeugung zunutze zu machen. Dieses wird neuerdings in immer wachsendem Maße von unseren führenden Firmen angewandt, zumal es auch noch andere, im weiteren Verlauf dieses Kapitels auszuführende Vorteile mit sich bringt. Für große Gruppen von Maschinen gibt es je eine bedeutende Anzahl untergeordneter Teile, die an ihnen allen in ähnlicher Größe und Form und zur Erfüllung ähnlicher Zwecke angebracht werden müssen: Schrauben, Rohranschlüsse, Hähne, Ölzuführungen, Geländer, Schilder, Deckel, Gefäße, Stangenköpfe usw. Für alle diese Teile ist fortgesetzter Bedarf. Sind ein für alle Mal bestimmte normale Formen und Größenabstufungen für sie ausprobiert und festgelegt worden, so können sie für sich, völlig unabhängig vom ganzen Betrieb, fortdauernd und massenweise hergestellt werden. Die durch diese sogenannten „Fabriknormalien" erreichte Verbilligung ist ganz beträchtlich und tut der Güte der Maschinen nicht den geringsten Eintrag. Leider ist diese Verbilligung noch nicht überall eingeführt, da sie eine, wenn auch nur einmalige, Mehrbelastung des Konstruktionsbureaus darstellt, vor der viele nach der Theorie „morgen, morgen, nur nicht heute" zurückschrecken. Wo Fabriknormalien noch nicht vorhanden sind, sollte der Volontär sich wenigstens genau überlegen, welche Teile sich wohl zu einer Normalisierung eignen würden. Wo sie aber vorhanden sind, sollte der künftige Student eifrig bemüht sein, sie sich genau einzuprägen, da sie ja natürlich besonders gut „durchkonstruiert" und daher musterhaft und als Vorbilder oft sehr brauchbar sind. Normalien.

Wir sehen also, wie die Rücksichten auf billigste und doch beste Herstellung im Fabrikbetrieb überall herrschen, ja, wie sie geradezu der Fabrikation ihre heutige Form gegeben haben. Ihr Einfluß geht jedoch noch viel weiter. Er erstreckt sich auch Fabrikbau.

auf die Aufführung und Anordnung der Gebäude, auf die Wahl ihrer Lage und sogar auf scheinbar ganz andersartige Gebiete, wie z. B. die Arbeiter-Wohlfahrtseinrichtungen. Dieser Leitsatz ist eben das A und das O „wirtschaftlich rationellen“ Betriebes.

Lage der Fabrik.

Es ist natürlich nicht gleichgültig für den „Marktpreis“, das heißt den Preis an der Verbrauchstelle der Fabrikate, wo die Fabrik liegt. Erstens sind die Kosten von Grund und Boden ja äußerst verschieden und ihre Verzinsung und Tilgung, durch die Jahreserzeugung dividiert, stellt unmittelbar einen Preisaufschlag für jedes Stück dar. Zweitens aber verbilligt auch gute Verbindung des Werks mit den großen Verkehrsstraßen die Frachten der eingekauften Rohstoffe, wie auch des fertigen Fabrikats. So sehen wir alle unsre großen industriellen Werke an der Eisenbahn oder einer Wasserstraße liegen.

Lage der Gebäude zueinander.

Aber auch innerhalb des Werkes muß der Transport der Stücke von einer Werkstatt zur andern, als notwendiges Übel, möglichst billig, das heißt vervollkommnet und auf kurzem Wege stattfinden. Daher wird an die Transportmittel (Krane, Wagen, Loren) nicht nur die Forderung größter Belastungsmöglichkeit, sondern auch verhältnismäßig großer Geschwindigkeit gestellt. Ferner aber wird die ganze Anordnung des Werks, die Lage der einzelnen Werkstätten, und in ihnen der einzelnen Maschinen und Arbeitsstände zueinander durch dies eine verbilligende Prinzip: „kleinster Transport“ festgelegt. Es ist für den Volontär lehrreich, sich klar zu machen, inwieweit diese Hauptforderung bei dem Werk, in dem er beschäftigt ist, erfüllt wird, und welche Gründe für Abweichungen maßgebend gewesen sind. Vielfach wird er aus Gründen des allmählichen Wachstums der Fabrik ein höchst unrationelles Durcheinander der Baulichkeiten vorfinden. Überlegt er sich dann genau, wie die Anordnung vollkommener wäre, und bespricht diese Erwägungen mit dem Betriebsingenieur, so wird dies für ihn wahrscheinlich noch vorteilhafter sein, als der Anblick einer musterhaften Anlage.

Abfälle.

Einen ebenso lehrreichen Beleg für wirtschaftlichen Fabrikbetrieb bildet die Verwertung der Abfallstoffe: die Schlacke der Gießöfen verwandelt sich bisweilen in Bausteine, die Schmiedeabfälle werden in besonderen „Flammöfen“ zusammen geglüht und wieder zu Blöcken zusammengeschweißt, die Drehspäne aus den mechanischen Werkstätten werden eingeschmolzen oder verkauft usw.

Auch über die Wege, die diese Stoffe weiter wandern, ist ein Gespräch mit dem Betriebsingenieur von Nutzen.

So dienlich nun auch das stete Streben nach höchster Ersparnis im Betriebe ist, so schädlich wäre eine Übertreibung des „so billig, wie möglich" zu ungunsten des „so gut, wie möglich". Die Grenze der Ersparnis liegt aber nicht allein in der Güte und in der — Kundschaft werbenden und erhaltenden Hochwertigkeit der Fabrikate, sondern selbst für Fabrikanten von Schleuderware (deren es Gott sei Dank in der deutschen Maschinenindustrie wenige gibt) in der Sicherheit für Leben und Gesundheit, sowohl bei der Herstellung, als auch späterhin bei der Verwendung des Fabrikats. Sicherheit.

Die Rücksicht auf die Sicherheit ist ein zweiter Hauptgesichtspunkt bei der Fabrikation von Maschinen, und Deutschland kann getrost behaupten, in Befolgung dieser Rücksicht an der Spitze aller Nationen zu stehen. Freilich ist dies weniger das Verdienst der Fabrikanten, als der Gesetzgebung, wenigstens soweit die Forderungen der Sicherheit die der Solidität noch überschreiten. An sich erscheint jede Maßregel zugunsten der Sicherheit als etwas, was kein Geld einbringt, steht also im Widerspruch mit dem Prinzip der rationellsten Wirtschaftlichkeit und muß somit dem Fabrikanten ein Greuel sein. Nur schrittweise sind der Industrie die heute sehr weitgehenden Zugeständnisse an diesen zweiten Leitgedanken abgerungen worden.

Unfallverhütung.

Die Maßnahmen zur Sicherheit der Mitglieder des Betriebes sind dem Volontär überall sichtbar: in jeder vorschriftsmäßig betriebenen Werkstätte sind alle Zahnräder, alle in Reichweite befindlichen Riemen, alle Vorsprünge an kreisenden Maschinenteilen sorgsam eingekapselt. Dies geschieht nicht etwa aus freien Stücken, sondern gemäß den Bestimmungen des Unfallversicherungsgesetzes und gemäß den Unfallverhütungsvorschriften der Berufsgenossenschaften. Die Maßnahmen und Vorrichtungen zur Verminderung der Feuersgefahr sind dem Umstande zu danken, daß die Feuerversicherungsprämie der Versicherungsgesellschaften umso niedriger ist, je bessere Gewähr gegen Brandschaden das Werk bietet. Die Vorrichtungen zum Absaugen des Hobel- und Schleifstaubes an Holzbearbeitungs-, Schleif- und Gußreinigungsmaschinen, die eine umfangreiche Rohrleitung, eigene Ventilatoren und sorgfältig durchdachte Mündungsstücke an den stauberzeugenden Rädern nötig machen, hat der Fabrikant ebenfalls nicht bloß aus Menschenfreundlichkeit, sondern deshalb anbringen müssen, weil erfahrungsgemäß in gut entstaubten Betrieben die Löhne der Arbeiter niedriger gestellt werden können, als in gesundheitsschädlichen, die die Arbeitskraft rasch verbrauchen und die tägliche Leistung vermindern. Ich halte es für besonders nötig, auf diese rein materialistischen Triebfedern der Schutzmaßregeln aufmerksam zu machen. Auf den ersten Blick scheinen diese Tatsachen recht betrübend und zerstören oberflächlichen Idealismus. Aber der Glaube an die Macht der moralischen Gesetze wird meiner Meinung nach dadurch schließlich nur um so nachhaltiger. Wir sehen doch an solchen Beispielen am klarsten, daß auch der richtig verstandene Materialismus unwillkürlich wieder die Forderungen des Idealismus erfüllen muß, eben deshalb, weil deren Erfüllung ihm selbst ja nur zugute kommt und in Mark und Pfennig nützt: denn fast stets arbeitet eine Fabrik auf die Dauer billiger mit gesunden Arbeitern, bei dem menschenmöglich geringsten Maß von Verletzungen, als mit kranken Leuten und ständigen Unfällen. Und diese Rücksichten sind es auch im letzten Grunde, die zu unseren heutigen großartigen Arbeiter-Wohlfahrtseinrichtungen anregten, über die an anderer Stelle noch eingehend zu sprechen sein wird.

Solidität. Wir müssen noch einen Augenblick bei denjenigen Sicherheitsrücksichten verweilen, denen das Fertigfabrikat gesetzlich und aus Gründen der dauernden „Marktfähigkeit" zu genügen hat. Wie schon bemerkt, ist zu unterscheiden zwischen den absolut notwendigen, weil die Güte des Fabrikats darstellenden Eigenschaften desselben, wie genügende Festigkeit und Dauerhaftigkeit aller Teile, und denjenigen Einrichtungen oder Gestaltungen der Maschinen, die durch weitergehende besondere Sicherheitsrücksichten erfordert werden. Sie werden meist vom Fabrikanten als überflüssiger Luxus, vom Abnehmer als wünschenswert und von der Gesetzgebung schließlich als unerläßlich notwendig bezeichnet. Die Grenzen des Begriffs „genügender" Sicherheit schwanken also, und zwar nicht nur mit dem Beurteiler gemäß seinen Interessen, sondern auch mit der fortschreitenden Zeit, Zivilisation, Kultur und Gewohnheit der Menschen. Ein treffendes Beispiel ist hierfür das Automobil: anfänglich von keinerlei gesetzlichen Sicherheitsbestimmungen eingeengt, wurde es nur mit den notdürftigsten, uns heute fahrlässig erscheinenden Bremsen ausgestattet; dem Einfluß der Besteller der Wagen, der sich sogar hie und da geradezu in Vereinsvorschriften konzentrierte, ist es zuzuschreiben, daß die Bremsen besser und besser wurden. Die Gesetzgebung fordert heute zwei voneinander unabhängige Bremsen, die ständig betriebsbereit sein und zuverlässig arbeiten müssen. In einzelnen Ländern und Verwaltungsgebieten sind noch besondere Vorschriften für die Länge der Strecke gegeben, die der Wagen höchstens noch durchlaufen darf, nachdem in voller Fahrt seine Bremse angezogen wurde (Bremsweg). In England sehen wir schließlich die Erscheinung, daß man darüber im Parlament berät, ob nicht einzelne Sicherheitsbestimmungen des bestehenden Automobilgesetzes nunmehr allmählich wieder abgeschwächt werden sollten.

Selbstverständlich sind auch die Klagen der Fabrikanten oft nicht unbegründet, daß die allzu weitgehenden Sicherheitsvorschriften Luxus sind, ja, die Einträglichkeit der Fabrikation sehr erheblich beeinträchtigen. So wird mit großem Recht von den deutschen Elektrizitätsfirmen ernstlich davor gewarnt, die Sicherheitsvorschriften für elektrische Anlagen noch weiter gesetzlich zu verschärfen, wie es beabsichtigt wird. Der Grund dieser gesetzlichen Bestrebungen liegt in der völligen Unkenntnis des Publikums über die überaus günstige Unfallstatistik der elektrischen Anlagen. Leider wird ja stets, wenn der Grund eines ausgekommenen Feuers unklar ist, leichtfertig der herrliche Lückenbüßer „Kurzschluß“ angeführt. In Wirklichkeit aber sind unsere Anlagen fast absolut feuersicher, und die jetzt schon bestehenden gesetzlichen Sicherheitsvorschriften verteuern bereits die elektrischen Apparate und Leitungen so erheblich, daß bei weiterer Steigerung der Sicherheit die Verwendung elektrischer Kraft nur noch selten erschwinglich und die blühende Elektrizitäts-Industrie auf das allerschwerste geschädigt werden würde.

Handelt es sich jedoch bei den bisher besprochenen Sicherheitsvorkehrungen im wesentlichen um Zutaten zu der an sich nur solide konstruierten Maschine, so gibt es andere Fälle, wo die Rücksicht auf Sicherheitsbestimmungen schon bei der Konstruktion und dem Entwurf der Maschinenteile mitsprechen, so z. B. bei den Dampfkesseln. Für sie sind schon früh umfangreiche Gesetze erlassen worden, die noch für den Konstrukteur durch die Normen der Dampfkesselüberwachungsvereine usw. ergänzt sind. Die Blechdicken der Kessel, die Wandstärken der Rohre, die Art ihrer Befestigung und Aufstellung, Zahl und Stärke der Nieten, kurzum fast jedes kleinste Detail muß in strengster Anlehnung an diese Vorschriften entworfen werden, und der Konstrukteur muß eine enge und oft schwierige Straße vorsichtig wandeln.

So können wir von der Rücksicht auf die Sicherheit als einem zweiten, alle Teile der Maschinenfabrikation durchdringenden großen Leitgedanken sprechen.

Austauschbarkeit.

Erst in den letzten Jahren beginnt nun noch ein dritter großer Leitgedanke immer bedeutendere Teile der gesamten Maschinenfabrikation zu beherrschen. War die Rücksicht auf Sicherheit in Deutschland auf die höchste Höhe gesteigert, während sie in den Vereinigten Staaten von Amerika mit bemerkenswerter Leichtfertigkeit gehandhabt wird, so wird umgekehrt dieser dritte Grundsatz den Deutschen, die bisher sehr leichtfertig damit umsprangen, von den Amerikanern beigebracht. Man bezeichnet es kurz mit dem Namen des „Prinzips der Austauschbarkeit (interchangeability)“ und hat damit folgendes im Auge.

Die einzelnen Teile einer Maschine unterliegen ungleicher Abnutzung und ungleicher Zerstörungsgefahr. Ist nun eine Maschine beispielsweise nach einem 1000 km entfernten Ort geliefert worden, und wird die Nachlieferung eines einzelnen Teils nötig, so ist das Ideal, daß der Inhaber der Maschine einfach an die Fabrik schreibt: „Senden Sie mir diesen und diesen Teil zum Ersatz!“ und daß dann der Teil angefertigt, hingesandt wird und — — — ohne weiteres genau so gut paßt, wie der frühere, unbrauchbar gewordene. Da es sich nun im Maschinenbau inbezug auf „Passen“ oder „Nichtpassen“ oft um kleine Bruchteile eines Millimeters handelt, so ist dieses Ideal höchstens durch reinen Zufall erfüllt. In der Tat beginnt meist ein langwieriges, oft durch den erzwungenen Stillstand der kranken Maschine ungeheuer kostspieliges Einpassen und Nacharbeiten, ja oft mehrfaches Hin- und Herwandern des unglückseligen Stücks zwischen der ärgerlichen Fabrik und dem noch ärgerlicheren Maschineninhaber.

Passungen.

Es ist klar, daß das Mittel zur Beseitigung dieses Mißstandes darin besteht, daß ein für alle Male die Arbeit in der Fabrik so peinlich genau auf Maß geschieht, daß die hierbei mit unterlaufende Ungenauigkeit jedenfalls kleiner wird, als die Maßdifferenz zwischen „Passen“ und „Nicht passen“. Dann wird sicher das nachgelieferte Stück gleich passen. Nun arbeitet die Maschinenfabrikation schon an und für sich sehr genau, und diese weitere Steigerung der Genauigkeit auf hundertstel, ja tausendstel Millimeter ist natürlich sehr kostspielig, denn einmal wird die Schnelligkeit der Arbeit geringer, dann aber wird auch die Anschaffung sehr empfindlicher und teurer Meßwerkzeuge, ja schließlich oft der Übergang zu ganz neuen Arbeitsmethoden und -Maschinen notwendig.

Es ist daher mit der Erfüllung dieser Grundforderung genau so bestellt, wie mit der Rücksicht auf Sicherheit. Die Grenze der erforderlichen und durchführbaren Genauigkeit schwankt mit den Erfordernissen des auszutauschenden Stücks. Aber die Grenze wird meist schon weit eher gezogen durch die rechnerische Überlegung, ob die hie und da einmal durch Ungenauigkeit entstehenden Unkosten die großen Mehrkosten ständiger allergenauster Maßarbeit wett machen.

Bei der Beurteilung dieser Frage spricht noch folgender Umstand mit, und dieser hat überhaupt erst ihre ernsthafte Erwägung notwendig gemacht. Nicht nur das nachträgliche Passen eines nachgelieferten Stückes ist wünschenswert, sondern auch das Zusammenpassen sämtlicher Einzelteile bei der neu zu montierenden Maschine. Passen die einzelnen Teile nicht ohne weiteres, — und das war und ist leider noch geradezu die Regel —, so wird in der Montagehalle ein kostspieliges Nacharbeiten nötig, oder der Teil geht sogar mitunter noch einmal in die Werkstatt zurück, die ihn allzu ungenau bemaß. Die Zeitersparnis durch ungenauere Herstellung in der Werkstatt geht also wieder verloren, ja wird mehr als aufgebraucht in der Montage.

Massenmontage.

Diese Zeit- und somit Geldverluste werden umso empfindlicher,

1. je mehr Stücke miteinander passen müssen,
2. je genauer sie passen müssen,
3. je mehr Maschinen zusammengestellt werden müssen.

Bei der Fabrikation großer, einzeln bestellter und gelieferter Kraftmaschinen mit riesigen Abmessungen (durch die die Fehler relativ kleiner werden) wird sich daher die genaue Durchführung des Austauschbarkeitsgrundsatzes wahrscheinlich weniger bezahlt machen. Aber je größer die zu liefernden Posten gleicher Maschinen, je verwickelter, zarter und feinfühliger diese selbst, und je zahlreicher die Einzelteile, vor allem die gleichen Einzelteile werden, desto vorteilhafter wird seine Durchführung. Und es ergibt sich vor allem, daß die strenge Durchführung der Massenerzeugung und des Fabrik-Normalien-Systems die Forderung der Austauschbarkeit zu einer unabweislichen machen. Wir sind bei einigen Massenartikeln schon an die Austauschbarkeit als an etwas ganz selbstverständliches gewöhnt: so paßt jede zöllige Mutter auf jede zöllige Schraube. Aber erst wenn auch jede Achse in jedes Lager von angeblich gleich großem Durchmesser paßt, und wenn jeder Hebel ohne weiteres zwischen zwei beliebige Bolzen mit dem angeblich seiner Länge gleichen Abstand paßt, ist die Grundlage geschaffen, auf der die Vorteile der massenweisen Erzeugung von Lagern, Achsen, Hebeln und Bolzen überhaupt voll ausgenutzt werden können.

Diese Erkenntnis bricht sich immer mehr Bahn. In dem ganzen Zweige der Werkzeugmaschinen ist der Grundsatz der Austauschbarkeit heute so gut wie durchgeführt. Sache des Volontärs ist es, auch unter diesem Gesichtspunkt die Einrichtungen seiner Fabrik zu betrachten und für sich oder mit dem Betriebsingenieur zusammen Betrachtungen über mögliche Abänderungen in dieser Hinsicht anzustellen.

Abschnitt 5.

Gang durch eine moderne Maschinenfabrik.

Für das Verständnis einiger Hauptpunkte des vorhergehenden Kapitels dürfte es von Wert sein, in aller Kürze ein konkretes Beispiel einer modernen Fabrik zu erläutern. Als solches möge die beliebig unter vielen gleich- und höherwertigen Anlagen herausgegriffene „Deutsche Niles-Werkzeugmaschinenfabrik“ in Oberschöneweide dienen, deren Lageplan hier wiedergegeben ist.

Das Werk wurde für die Fabrikation schwerer Werkzeugmaschinen mit einer Arbeiterschaft von 1200 Köpfen eingerichtet und sollte möglichst unabhängig von anderen Fabriken arbeiten, d. h. möglichst alle Teile seiner Fabrikate selbst aus den Rohstoffen herstellen.

Additional material from *Das praktische Jahr des Maschinenbau-Volontärs*, ISBN 978-3-662-24371-8, is available at http://extras.springer.com

Das Gelände ist sehr zweckmäßig ausgewählt. Das Grundstück liegt mit der einen Schmalseite an der Spree, und hat anderseits direktes Anschlußgleis an die Ostbahn in Niederschöneweide. Seine Lage dicht bei Berlin ermöglicht der Betriebsleitung leichten Arbeiterersatz, während die Bodenpreise gering sind.

Der leitende Gedanke bei Anlage der Fabrik war der, die Rohstoffe billig auf dem Wasserwege herbeizuschaffen und auf der gegenüberliegenden Seite die Fertigfabrikate mit der Eisenbahn fortzuschaffen. So ergibt sich die Anlage der Fabrik und der Fabrikationsgang von Süd nach Nord.

Am Uferkai entnimmt ein elektrischer 20 t-Drehkran die Kohle, das Eisenmaterial und das Holz den Kähnen. Von hier werden zwei große Lager für Koks und Eisen und der Holzschuppen der Modellschreinerei, sämtlich am Ufer, und das Stahllager der Schmiede weiter hinten mittels Schmalspurbahn beschickt. Vom Holzschuppen wandert das Holz zuerst nach Norden zur Modelltischlerei, die unmittelbar an den großen Konstruktionssaal der Ingenieure stößt, sodaß ständige Fühlung zwischen Gießerei und Konstruktionsbureau sich zum Segen des wirtschaftlichen Entwerfens von selbst ergibt. Dort verarbeitet wandert das Holz westwärts in die Gießerei in Form von Modellen, wird dort benutzt und für Wiederverwendung in dem Modelllagerhaus abgelegt, das an möglichst feuersicherer Stelle liegt und durch zwei auf dem Grundriß hervorgehobene Brandmauern in drei feuersicher abschließbare Teile getrennt ist. Sie sind durch eiserne Türen verbunden, die bei Feuersausbruch elektrisch geschlossen werden können.

Das Roheisen wandert lediglich von Süd nach Nord, von den beiden Lagern nach den beiden Gießöfen. Von diesen ist der für die Großgießerei bestimmte an die Schmalseite der Halle gelegt, um den Transportweg des Kokses zu verringern. Diese Lage wäre für die Kleingießerei untunlich gewesen. Denn das hier nur in kleinen Mengen abgezapfte, durch Tragen transportierte flüssige Eisen würde erkalten, bis es durch die ganze Halle geschafft wäre. Deshalb liegt hier der Ofen in der Mitte der Längswand, während für die Großgießerei mit ihren riesigen, durch Krane schnell bewegten Pfannen diese Rücksichten nicht dringlich sind.

Zu beachten ist nun die sinnreiche Lagerung der Hallen-Schiffe für Gießerei, Putzerei und mechanische Werkstätten, die von Süd nach Nord so aufeinander folgen, daß sechs riesige Laufkrane die Stücke schrittweis über die Zwischenmauern weg von der Gießerei nach der Putzerei, von dort in die mechanische Werkstatt tragen können, in der sie sich dann verteilen. Um den Staub der Gießerei und Putzerei von den Feinwerkstätten und ihren kostbaren Maschinen abzuhalten, sind luftdicht schließende Eisenwände bis zur Decke durchgeführt, die jedesmal für den durchpassierenden Kran elektrisch geöffnet und hinter ihm geschlossen werden. Es sei verraten, daß diese Anlage, so geistreich sie erdacht ist, die Erwartungen deshalb nicht ganz erfüllte, weil die Krane immer gerade in der Gießerei unbedingt gebraucht wurden, wenn die Hobelei sie am nötigsten hatte und umgekehrt. Auch schlossen die eisernen Schottenwände auf die Dauer nicht dicht. Dies sei nur erwähnt, um die Grenzen grundsatzgetreuer Anlage zu bezeichnen.

Liefert die Gießerei von Süd nach Nord auf den Kern der Fabrikation: die mechanischen Werkstätten, so die Schmiede von Ost nach West.

Alle Rohteile strömen dort zusammen und verlassen die Werkstatt nach Norden, wo alle Schiffe auf die quergelagerte Montagehalle münden. Diese wird in ihrer ganzen Länge fast von einer Dammgrube durchzogen, die bei den schweren Maschinen Zugänglichkeit von unten her ergibt und so kostspieliges Heben und Wenden mittels Kranen nahezu ganz überflüssig macht.

In der Nähe des Fabriktores liegen Verwaltungsgebäude, Arbeiterkantine und technisches Bureau. So wird vermieden, daß diese verkehrsreichen Glieder der Anlage zu ständigem störenden Durchqueren der Fabrik seitens Fremder Anlaß geben. Inbesondre sind essentragende Frauen und Kinder vor den Gefahren des Betriebes geschützt.

Im Mittelpunkt liegen Kesselhaus und an der im Lageplan noch mit „Metallgießerei" bezeichneten Stelle heute die Kraftzentrale, deren Trennung einen „historischen" Grund hat. Ursprünglich bezog das Werk seine Betriebskraft von der benachbarten „Zentrale Oberspree" der Berliner Elektrizitätswerke und erzeugte nur den Dampf für die Hämmer der Schmiede und die Heizung. Im Sommer lagen die Kessel kalt, weil die Erzeugung des Dampfes nur für die Hämmer zu teuer wurde. Während der warmen Jahreszeit wurden diese daher mit Druckluft aus elektrisch betriebenen Kompressoren versorgt. Heute hat das Werk die eigene Krafterzeugung in die frühere kleine Gelbgießerei gelegt und besitzt so zwei Kraftzentralen.

Alle Gebäude sind unabhängig voneinander erweiterbar: die Gießerei nach Süden, die ostwestlichen Gebäude nach Osten und die mechanischen Werkstätten nach Westen.

Die Grundfläche des Gesamtgeländes beträgt 72000 qm, von denen 32000 qm mit einem Kostenaufwand von 6000000 M. bebaut sind. Der freie Teil ist mit Rasen bedeckt, um die für die Maschinenarbeit schädliche Staubentwicklung des märkischen Sandes zu vermeiden.

Abschnitt 6.

Die Sozialpolitik in der modernen Maschinenfabrik

Manchester-idee.

Die Grundsätze der Wirtschaftlichkeit bedingen möglichst hohe Ausnutzung von Maschinen und Menschen. Noch vor 50 Jahren herrschte in Deutschland die sogenannte Manchesteridee. Sie besagt, daß auch der einzelne Mensch weiter nichts ist, als ein Rad im Getriebe der Volkswirtschaft. Sie behauptet ferner, daß dieses Getriebe als Grundgesetz der Selbsterhaltung die Betätigung des Egoismus in sich trägt; es wird also am vollkommensten arbeiten, wenn jedem Individuum freier Spielraum zur Entfaltung seiner Kräfte, zur Wahrnehmung seiner Interessen gelassen wird. Diese Wirtschaftsanschauung betrachtet den Arbeiter lediglich als das Werkzeug zur Erzeugung von Fabrikaten. Seine Arbeit ist seine Ware, die er an den Fabrikanten verkauft. Mit Entlohnung seiner Tätigkeit hat der Fabrikant alle Verpflichtungen gegen ihn erfüllt.

Nichts zeigt deutlicher den riesigen Kulturfortschritt der letzten 25 Jahre als der heutige Standpunkt der wirtschaftlichen Anschauung, der die scharfe Verneinung jener Manchester-Idee darstellt. In keinem einzigen Punkt erwies sich diese Theorie als lebensfähig.

Ihre Fehler.

Die alte Anschauung entsprach zweifellos auf den ersten Blick dem Grundsatz der Wirtschaftlichkeit besser, als die neuere. Aber auch nur scheinbar. Der Arbeiter ist kein bloßer Warenverkäufer der Ware Arbeit. Denn er unterscheidet sich vom Händler dadurch, daß er mit seiner Ware untrennbar zusammenhängt. Erkrankt der Händler, so kann der Verkauf seiner Ware dennoch fortgeführt werden, er kann ihn selbst vom Krankenbett noch leiten. Erkrankt der Arbeiter, so besitzt er während der Dauer der Krankheit keine verkäufliche Ware; wird er invalide, so ist seine Ware ein für allemal vernichtet. Dieser Umstand zwingt die Volkswirtschaft zur Berücksichtigung der Person und der Gesundheit des Arbeiters im Interesse der möglichst massenhaften, möglichst kräftigen und möglichst dauernden Erzeugung der Ware „Arbeit". Das richtig verstandene Interesse des Arbeitgebers erfordert beständige Rücksicht auf möglichst gute Lebenshaltung seiner Arbeiter. Die Grenze des „möglichst" liegt in einer solchen Höhe des Aufwandes für die Lebenshaltung der Arbeiter, daß er noch gerade eine gewinnbringende Erzeugung der Fabrikate erlaubt. Mit anderen Worten: „Lohn" ist heute nicht nur das ausgezahlte Bargeld, sondern auch die Summe der Aufwendungen zugunsten der Arbeiter. Die Grenze des Lohns liegt in der Differenz zwischen Materialkosten und allgemeinen Unkosten der Fabrikation einerseits und dem nicht überschreitbaren Verkaufspreis der Konkurrenz anderseits.

Diese Erkenntnis ist heute eine nahezu allgemeine. Die praktischen Folgerungen daraus zog sowohl die Industrie privatim, als auch die Gesetzgebung öffentlich.

Erfolge der Sozialpolitik. Lebenshaltung.

Die Fabrikanten wissen sehr wohl, daß eine möglichst gute Arbeiterfürsorge ihnen allen mittelbar zugute kommt. Je gesunder die Arbeiterarmee, die ganze Arbeiter-Rasse eines Landes, desto blühender seine Industrie. Aber auch das einzelne Unternehmen zieht unmittelbare Vorteile aus den Arbeiter-Wohlfahrtseinrichtungen. Je besser die Lüftung und Heizung in den Fabrikräumen, je praktischer und zeitsparender An- und Auskleideräume, Aborte und Waschgelegenheiten eingerichtet und gelegen, je sauberer die Werkstätten sind, desto größer ist die Arbeitsmenge, die geleistet wird. Douchebäder erhöhen im Sommer die Arbeitskraft, während die Spirituosengetränke sie lähmen. Gute Wohnungen heben geradezu den Arbeiter auf eine höhere

Kulturstufe, vermehren seine Spannkraft und seinen Erwerbsfleiß. Vorzügliche Lehrlingsausbildung gewährleistet guten Nachwuchs. Aussicht auf Altersrente, auf Dienstprämien usw. heben die Arbeitsfreudigkeit und machen, ebenso wie die Arbeiterwohnungen, die Arbeiter seßhafter.

Eine Firma mit vorzüglich eingerichteten Werken und hochstehender Arbeiterfürsorge wird von den Arbeitern sozusagen stärker umworben. Sie kann sich ihre Leute aussuchen. Ein seßhafter Elitestamm bildet sich, sehr zum Vorteil der Fabrikation.

Die Zahl und Güte der erhältlichen Arbeitskräfte schwankt mit der Konjunktur, d. h. den Marktverhältnissen der Branche. In Zeiten schlechter Konjunktur, d. h. wenn wenig Nachfrage nach den Erzeugnissen der betr. Gattung von Fabriken besteht, stehen Arbeiter jederzeit und zu geringen Löhnen zur Verfügung. Die vorhandenen Lieferungsaufträge reichen für Beschäftigung der normalen Anzahl Hände nicht mehr aus. Der Überschuß wird entlassen und bietet sich, der Not gehorchend, zu billigen Löhnen an. Umgekehrt sind in Zeiten der Hochkonjunktur, bei einem im Verhältnis zur Erzeugungsfähigkeit der vorhandenen Werke starken Bedarf der Welt für die Fabrikate, Arbeiter oft selbst gegen hohe Lohnverheißung nicht aufzutreiben. Vor allen Dingen keine guten, brauchbaren Leute.

Diesem Mißstand entgeht natürlich ein Werk mit einem festen seßhaften Arbeiterstamm. Und langgediente Arbeiter sind in jeder Beziehung vorteilhaft für das Gedeihen des Werks: sie sind eingearbeitet, arbeiten schnell und ruhig, halten bessere Disziplin und Ordnung und schonen ihre Werkzeuge und Maschinen. Der Geist des Vertrauens zieht ein. Diese hohen Vorteile machen sich unmittelbar in der Jahresbilanz fühlbar. In ihnen liegt der Grund für die großartigen Arbeiterwohlfahrtseinrichtungen unserer großen Maschinenfabriken. Von diesem wirtschaftlichen Gesichtspunkte sind sie zu betrachten. Seßhaftigkeit.

Zweifellos gehen einige Arbeitgeber weiter. Vielfach findet man geradezu Luxus in der Anlage der Werke und Arbeiterkolonien. Und die Motive der Arbeiterfürsorge sind häufig ungemein edle. Durchschnittlich sind sie jedoch rein wirtschaftliche. Und die Erkenntnis, daß auch hier der recht verstandene Materialismus ideale Früchte trägt, gibt zu einer wirklichkeitsfreudigen Weltanschauung neuen Grund.

Über derlei Dinge nachzudenken, bleibt selten dem Volontär erspart. Schon die Gespräche mit den Arbeitern führen Meinungsaustausch hierüber oft herbei. Der Volontär muß unbedingt streben, nüchtern und von beiden Seiten die Dinge zu betrachten. Die Anschauungen der verschiedenen Klassen und Kasten der Arbeiter (ungelernter, angelernter und geschulter Leute) über diese Fragen sind lehrreich und nützlich.

Unbedingt notwendig für derartige Besprechungen, wie für das Verständnis der Fabrikationsbedingungen im neuzeitlichen Betrieb sind ferner einige Kenntnisse unserer sozialpolitischen Gesetzgebung. Das Folgende will mehr zur genaueren Selbstbelehrung anregen, als diese selbst geben:

Versicherungsgesetze.

Seit 1881 datiert im deutschen Reich die planmäßige Arbeiterfürsorge auf gesetzgeberischem Gebiet. Dieses Jahr zeitigte die ausdrückliche Anerkennung eines Rechtes der Arbeiter auf Unterstützung in Krankheit, Invalidität und Alter. Dieser Kreis von Gesetzen ist daher kein staatliches Almosen. Er bestätigt einfach die Bedeutung der Gesamtheit der „wirtschaftlich Schwachen“ für das Gedeihen des Staats.

Die staatliche Fürsorge äußert sich in dem Aufstellen eines Zwangs zu (auf Gegenseitigkeit beruhender) Versicherung gegen Krankheit usw. Die Beiträge werden teils von den Arbeitern, teils von den Arbeitgebern entrichtet.

Es gibt drei große Zweige von Versicherungen: Kranken-, Unfalls- und Invaliditätsversicherung.

Leistungen der Kassen. Krankenkassen.

Die Krankenversicherung*) (rund 12 Millionen Versicherte) gewährt im Erkrankungsfalle auf die Dauer von 26 Wochen, in gewissen Fällen sogar bis zu einem Jahr, freie ärztliche Behandlung, Arzneien und kleinere Heilmittel, ferner für die Dauer der Erwerbsunfähigkeit Krankengeld, außerdem eventuell Sterbegeld, auch Wöchnerinnengeld. Ein Mindestbetrag (50 % des Tagelohns) ist gesetzlich festgelegt. Die Unterstützungen können durch die einzelnen Krankenkassen freiwillig höher festgelegt werden, wenn ihre Finanzen es infolge guten Gesundheitszustands oder erhöhter

---

*) Die folgenden Angaben sind, zum Teil wörtlich, dem Aufsatz von Jehle in der „Zeitschrift für die gesamte Kälte-Industrie“, Jahrgang 1906, Heft 9 entnommen.

Beiträge der Versicherten erlauben. Die Beiträge dürfen 4%, die Krankengelder 100% des Lohnes nicht überschreiten.

Die Arbeitgeber zahlen 1/3, die Arbeiter 2/3 des Beitrags. Letztere werden ihnen durch Abzug vom Lohn möglichst wenig fühlbar gemacht.

Bei Zahlungsunfähigkeit der Kasse springt Arbeitgeber, Gemeinde oder Staat ein.

Die Krankenkassen bestehen, wenn möglich, aus Berufsgenossen oder Angehörigen eines und desselben Betriebs. Sie werden geleitet durch gewählte Vorstände.

Ein Mangel der Einrichtung ist, daß die Kassenvorstände ihre Macht zu Parteizwecken mißbrauchen. Dies wäre auch dann ein Nachteil, wenn die daraus Vorteil ziehende Partei nicht Arbeiterpartei, sondern Unternehmerpartei wäre.

Ein Beispiel möge das Verhältnis zwischen Beitrag, Verdienst des Arbeiters und Leistung der Kasse zeigen:

Ein Arbeiter hat einen Wochenlohn von	24,00 M.
Er zahlt einen Wochenbeitrag von . .	0,48 M.
Der Arbeitgeber zahlt für ihn	0,24 M.

Im Falle der Erkrankung beträgt:

Das wöchentliche Krankengeld . . .	12,00 M.
Die Ausgaben für Arzt und Arznei . .	5,00 M.
Bei — 17 wöchiger Krankheit etwa — zusammen rund	290,00 M.
Das Sterbegeld würde betragen . . .	80,00 M.

Häufig erstreckt sich die Leistung der Kasse auch auf Gewährung freier ärztlicher Behandlung und Arznei an Familienangehörige des Versicherten.

Die Unfallversicherung (rund 20 Millionen Versicherte) entschädigt Betriebsunfälle und leistet unentgeltliches Heilverfahren. Sie ist im Gegensatz zur Arbeiterkrankenversicherung eine Versicherung der Unternehmer untereinander auf Gegenseitigkeit. Unfallversicherung.

Das römische Recht und das alte preußische Landrecht machten den Unternehmer nur für solche Fälle ersatzpflichtig, die er unmittelbar verschuldet hatte. Den Nachweis des Verschuldens hatte der Geschädigte zu erbringen. Unter diesem Gesetz bekam fast nie ein Arbeiter Entschädigung. Das deutsche Haftpflichtgesetz von 1871 machte den Unternehmer auch für mittelbar verschuldete Unfälle haftbar. Dies Gesetz verursachte fortwährende gerichtliche Klagen, Reibereien, Feindseligkeiten.

Berufsgenossenschaften. Der heutige Zustand ist demgegenüber ideal. Der Arbeitgeber muß jeden Arbeiter in die Versicherung der sog. Berufsgenossenschaft einkaufen. Der Versicherte selbst hat keinen Beitrag zu zahlen. Die Leistungen der Versicherung sind nach verwickelten Vorschriften geregelt (siehe Beispiel).

Der Beitrag des Arbeitgebers in die Kassen der aus Arbeitgebern bestehenden und von solchen geleiteten Berufsgenossenschaft schwankt je nach der Gefährlichkeit seines besonderen Betriebs. Der Grad der Gefährlichkeit wird durch die Berufsgenossenschaft abgeschätzt. Hieraus ergibt sich in genialer Weise die Möglichkeit für die Berufsgenossenschaften, einen Druck auf den Einzelnen auszuüben. Die in allen Werkstätten auffällig angebrachten Vorschriften muß das Unternehmen daher im eigensten wirtschaftlichen Interesse beachten.

Beispiel:

Beruf des Verunglückten:	Maurer.
Art der Verletzung:	Quetschung des Brustkastens, Verlust beider Arme.
Heilanstaltsbehandlung usw.:	90 Tage, 306,55 M.
Angehörigenrente während der Heilanstaltsbehandlung:	204,31 M. (Ehefrau und 2 Kinder).
Grad der Erwerbsunfähigkeit:	100%.
Jahresrente des Verletzten:	928,20 M.
Außerdem für die Zeit der völligen Hilflosigkeit:	463,50 M.
Sterbegeld:	92,80 M.
Hinterbliebenenrente:	835,20 M.

Invalidenversicherung. Die Invalidenversicherung (rund 15 Millionen Versicherte) bezweckt Gewährung von Alters- und Invaliditätsrenten und übernimmt die Krankenfürsorge von der Krankenversicherung, wenn nach 26 Wochen Erwerbsunfähigkeit befürchtet werden muß.

Die Beiträge erfolgen in der bekannten Weise durch Kleben von Marken. Die Rente richtet sich nach Zahl und Höhe der Beiträge, die sich für Versicherte und Arbeitgeber auf durchschnittlich je 7 bis 8 Pf. wöchentlich belaufen. Diese Renten schwanken bei einem Wochenbeitrag des Arbeiters von 7 Pf.

zwischen 116 und 200 M. und bei einem Wochenbeitrag von 18 Pf. zwischen 150 und 500 M. jährlich.

Siebzigjährige, aber noch erwerbende Arbeiter erhalten trotzdem Altersrente von 110 bis 230 M. jährlich und vom Eintritt der Erwerbsunfähigkeit an die höhere Invalidenrente.

Bisherige Gesamtleistung

Seit Einführung der Versicherungsgesetze wurden bis 1903 insgesamt an Entschädigungen usw. geleistet 4018 Millionen Mark. Hiervon sind als aufgebracht anzusehen:

von den Unternehmern . . . 46,9%
von den Versicherten 45,8%
als Reichszuschuß 7,3%

Würden Unternehmer und Reich noch stärker belastet werden, so wäre die Gefahr nicht ausgeschlossen, daß die Versicherung den Charakter des Geschenks annähme, den die Versicherten ausdrücklich nicht wünschen.

Diese ganze Versicherungsgesetzgebung greift also tief in die Kalkulationen eines jeden Fabrikbetriebes ein. Die bei Erlaß der ersten Bestimmungen noch vielfach verfochtene Manchesterdoktrin wurde durch sie ausdrücklich durchbrochen.

Arbeiterschutzgesetze.

Von nicht geringerer Bedeutung sind die sogenannten Arbeiterschutzgesetze, die gleichfalls hier nur zur Anregung kurz umschrieben werden mögen.

In der jetzigen Form stammen diese Verordnungen aus den letzten beiden Jahrzehnten. Sie stellen nicht, wie die Versicherungsgesetze, selbständige Gesetzbücher dar, sondern bestehen in einer Gesamtheit verstreuter Bestimmungen.

Die für die Maschineningenieure wichtigsten finden sich in der Reichs-Gewerbeordnung.

Die Arbeiterschutz-, auch kurzweg Fabrikgesetze genannt, regeln Arbeitszeit, Arbeitsart, Lohnzahlung.

Das sozial entscheidende auch dieses ganzen Gebietes der Gesetzgebung ist die Schaffung eines einklagbaren *Rechtsanspruchs* auf Unterstützung. Bis dahin war diese immer mehr oder minder „Wohltat", „Almosen". Hierin liegt die Großtat dieser Reformen, die 1881 einsetzten.

Fortgesetzt und ergänzt wird der große Grundsatz des „Rechts auf Sozialreform" durch eine zweite Gruppe gesetzlicher Bestimmungen: Sie ist eingeleitet durch die *Arbeiterschutzerlasse Kaiser Wilhelms II. vom 4. Februar 1890.* Sie bekräftigen den

Anspruch des Arbeiters auf volle gesetzliche Gleichberechtigung. Auch diese kaiserliche Anregung hat bedeutende praktische Ergebnisse gezeitigt.

Frauenarbeit.

Die wichtigsten sind: Für Frauen der allgemeine Maximalarbeitstag von 11 Stunden und das Verbot der Nachtarbeit. Die Regelung der Arbeitszeit für Männer in gesundheitsgefährlichen Betrieben (in normalen Betrieben ist, wohlgemerkt, die Arbeitszeit für erwachsene Männer gesetzlich nicht beschränkt). Ferner: der Schutz der Kinder (gegen Mißhandlung und Ausbeutung) innerhalb und außerhalb der Fabrik. Die Durchführung der Sonntagsruhe in Gewerbe und Handel. Die Fürsorge für Leben, Gesundheit und Sittlichkeit der Arbeiter in den Betriebsräumen. Die Erweiterung und Verschärfung der Fabrikaufsicht. Letztere dient zur ständigen Kontrolle der Durchführung aller gesetzlichen Bestimmungen in den Betrieben. Sie geschieht durch berufliche, sachlich ausgebildete Beamten oder Beamtinnen (Gewerbeinspektoren), denen Zutritt zu den Fabrikräumen und Einsicht in alle Fabrikeinrichtungen jederzeit zu gestatten ist. Sie sind Organe der Gewerbepolizei.

Kinderarbeit.

Gewerbeaufsicht.

Fortbildungsschulen.

Von Jahr zu Jahr nehmen ferner an Wichtigkeit zu die gesetzlichen Bestimmungen über die Ausdehnung der Fortbildungsschulen. Vor allem ist die Einführung eines Fortbildungsschulzwanges innerhalb einzelner Gemeinden möglich geworden. Berlin hat z. B. obligatorische Fortbildungsschulen eingeführt. Es wird noch an anderer Stelle auf diese Einrichtungen ausführlicher zurückgegriffen werden, insbesondere auf die Stellung, welche gerade der Volontär ihr gegenüber einnehmen sollte.

Die Aufzählung dieser Gesetze zeigt klar den ständigen Fortschritt der Gesetzgebung in positiv sozialreformerischer Richtung. Es darf nicht unterlassen werden, auf die Aufgaben hinzuweisen, mit denen sich die Gesetzgebung in nächster Zukunft zu befassen haben wird und teilweise gegenwärtig befaßt.

Einigungsämter.

Rückständig ist noch vor allem die Erfüllung der wichtigsten Aufgabe, die die „Februarerlasse“ aussprechen. Denn in bezug auf die „öffentliche, gesetzliche Errichtung und Organisation von Einrichtungen, die einer friedlichen Regelung des Verhältnisses zwischen Arbeitgebern und Arbeitnehmern ebenso dienen sollen, wie der ständigen Aufklärung der Regierung über die Lage der Arbeiterschaft“ ist bis jetzt nur ein Anfang gemacht worden. Die

Koalitionsfreiheit, d. h. der Grundsatz ungehinderten Zusammenschlusses der schwachen Einzelnen zu starken Berufs- oder anderen Verbänden hat zur Folge gehabt, daß heute die Selbsthilfe der beiden im Arbeitsvertrag gebundenen Parteien auf dem Wege des organisatorischen Zusammenschlusses mächtig vorgeschritten ist. Je mächtiger diese und je zahlreicher die Arbeitskämpfe werden, umso notwendiger ist gesetzliche Ordnung dieser Verträge und Kämpfe. Den ersten Schritt hierzu soll das Gesetz „über die Rechtsfähigkeit der Berufsvereine" bilden, den zweiten die Einrichtung staatlicher Arbeitskammern, den dritten das Recht der Tarifverträge und die gesetzliche Regelung der Entlohnungsfrage. Zur Durchführung und Kontrollierung solcher Gesetze ist die Errichtung eines „Reichsarbeitsamtes" wahrscheinlich unumgänglich. Koalitionsfreiheit.

Der kaiserliche Erlaß an den Fürsten Bülow anläßlich der 25. Wiederkehr des Geburtstages der deutschen Sozialreform, 17. November 1906, stellt stetiges Fortschreiten dieser Reform weiterhin in Aussicht. Alle Beteiligten sind sich in dem Punkte einig, daß das wirtschaftliche Gedeihen Deutschlands durch Ausgleich und Frieden besser gewahrt ist, als durch Aussperrung und Streik. Ausblick.

Abschnitt 7.

Bemerkungen über die Fabrikorganisation.

Mit dem Tage ihres Eintritts in das Gefüge eines modernen Fabrikbetriebs erschließt sich einem großen Teil der Volontäre eine neue Welt. Die vorhergehenden Abschnitte sollten in ihr einige allgemeine Richtlinien aufzeigen. Einige Bemerkungen in concreto mögen jene allgemeiner gehaltenen Betrachtungen hier ergänzen.

Am ersten Tage seines Aufenthaltes im Werk wird der neu Eingetretene in die Liste der Werksangehörigen eingetragen. Gleichzeitig händigt man ihm meist eine gedruckte Arbeitsordnung ein. Es ist die für alle Arbeiter des betreffenden Werks ganz allgemein gültige. Ihre Bestimmungen sondern sich inhaltlich in Arbeitsordnung.

zwei Arten: in die reinen Vertragsbedingungen des Arbeitsvertrags und in disziplinare Bestimmungen.

Die Arbeitsordnung stellt die Festlegung eines sog. Kollektivvertrages dar; ihn schließt die Gesamtheit der Arbeiter und theoretisch auch jeder einzelne Arbeiter beim Eintritt in das Werk mit dem Unternehmer frei, d. h. freiwillig ab. Die Paragraphen dieser Anordnung sind gesetzlich von dem Charakter reiner einseitiger Vorschriften des Arbeitgebers unterschieden. Denn vor Erlaß oder auch nur Änderung derselben muß den Arbeitern Gelegenheit gegeben werden, sich dazu zu äußern. (§ 134^{d} der Reichs-Gewerbe-Ordnung).

Eine Arbeitsordnung in allgemein und jederzeit zugänglicher Form ist für jede Fabrik gesetzlich vorgeschrieben. Sie hat nach der „Gewerbe-Ordnung“ zu enthalten:

1. Bestimmungen über Anfang und Ende der regelmäßigen täglichen Arbeitszeit, sowie der Pausen.
2. Zeit und Art der Abrechnung und Lohnzahlung.
3. Kündigungsfrist und Gründe für Austritt ohne Kündigung.
4. Ausweis über die Verwendung der disziplinarischen Strafgelder (die übrigens 50% des täglichen Verdienstes nie überschreiten dürfen).

Disziplin. Freiwillig können beigefügt werden disziplinarische Betriebsordnungsbestimmungen. Nur mit Zustimmung der Arbeiterschaft oder ihres Ausschusses dürfen Bestimmungen über Wohlfahrtseinrichtungen und über das Verhalten Minderjähriger außerhalb der Fabrik erlassen werden.

Die Arbeitsordnung wird gültig durch die Bestätigung seitens der Ortspolizei.

In welchem Umfange die Bestimmungen der Arbeitsordnung auf die Volontäre angewendet werden, ist natürlich reine Taktfrage. Den Volontären persönlich kann nur dringend empfohlen werden, die disziplinarischen Vorschriften, wie sie für den letzten der Arbeiter gelten, auch für sich selbst zur strengen Richtschnur zu machen. Dies ist nicht nur erforderlich im Sinne einer reibungslosen Einfügung in den Mechanismus des Werks. Es ist vor allem wünschenswert für die späteren Betriebsleiter, die Wirksamkeit und — die Durchführbarkeit solcher Bestimmungen am eignen Leibe zu erproben und sich fest einzuprägen. Vielfach gehen die Bestimmungen zu weit, sind in sich unlogisch oder unhaltbar und schaden, statt zu bessern.

Ein Beispiel: Vorschriften, welche erfahrungsgemäß leicht große Reibungen und Misstimmungen erzeugen, sind die Bestimmungen über pünktliche Innehaltung von Beginn, Ende und Pausen der Arbeitszeit, und ihre mehr oder weniger strenge Durchführung. Die Arbeiter halten es mit dem „akademischen Viertel". Sie treffen erst Punkt 7^{00} früh ein und zögern den eigentlichen Arbeitsbeginn durch Umkleiden bis 7^{10} durchschnittlich hin. Ebenso mittags nach der Mittagspause. Vor Tisch und vor allem abends beginnen die meisten schon um $^{3}/_{4}$ mit dem Waschen. Alles dies, wohl gemerkt, wenn es vom Werke aus zugelassen wird. Diese positive Verkürzung der Arbeitszeit, die leicht im ganzen bis 1 Stunde pro Tag gesteigert werden kann, ist einerseits Folge der natürlichen menschlichen „Bummelei". Aber sie wird vielfach planmäßig betrieben. Denn wenn statt 10 Stunden tatsächlich nur 9 gearbeitet wird, so braucht das Werk für Erledigung seiner Aufträge, statt je 9 Mann je 10 Mann, also rund 11% mehr Arbeiter. Diese finden also auf diese Weise ihr Brot, während sie sonst überschüssig wären. Das Solidaritätsgefühl der „großen Internationale" wirkt hier bestimmend. Oder es werden Überstunden nötig; der Einzelne erhöht, falls im Stundenlohn gearbeitet wird, seine Einnahmen. Pünktlichkeit.

Von der Seite der Unternehmer wird dagegen folgende Rechnung aufgestellt, wie sie Dr. R. Grimshaw in seinem Buch über „Werkstatt-Betrieb und Organisation" gibt:

„Der Fabrikant, der Eisen kauft, besteht mit Recht darauf, daß er 1000 kg für eine Tonne bekommt, gerade wie er beim Verkauf seiner Erzeugnisse darauf besteht, daß eine Mark aus hundert Pfennigen besteht. Aber beim Kauf von Zeit kann er nicht immer wissen, ob er für 10 Stunden 600 Minuten bekommt. Wenn seine Arbeiter einige Minuten später kommen und etliche früher gehen, verliert er. — Wenn 100 Arbeiter je fünf Minuten beim Eintreten sowie beim Verlassen der Fabrik verlieren, so beträgt dies 1000 Minuten oder $16^{1}/_{2}$ Stunden pro Tag; im Jahre von 300 Arbeitstagen 5000 Stunden, die, ca. 50 Pfg. die Stunde berechnet, die hübsche Summe von 2500 M. betragen. Bei 1000 Arbeitern haben wir durch diese Ursache einen jährlichen Verlust von 25000 M. Dies sind die Zinsen zu ca. 5 vom Hundert eines Kapitals von 500000 M. — schreibe fünfhunderttausend Mark!“

Diese Rechnung ist einwandsfrei und nicht übertrieben. Sie zeigt deutlich die große Bedeutung straffer Zucht bei Großbetrieben und die Einbußen bei ihrem Fehlen. Anderseits dürfte wohl zu erwägen sein, wieweit in diesem besonderen Fall — um beim Beispiel zu bleiben — die Straffheit der Zucht getrieben werden darf, ohne andere Nachteile hervorzurufen.

Würde etwa das Werk, von solchen Erwägungen ausgehend, durch ein besonders streng gehandhabtes Kontrolluhrsystem seine Arbeiterschaft zwingen, punkt 7 Uhr fertig umgekleidet am Arbeitsplatz zu sein und diesen nicht vor 1 Uhr mittags oder 6 Uhr abends zu verlassen, so würde es ja zweifellos auch jene letzten Werte aus seinen Leuten herausziehen (wenn diese wirklich stramm bis zur letzten Minute schafften!). Anderseits aber würde diese Fabrik durch derartige „Musterorganisation“ überraschend schnell ihre besten Arbeiter verlieren und keine gleichwertigen neuen bekommen. Denn der Arbeiter ist nicht geneigt, sich „wie im Zuchthaus“ zu fühlen, umso weniger, je hochwertiger er ist. Und ein solcher findet stets Arbeit unter ihm persönlich zusagenden Bedingungen. Eine Firma, der auch das letzte Gramm, das an einer Tonne fehlt, noch nachkontrolliert und von der Rechnung abgezogen wird, verzichtet bald auf so unbequeme Kundschaft und weigert sich fürder zu liefern; umso eher, je besser sie ist.

Wo nun da die Grenze des Durchführbaren liegt, muß der Volontär aus eigener Erfahrung während seines praktischen Jahrs festzustellen suchen. Solche Erkenntnis ist später wertvoll.

In solchem Sinne sei er bestrebt, vernünftige und sachliche Kritik vorurteilslos an allem zu üben, was um ihn her im Werk vorgeht. Hiermit ist nicht gesagt, daß er dieser Kritik auch Ausdruck geben soll, weder dem Kameraden, noch dem Betriebsführer, noch dem Arbeiter gegenüber. Hiervor ist zu warnen. Es ist völlig Sache des Taktes, wie weit er gehen darf. Auch sei er sich sich stets bewußt, wie wenig sachverständig er ist. Von Kritiksucht und Krittelei soll er sich nicht minder fern halten, als von einem bloßen Schauen, ohne über die Gründe und Zweckmäßigkeit des Vorgangs sich Rechenschaft geben zu wollen. —

Nach Empfang der Arbeitsordnung und nach Einreihung in die Reihen der Arbeiter muß sich nunmehr der Volontär allmählich mit seiner Umgebung vertraut machen. Alle Einzelheiten der Arbeitsteilung, der Arbeits- und Zeitkontrolle, der Gleich- und Überordnung der Beamten und Arbeiter, Vorarbeiter und Gehilfen, ihre Gruppierung in Werkstätten und Kolonnen usw. usw. sollen und können hier nicht beschrieben werden. Besser als alle Bücher lehrt hier die Praxis. Und den Blick von dem vorliegenden Einzelfall hinweg über die Fülle von Varianten, die sich in dem betreffenden Werke nicht beobachten lassen, wird später die akademische Ausbildung besser und gründlicher gewähren.

Dies Buch will nur zum richtigen Schauen anregen, nicht das Schauen selbst ersparen. Daher bleibt die Orientierung im Werk dem Leser überlassen.

Entlohnung.

Aber an dieser Stelle ist der geeignete Ort, noch kurz einen Überblick über die verschiedenen Lohnsysteme zu geben. Die Beobachtung der Barzahlungen und die Abschätzung von Arbeitswert in Mark und Pfennig ist ebenso unerläßlich, wie schwierig. Eine rein durch Fragen in der besonderen Fabrik gegebene Belehrung ist noch nicht zureichend, weil die Vergleichsmaßstäbe gegenüber anderen Werken fehlen. Hier sei also kurz ein Überblick gegeben, der keinen Anspruch auf Vollständigkeit erhebt.

Die Entlohnung der Arbeiter ist eine der wichtigsten organisatorischen Maßnahmen des Unternehmers. Sie ist von tiefgehendstem wirtschaftlichen — und psychologischem Einfluß.

Stundenlohn

Die einfachste Lohnform ist der Stundenlohn. Der Arbeiter erhält pro Stunde einen bestimmten Satz (üblich: 30 bis 50 Pfennige), gleichgültig, wieviel Arbeit er fertig bringt.

Vorteile für den Arbeiter: Er hat ein festes Gehalt. Enttäuschung ist ausgeschlossen. Er kann sich Zeit lassen, gemütlich arbeiten und überanstrengt sich nicht. Er kann seinen Lohn leicht berechnen.

Nachteile für den Arbeiter: Der faule bekommt ebenso viel, wie der fleißige. Die Erhöhung des Lohnsatzes hängt vom Arbeitgeber ab. Ist dieser abgeneigt, so bleibt nur der Streik.

Vorteile für den Unternehmer: Einfachste Lohnberechnung. Die Vorteile fleißiger oder intelligenter und geschickter Arbeiter fallen ihm ungeschmälert zu.

Nachteile für den Unternehmer: Der Arbeiter tut schlimmstenfalls gerade so viel, daß er nicht an die Luft gesetzt wird, bestenfalls soviel, wie er bei bequemem Arbeiten gerade fertig bringt, keinesfalls gibt er die volle Leistungsfähigkeit. Da Steigerung der Leistung dem Arbeiter nicht zugute kommt, ruht das Bestreben, mit gleichem Aufwand schneller und mehr zu schaffen. Der Arbeiter sinnt nicht auf Verbesserung der Arbeitsweisen.

Diese Lohnform ist üblich und herrschend für alle solche Arbeiten, deren Effekt nicht ohne weiteres zu messen ist, die nicht stückweis bezahlt werden können, und bei denen die gelieferte Arbeitsmenge nicht von dem Arbeiter abhängt.

Akkordlohn. In allen anderen Fällen herrscht in Deutschland in überwiegendem Maß das Akkordlohnsystem. Die Arbeit wird pro Stück bezahlt.

Vorteile für den Arbeiter: Der Fleißige, Geschickte und Intelligente verdient mehr als der Faule, Ungeschickte und Dumme. Die Erhöhung des Einkommens ist theoretisch ganz in seiner Hand. Er kann seinen Lohn leicht berechnen. Er beginnt nachzudenken, wie er bei gleichem Arbeitsaufwand mehr hervorbringen kann: die Arbeit wirkt anregender.

Nachteile für den Arbeiter: Das Gehalt ist Schwankungen ausgesetzt, je nach der Art der Arbeit, die gerade vorliegt. Er ist in Versuchung sich zu überanstrengen: „Akkordarbeit — Mordarbeit“. Er darf seine Leistung nicht über eine gewisse Höhe steigern, sonst „verdient er dem Unternehmer zu viel“ und sein Akkordsatz wird herabgesetzt. Folglich erlebt er häufig Enttäuschungen.

Vorteile für den Unternehmer: Die Leistung des Arbeiters steigt, die Zahl der Arbeiter sinkt. Die Arbeiter finden bessere Arbeitsmethoden heraus: die Erzeugung des Werks wächst ohne Steigerung der Betriebskosten. Menschen und Maschinen werden voll ausgenutzt. Einfache Lohnberechnung.

Nachteile für den Unternehmer: Von der gesteigerten Leistung hat er nur mittelbaren Vorteil, da der Lohnzuschlag pro Stück konstant ist. Herabsetzung des Akkordsatzes, wozu die Konkurrenz und ständige Entwertung des Geldes zwingen, ist nur möglich auf Kosten der Zufriedenheit und des Vertrauens der Arbeiter und des Friedens im Werk. Die Maschinen und Werkzeuge sind ständig in Gefahr, überanstrengt und schnell abgenutzt zu werden.

Prämienlohnsystem. Ein System, welches verspricht, die Nachteile des Akkordsystems zu verringern, die Vorteile zu mehren, ist das Prämiensystem. Es tritt in mehreren Formen auf. Der Grundgedanke ist folgender:

Für jedes Stück Arbeit wird eine „Grundzeit“ und ein „Grundlohn“ festgesetzt. Der Höchstbetrag, der dafür bezahlt wird, ist das Produkt aus Grundzeit und Grundlohn. Arbeitet der Arbeiter länger daran, als die Grundzeit, so erhält er doch nicht mehr an Gesamtlohn. Die Grundzeit wird praktisch recht reichlich bemessen. Aber schafft er s in geringerer Zeit, so bekommt er für die verbrauchte Zeit den Grundlohn, für die ersparte einen Bruchteil (üblich $^1/_2$ bis $^1/_3$) des Grundlohns. Sein stündliches Einkommen also steigt.

Beispiel: Für eine Arbeit ist festgesetzt: Grundzeit 10 Stunden, Grundlohn: 50 Pf., Prämiensatz $^1/_2$. Demnach wird höchstens für die Arbeit bezahlt: $10 \times 0{,}5 = 5$ M. Also verdient der Arbeiter bei 15 Stunden gebrauchter Zeit 5,00 M. : $15 = 33^1/_3$ Pf. pro Stunde, bei 10 Stunden gebrauchter Zeit: $5{,}00 : 10 = 0{,}50$ M. pro Stunde. Aber wenn er die Arbeit schon in 6 Stunden fertig stellt, beträgt sein Gesamtlohn für das Stück $6 \times 0{,}50 = 3{,}00$ M. und als Prämie dazu: $(10 - 6) \cdot 0{,}50 \cdot {}^1/_2 = 4 \cdot 0{,}25 = 1$ M. Also insgesamt 4 M. Einnahme; stündliches Einkommen demnach: $400 : 6 = 66^2/_3$ Pf.

Vorteile für den Arbeiter; Sämtliche Vorteile des Akkordsystems. Außerdem noch gegenüber dem Akkordsystem die Voraussicht, wenigstens im allgemeinen keine Herabsetzung der Bedingungen befürchten zu müssen; denn wenn einerseits der Unternehmer, mit der Konkurrenz mitgehend, auf immer geringeren Gesamtlohnzuschlag pro Stück gehen muß, so sinken ja auch gleichzeitig dem System zufolge diese Spesen mit der zunehmenden Schnelligkeit der Arbeitserledigung. Diese aber erzeugt für den Arbeiter dennoch pro Stunde eine Zunahme des Einkommens. Bei geschickter Festlegung von Prämiensatz und Grundzeit kommen beide Parteien ständig auf ihre Rechnung, ohne daß Grundlohn und Grundzeit herabgesetzt werden müßte. Bei einheitlichem Grundlohn und einheitlichem Prämiensatz für die ganze Werkstatt wird bei völliger Wahrung der Gleichheit der Bedingungen doch dem Fleiß, der Geschicklichkeit und Intelligenz die nötige Belohnung zuteil; gleichzeitig ist dadurch das Einkommen des Einzelnen weniger starken Schwankungen unterworfen.

Nachteile für den Arbeiter: Das System ist etwas verwickelt. der Lohn also weniger leicht zu berechnen. Für die intelligenteren Arbeiter kommt dieser Nachteil weniger in Betracht. Der Arbeiter erhält (als Entgelt für die bessere Regelung seines Einkommens) nicht mehr den ganzen Gewinn der ersparten Zeit ausgezahlt.

Vorteile für den Unternehmer: Die Vorteile des Akkordsystems bis auf die Einfachheit der Lohnberechnung. Ferner Vermeidung der Reibungen mit der Arbeiterschaft. Erhöhung des Vertrauens: „er verspricht weniger als beim Akkordsystem, aber er kann es halten“.

Nachteile für den Unternehmer: Die umständlichere Lohnberechnung, die im Lohnbureau die Anstellung eines oder mehrerer Beamten mehr erfordert und Irrtümer wahrscheinlicher macht.

Die scheinbare Kompliziertheit des Systems ist der hauptsächliche Hemmschuh für seine allgemeinere Einführung. In Amerika mit seinem intelligenten Arbeiterstamm ist es bereits das bevorzugte System und seine Einführung häufig das Ergebnis des Friedensschlusses nach Streik oder Aussperrung. Die Erfahrungen, die damit gemacht wurden, sind durchweg vorzügliche.

Gewinnbeteiligung.

Von weiteren Systemen der Entlohnung ist viel besprochen das Gewinnbeteiligungssystem. Die Arbeiter arbeiten im Zeitlohn oder im Akkord. Am Ende des Bilanzzeitraums teilen Unternehmer und Arbeiter den Reingewinn nach vereinbartem Modus. Der auf die Arbeiterschaft enfallende Gewinn wird nach bestimmter Regel unter die Mitglieder des Werkes verteilt.

Vorteile für den Arbeiter: Scheinbar gerechte Entlohnung. Sie bekommen am Schluß der Bilanz ein größeres Stück Geld in die Hand.

Nachteile für den Arbeiter: Sein Jahreseinkommen schwankt stark mit der Gunst des Geschäftsganges. Er muß unter Fehlern der Fabrikleiter in der Geschäftsführung unverschuldet leiden. Er hat keinen Einblick in die Bücher und kann die Ehrlichkeit der Unternehmer weder überwachen, noch die Größe der zu erwartenden Summe richtig vorher einschätzen. Die Faulen, Ungeschickten und Dummen ernten in gleicher Höhe, wie die Fleißigen, Geschickten und Intelligenten. Letztere betrachten die ersteren als Schädiger des gemeinsamen Interesses, und es entsteht Zwietracht. Der Zuschlagsgewinn liegt in verhältnismäßig weiter Zukunft. Vorher austretende Arbeiter gehen seiner völlig verlustig.

Vorteile für den Unternehmer: Keine.

Nachteile für den Unternehmer: Das System vertreibt die Geschickten und lockt die Minderwertigen an. Ein durch persönliche, rein geschäftliche Geschicklichkeit der Direktoren bewirkter Gewinn kommt den Arbeitern zu Gute, die ihn nicht verursachten. Die Hochwertigkeit der Arbeit in der Firma sinkt. In schlechten Jahren entsteht größte Unzufriedenheit. Der Arbeitgeber teilt den Gewinn. Am Verlust kann er die Arbeiter nicht teilnehmen lassen.

Dies System ist häufig versucht und ebenso häufig aufgegeben worden. Es bewährt sich nur ganz vereinzelt in ganz eigenartigen Fällen, und auch dort kann wegen der Kürze der Zeit seit Einführung ein abschließendes Urteil noch nicht gefällt werden. —

Unternehmersystem.

In Deutschland wenig, dagegen in den Vereinigten Staaten vielfach üblich ist das Unternehmersystem; zwischen die Leitung der Fabrik und die Arbeiter ist ein selbständig interessierter Unternehmer eingeschaltet, der die Gesamtheit der vorliegenden Arbeit der Firma für ein Bestimmtes liefert und sehen muß, wie er mit den Arbeitern zurecht kommt. Die Nachteile liegen auf der Hand.

Truck-System.

In Deutschland verboten ist das früher übliche Unwesen des Truck-Systems, d. h. der Bezahlung der Arbeiter in Waren oder in Gutscheinen auf Waren eines der Firma gehörigen Warenhauses.

Je nach dem Fabrikationsprodukt und nach vielen anderen Gesichtspunkten ist für den jeweiligen Fall ein Lohnsystem den anderen mehr oder weniger überlegen. Ein allgemein befriedigendes Lohnsystem ist noch nicht erfunden und wird auch wohl nie erfunden werden. Eine leidenschaftslose und ruhige Erörterung über Vor- und Nachteile des jeweils üblichen Lohnsystems mit den Betriebsleitern, wie mit intelligenten und billig denkenden Arbeitern kann dem Volontär nur nützen.

Die sonstigen Lohneinrichtungen der Fabrik sollten von dem Volontär gleichfalls mit Eifer studiert werden: die Art und Weise wie die Arbeiter ihre Lohnberechnungen einreichen, wie sie veranschlagt und geprüft, wie der Lohn ausgezahlt und wie die Arbeitszeit kontrolliert wird; wieviel Menschen im Lohnbureau mit diesen Arbeiten beschäftigt sind — alle diese Fragen sind später von großem Wert, wenn es sich darum handelt, die auf der Hochschule gelehrten allgemeineren Überblickswerte an einem konkreten, bekannten Fall abzumessen.

Hiermit möchten wir die allgemeineren Betrachtungen über Fragen der Fabrikorganisation abschließen. Auf viele besonderen organisatorischen Aufgaben und deren Lösung wird in den weiteren Kapiteln bei passender Gelegenheit und in näher liegendem Zusammenhang hingewiesen werden.

Abschnitt 8.

Einiges über das technische Zeichnen.

Vom ersten Tage an erkennt der Volontär die grundlegende Bedeutung der Zeichnung in der Fabrik. In jeder Werkstätte, auf jedem Arbeitsplatz liegen die großen Blätter bereit, um so und soviel Male am Tag um Rat befragt zu werden. Durch sie gewinnt der Ingenieur eine Art Allgegenwart. Sie stellen die sichtbare Herrschaft des Geistes hier im Reiche der Materie dar. Sie bilden den roten Faden, den die organisierenden Köpfe durch der Hände Werk ziehen.

Lesenlernen. Naturgemäß ist von Anfang an das Interesse des Eleven für die Zeichnungen groß. Sie bergen den Schlüssel des Verständnisses für alles, was hier geschafft wird. Sie stellen vor allem sein späteres eigenes Arbeitsfeld dar. Aber das richtige Lesen dieser zeichnerischen Runen ist mit großen Schwierigkeiten verknüpft. Und abgesehen davon ist es fraglich, ob es überhaupt mit unter die Aufgabe des praktischen Jahres zu zählen ist, dem Praktikanten das volle Verständnis technischer Zeichnungen zu vermitteln. Der Volontär muß entschieden vor dem Versuch gewarnt werden, allzu energisch in das tiefere Verständnis der Zeichnungen eindringen zu wollen. Natürlich ist zu fordern, daß er nach und nach soweit gelangt, daß er ein Stück Arbeit nach Zeichnung anfertigen kann; aber die ständige Versuchung, schon jetzt in den Geist der Konstruktionen einzudringen, dürfte den Blick von den rein praktischen Zwecken seines Aufenthaltes in der Fabrik allzusehr ablenken. Mit anderen Worten: der Volontär sollte die Zeichnungen mehr mit dem Auge des (bis zu gewissem

Grade verständnislosen) Arbeiters ansehen, als mit dem des künftigen Ingenieurs, eben deshalb, damit er späterhin nicht der Fähigkeit ermangelt, zu ermessen, wie weit sich der einfache Arbeiter seine zeichnerischen Angaben vorzustellen und was er mit ihnen anzufangen vermag. Schon deshalb wäre es gänzlich unangebracht, in diesem Buche etwa von den Gesichtspunkten zu sprechen, aus denen heraus eine Zeichnung entsteht, und von den Bedingungen, die sie erfüllen soll. Denjenigen, welche sich in diese Fragen vertiefen wollen, sei jedoch hier auf das allerwärmste die Lektüre des berühmten Buchs von Riedler: „Das Maschinenzeichnen" empfohlen, in dem der Gegenstand mit klassischer Klarheit, mit Nachdrücklichkeit und vor allem in anregendster Form behandelt wird. Dieses Buch schon vor dem Eintritt in das Studium zu lesen, ist sehr empfehlenswert.

Zweck der Zeichnung. In diesem Rahmen seien nur wenige Bemerkungen gemacht. Sie sollen das Verständnis einer technischen Zeichnung in dem oben begrenzten Umfang erleichtern.

Vor allem ist von vornherein eine falsche Vorstellung vom Wesen der technischen Werkstattzeichnung zu vermeiden: Die technische Werkzeichnung verfolgt nicht als Hauptzweck, die Abbildung des zu verfertigenden Gegenstandes zu geben. Wäre dies der Fall, so müßte ihre Manier der Photographie möglichst nahe gebracht werden. Diese Darstellungsweise ist die der Katalog- oder Offertzeichnungen, der Illustration, deren Zweck es ist, auch Nichtingenieuren mit einem Blick eine Vorstellung von dem offerierten Gegenstand zu geben. Der Zweck der Werkzeichnungen ist ein ganz anderer: er soll die richtige Herstellung des gewollten Stückes nach Maß und die richtige Zusammenfügung der Einzelteile durch Fachleute ermöglichen. Nach dem obersten Gesetz des wirtschaftlichen Betriebes herrscht auch hier das Bestreben, diesen Zweck mit den einfachsten Mitteln zu erreichen.

Maße. Behält man diese beiden Hauptgesichtspunkte vor allem im Auge, so ist der erste Schritt zum richtigen Verständnis der Werkstattzeichnungen damit getan. Es ist nun klar, warum der Blick auf den Werkzeichnungen vergebens nach plastischer Bildwirkung sucht. Der Zeichner beschränkt sich auf bloße Angabe der Umrisse und Kanten. Nur sie sind „maßgebend" im eigentlichsten Sinne des Worts, d. h. nur Kantenabstände sind ohne weiteres meßbar; haben alle Umrisse und Kanten die richtigen

Längen und Abstände, so ist damit von selbst die richtige Gestalt des Körpers gewährleistet.

Projizieren. Im allgemeinen ist die zeichnerische Beschreibung des Körpers nach diesem Grundsatz völlig erschöpft, d. h. der Körper lediglich durch seine Umrisse und Kanten eindeutig bestimmt, wenn die Abbildung von drei Standpunkten aus (entsprechend den drei Dimensionen) geschieht: genau von vorne, genau von der Seite und genau von oben. Infolgedessen enthält durchschnittlich jede Werkzeichnung von ein und demselben Teil drei Ansichten oder „Projektionen" in ganz bestimmter Lage zu einander. Im Gegensatz zu dem gewohnten Überblicken des Gegenstandes in einer Abbildung bedarf es also hier einer besonderen geistigen Arbeit: der Kombination dreier Abbildungen zu einer einzigen Raumvorstellung. Und die Voraussetzung, die das Erledigen dieser geistigen Arbeit ermöglicht, ist eine an sich nicht lernbare, aber im höchsten Grade trainierungsfähige Geistesgabe: das Raumvorstellungsvermögen.

Auf den ersten Blick scheint diese Darstellungsweise doch nicht die einfachste zu sein. Man bedenke aber nur, daß auf diese Weise jegliche perspektivischen Regeln entbehrlich werden und vor allem, daß sich hierbei jedes Maß in seiner tatsächlichen Länge, nicht perspektivisch verzerrt, in der Abbildung ergibt, und man wird sofort begreifen, daß in der Tat dieses sogenannte „projektivische Zeichnen" das einzige technisch brauchbare ist.

Das Lesen der auf diese Weise entstandenen zeichnerischen Niederschrift, d. h. die richtige räumliche Zusammensetzung der drei Abbildungen, erfordert ein bestimmtes Mindestmaß ausgesprochenen Wissens. Wenn man das System, die Regel nicht kennt, nach welcher ein unbekannter Gegenstand zerlegt wurde, so kann man ihn zwar allenfalls durch Probieren wieder zusammensetzen. Aber gerade je einfacher der Gegenstand, zu desto häufigeren Kombinationen lassen sich seine Teile vereinen. Welche Vereinigung die gewollte ist, das ergibt eindeutig nur die Kenntnis des Zerlegungsgesetzes. Die hier in Betracht kommenden Regeln sind zwar weder zahlreiche, noch schwer verständliche. Immerhin spricht oder versteht man eine Sprache noch lange nicht, wenn man ihre grammatischen Regeln kennt. Nur die Übung ihrer Anwendung führt zur Ausdrucksmöglichkeit und zum Verständnis.

Arbeiter und Zeichnung.

Noch vor 20 bis 30 Jahren war eine eigene Ausbildung der Arbeiter für das Lesen der Zeichnungen durchschnittlich nicht unbedingt nötig. Die Werkstätten waren kleiner; die persönliche Berührung zwischen Arbeiter und Werkmeister, zwischen Werkmeister und Ingenieur war leicht durchführbar. So konnte der Vorgesetzte dem technischen Analphabeten persönlich allmählich das Buchstabieren beibringen, dem mühsam buchstabierenden bei Auffindung des Sinns der Niederschrift helfen. Heute sind die Werkstätten vielhundertköpfig. Die Zeit wird von Jahr zu Jahr kostbarer. Von dem einzelnen Arbeiter, vom einzelnen Werkmeister muß immer weitergehende Selbständigkeit verlangt werden. Ein Erklären der Werkstattzeichnung im großen Ganzen ist selten, ein bis aufs einzelne Maß erstrecktes „Durchkauen" aber überhaupt nicht mehr möglich.

Fortbildungkurse.

Die planmäßige Ausbildung im schnellen Verständnis der Werkzeichnung bildet daher heute für den „gelernten" Arbeiter einen Teil seiner Lehre. Nur noch ganz wenige Firmen, bei denen besondere Schwierigkeiten mitsprechen mögen, lassen daher die Ausbildung ihrer Lehrlinge lediglich in der Werkstatt erfolgen. Die Regel ist heute ein ergänzender, sozusagen wissenschaftlicher Unterricht. In besonders günstigen Fällen kann die Firma selbst ihren Lehrlingen diesen zuteil werden lassen. Meist ist auch hier die Arbeitsteilung eingetreten: die gemeindliche Fortbildungsschule kommt der Notwendigkeit entgegen. Wie bereits erwähnt, kann sogar ihr Besuch für Lehrlinge pflichtmäßig werden.

Die Zeichenkurse, die hier abgehalten werden, sind nun genau das, was der Volontär für seine Zwecke braucht; der einsemestrige Besuch derselben gibt genügende Grundlagen und erste Übung. Es wäre daher auf das allerdringendste zu wünschen, daß diese Gelegenheit, die zeichnerische Vorbildung eines gelernten Arbeiters aus eigener Erfahrung kennen zu lernen, in Zukunft nicht so unbenutzt gelassen wird, wie bisher. Irgendwelche Bedenken betreffs Schädigung des Ansehens können nicht maßgebend sein. Sie können mit Fug gar nicht erhoben oder aufrecht erhalten werden. Im Gegenteil: jeder Arbeiter weiß, daß der Volontär lernen muß, ihre Arbeit zur verstehen, ehe er sie regeln kann. Und jeder Arbeiter sieht es gern, wenn der Volontär, von Bildungshochmut frei, auch seine Bildungsquellen kennen lernt.

Die außerordentliche soziale Bedeutung des Volontärjahres wird also nur erhöht.

Anderseits sind hier gleiche Gesichtspunkte maßgebend, wie bei der freiwilligen völligen Unterordnung unter die Fabrikordnung. Besucht der Volontär energisch und regelmäßig den Fortbildungsschulunterricht im Zeichnen, so bildet er sich, vom sonstigen Vorteil abgesehen, vor allem ein zutreffendes Urteil für dessen Zweckmäßigkeit und Grenzen. Es ist niemandem möglich, aus der Theorie heraus zu ermessen, ob der in der Entwicklung stehende Mensch einen mehrstündigen Unterricht nach der Tagesarbeit erfolgreich in sich aufnehmen kann. Nur, wer selbst ausprobiert hat, wie wenig oder wie viel Energie dazu gehört, wird mit seinem Urteil vor Täuschungen nach positiver und negativer Seite hin einigermaßen bewahrt bleiben. Die soziale Bedeutung des Ingenieurs, insbesondere des organisierenden, wächst unaufhaltsam. Seine soziale Urteilsfähigkeit muß gleichen Schritt halten. Daher gehört der Besuch der Lehrlings-Fortbildungskurse unbedingt mit zu den wichtigsten Beschäftigungen der Volontäre während ihres praktischen Jahrs, und sei es nur für ein Vierteljahr. Der Besuch des Zeichenkurses liegt am nächsten und vereint zwei Nutzen, besonders, solange der Zeichenunterricht an den höheren Schulen der bleibt, der er heute ist.

Selbstverständlich ist die Möglichkeit, durch bloße Anschauungsübung und notdürftigste Erläuterung seiten der Arbeiter oder Meister sich schnell in einfache Werkstattzeichnungen hineinzufinden, für einen gebildeten Menschen ohne weiteres vorhanden. Einige weitere Bemerkungen dürften das Verständnis erleichtern.

Darstellungsregeln.

Das A und O des Maschinenbaues ist, wie früher bereits betont, die Gestaltung des Querschnitts der einzelnen Teile. Infolgedessen legt so gut wie jede Werkzeichnung den Schwerpunkt in die Darstellung durchschnittener Teile. Die Darstellungsregeln bleiben für solche Schnitte (die übrigens immer parallel zur Augenebene erfolgen) genau die gleichen. Äußerlich müssen deshalb natürlich Schnittflächen von Ansichtsflächen unterschieden werden. Wieder wird hierzu das einfachste Mittel gewählt: die Färbung oder die Schraffur der Fläche. Hierdurch kommt als willkommener Nebenerfolg größere Deutlichkeit, weil Plastik, zustande.

Nochmal sei bei dieser Gelegenheit betont, daß die Maschinenzeichnungen keine Bilder mit eingeschriebenen Maßen sind. Sie sind umgekehrt Zusammenstellungen von Maßen, welchen die Linienzüge, nach bestimmten Gesetzen zerlegt und rekonstruierbar, als Unterlage dienen.

Lichtpausen.

Der große Abstand, der heute durch verbreiterte Arbeitsteilung zwischen dem Konstrukteur und dem ausführenden Arbeiter innerhalb des Körpers der Fabrik entstanden ist, zeigt sich am deutlichsten darin, daß in einer wirtschaftlich arbeitenden zeitgemäßen Fabrik die Originale der Zeichnungen grundsätzlich nie in die Hände der Arbeiter kommen. Vielmehr werden auf photographischem Wege sogenannte Lichtpausen oder Blaupausen von der Handzeichnung in beliebiger Anzahl mit sehr geringen Kosten (etwa 10 Pfg. pro Blatt) hergestellt. Das Original verbleibt im Bureau. Die Pause geht in die Werkstatt. Die Vorteile liegen auf der Hand: Die oft sehr kostbare Handzeichnung bleibt in guter Hut, ist ständig zur Verfügung im Bureau und kann beliebig vervielfältigt werden. Die unvermeidliche Beschmutzung und teilweise Vernichtung der Werkzeichnungen in der Werkstatt wird unschädlich; die Notwendigkeit, aus Sparsamkeitsrücksichten die nahezu unkenntlich gewordenen Blätter weiter zu benutzen, ist beseitigt.

Ein scheinbarer Nachteil ist jedoch eingetauscht. Unzweifelhaft ist die photomechanische Vervielfältigung in der Mehrzahl der Fälle noch weniger „bildmäßig“, als ihr Urbild. Denn die schwarzen Linien des weißen Originals werden ihrerseits weiß auf dunklem (blauem oder braunem) Grunde. Es gehört jedoch nur zu allererst eine kurze Gewöhnung dazu, das ungewohnte zu verstehen. Der Grundsatz, daß die Linien um der Maße willen da sind, nicht umgekehrt, macht ja von der Farbe der Striche unabhängig.

Färbungen.

Infolge dieser Einrichtung ist die Notwendigkeit fast ganz entfallen, noch auf die Bedeutung der Farben in der Zeichnung hinzuweisen. Nur in den Werkstätten, die Originale in den Betrieb geben, hat ein farbiges Zeichnen ja noch Sinn. Man pflegt hier Symmetrieachsen (die für die Eintragung von Maßen höchste Wichtigkeit besitzen) mit roter, Maßlinien mit blauer Tinte auszuführen. Die Färbung der Schnittflächen wird gleichzeitig dazu benutzt, den Baustoff des geschnittenen Stückes an-

andeuten. Es bedeutet ganz international: Grau = Gußeisen, Blau = Schmiedeeisen oder Walzeisen, Violett = Stahl, Orange = Bronze, Gelb = Messing, Grün = Weißmetall oder Porzellan oder Glas, Braun = Erde oder Leder oder Gummi, Rot = Kupfer. In einigen jener Fabriken herrscht außerdem die Gepflogenheit, bei reinen Außenansichten die Flächen mit der betr. Materialfarbe zu rändern.

In der zeitgemäßen Maschinenzeichnung, die ganz im Hinblick auf möglichst leichte und gute photomechanische Wiedergabe entsteht, haben alle bisherigen Farbensymbole durch solche in Schwarz und Weiß ersetzt werden müssen. Die früher roten Symmetrieachsen sind jetzt strichpunktierte Linien geworden; die Maßlinien unterscheiden sich von den Umrißlinien lediglich durch ihre geringere Stärke. Die Schnittflächen werden durch Schraffur kenntlich gemacht. Allerdings ist es auch vielfach üblich, sie nach wie vor auf dem Original farbig anzulegen. In der „Lichtpause" erscheinen sie dann gleichmäßig weißlich! Um zu verhindern, daß die weißen Umrisse zwischen benachbarten weißlichen Flächen verschwimmen oder verschwinden, werden auf dem Urbild kleine Grenzstreifchen (sog. Lichtränder) zwischen Farbfläche und Umriß freigelassen, die, auf der Lichtpause kräftig blau erscheinend, jenen Übelstand verhindern. Als Grund für die Beibehaltung des Färbens wird schnellere Ausführbarkeit im Gegensatz zur Schraffur angegeben. Diese wiederum erlaubt, durch Abstufung der Dichte und Stärke der Striche die einzelnen Baustoffe auch auf der Lichtpause zu unterscheiden.

Stückliste. Stets jedoch ist der Baustoff des Teiles unzweideutig zu erkennen in der „Stückliste". Auch über diese seien einige kurze Bemerkungen gemacht. Jede Werkstattzeichnung muß ebenso gut, wie ihre Bureau-Registriernummer, auch eine Stückliste aufweisen. Sie enthält in der denkbar kürzesten Form die neben den technischen erforderlichen geschäftlichen Angaben. Die in ihr gegebenen Bezeichnungen der Einzelteile, welche noch besonders durch die sog. Positionsnummern auf der Zeichnung identifiziert werden, sind maßgebend für alle geschäftlichen Maßnahmen, die sich an deren Herstellung knüpfen, wie Lohnberechnung, Akkordvereinbarung, Bestellung bei anderen Firmen, Nachforschungen, Einordnung in den Magazinen (falls es sich um massenweis vorrätig gehaltene Halbfabrikate handelt), endlich für durchgehends übereinstimmende Bezeichnung auf allen Zetteln und in allen Büchern der Meister, Beamten und Bureaus. Verbunden mit der Bezeichnung ist meist die „Kommissions-Nummer“, d. h. die Registriernummer des Auftrags, zu dem das Stück geliefert wird, in den Rechnungen und Geschäftsbüchern der Firma. Weiter gibt die Stückliste die Baustoffe und das Gewicht an, um hierdurch die rechtzeitige und ausreichende Bereitstellung der erforderlichen Rohstoffe mit möglichst geringem Aufwand an Mühe zu gewährleisten.

Es würde zu weit führen, wollte man alle Einzelheiten, auf welche wohl zum besseren Verständnis der Zeichnungen zweckmäßig hingewiesen werden könnte, hier aneinander reihen. Auch hier unterrichtet die Anschauung und eigenes Nachdenken am besten. Ein Hinweis sei jedoch noch gegeben, und das ist der an welchen Stellen in der Fabrik der Volontär am raschesten und dienlichsten in den Geist des technischen Zeichnens eindringen kann.

Es sind dies einmal die Modelltischlerei, dann die über fast alle Werkstätten der Fabrik verteilten „Anreißtische“.

Die vorzügliche Eignung der Modelltischlerei zum Lesenlernen der Zeichnungen ist einer der wenigen Gründe, die es allenfalls empfehlen könnten, sie dem Volontär als erste Werkstätte zuzuweisen. Während in allen anderen Werkstätten vielfach Massenfabrikation mit weitestgetriebener Arbeitsteilung herrscht, bei der häufig die Arbeiter die Maße der Zeichnungen so auswendig wissen, daß diese selbst entbehrlich werden, — wird in der Modelltischlerei jedes Stück einmalig und unter ständiger Einsicht in die Zeichnung angefertigt, und zwar meist von einem oder zwei Mann das ganze Stück von A bis Z. Die geisttötende Massenfabrikation vermag in diese Werkstatt ebensowenig einzudringen, wie in das technische Bureau. Eine technische Zeichnung stellt oft vieltausendfach, ja millionenfach wiederholte Gegenstände dar: sie selbst bleibt ein einmalig und von einem oder wenigen gefertigtes Stück Arbeit. Ebenso mag ein Modell hundert-, ja tausendfach abgeformt werden: seine ursprüngliche Herstellung war keine Schablonen- oder Massenarbeit. In diesem Sinne steht die Modelltischlerei dem technischen Bureau am allernächsten und ist daher für das Eindringen in seine Sprache: die Zeichnungen, am geeignetsten. Auch

Modelle.

deshalb, weil die Modelltischler durchweg auch geistig auf einer Höhe zu stehen pflegen, die sie vor den andern Arbeitern zu Unterweisern der Volontäre am fähigsten macht. Bei Gelegenheit der Einzelbesprechung dieser Werkstatt wird ausführlich hierauf zurückgekommen werden.

Hier sei nur darauf aufmerksam gemacht, daß bezüglich des Einschreibens richtiger (d. h. brauchbarer und notwendiger) Maße in die Zeichnungen der spätere Ingenieur nirgends bessere Lehre findet, als in der Modelltischlerei. Denn alle noch so verwickelten Gußmodelle werden bei der Ausführung aus den einzelnen Urbestandteilen, Elementen zusammengefügt. Jedes einzelne von ihnen nach vollendeter Konstruktion im Bureau richtig herauszuschälen, mit Maßzahlen für Herstellung und Einfügung lückenlos zu versehen, ist eine Kunst, die man leider bei sehr vielen Ingenieuren vergebens sucht. Sie spart der Werkstatt viel Mühe, Zeit und Geld, und ist leicht auszuüben, wenn man sich während der praktischen Tätigkeit in der Modellschreinerei einige Male mit Geduld die Entstehung des Modells im Zusammenhang mit den gegebenen Maßen genau angesehen und eingeprägt hat.

Anreißen. Dasselbe gilt von der Tätigkeit der sog. „Anreißer". Die Metallstücke werden vor ihrer sauberen Bearbeitung auf ihrer Oberfläche mit genauen Zeichen versehen, welche die unentbehrliche Grundlage für das „Einspannen" auf der Werkzeugmaschine bilden. Während und nach Vollzug der mechanischen Bearbeitung der Stücke muß sich zwar der Maschinen-Arbeiter noch besonders überzeugen, daß die Stücke „genaues Maß haben". Aber die Vorarbeiten für sachgemäßes Einstellen der bearbeitenden Werkzeuge, sodaß sie nicht zu viel und nicht zu wenig Material wegnehmen, liegen ganz und gar beim Anreißer, dessen Tätigkeit häufig schon so weit erschöpfend ist, daß der meist „ungelernte" Maschinen-Arbeiter des Einblicks in die ihm schwer verständliche Zeichnung gar nicht erst bedarf.

Auch hier also nichts anderes, als eine Arbeitsteilung, die natürlich sofort den Hauptvorteil: höchste Vollendung des Spezialisten, zeitigt. Die Anreißer, welche jahraus jahrein nichts weiter tun, als messen und Maßzeichen machen, haben ihre Hantierung nach Möglichkeit vereinfacht und sich besondere Instrumente geschaffen. Zu dem vielbegehrten, weil scheinbar wenig anstrengenden Amt des Anreißers wählt man nur ganz erstklassige Leute. Besonnenheit, Dispositionsvermögen, scharfes Auge, sichere Hand, bestes Verständnis der Werkzeichnungen und vor allem peinlichste Gewissenhaftigkeit und Zuverlässigkeit muß man von ihnen verlangen. Diese Leute sind bei ihrer den Durchschnitt überragenden geistigen Begabung selbstverständlich besonders fähig und darauf aus, die Maß- und Anreiß-Verfahren so genau und einfach, wie möglich zu gestalten.

Hierbei kommen sie jedoch an eine für sie unübersteigbare Grenze: Wenn die Maßzahlen auf den Zeichnungen nach falschen oder unmaßgebenden Gesichtspunkten, unpraktisch oder unübersichtlich eingetragen sind, so verursacht das Zusammensuchen, Addieren und Subtrahieren der einzelnen Maße mehr Zeitverlust und mehr Fehlerquellen als bestes Anreiß- und Meßwerkzeug wieder gut machen können. Leider findet sich dieser Übelstand sehr oft. Sehr viele Ingenieure sind sich niemals ernstlich klar darüber geworden, welche Maße die Anreißer brauchen, und wie sie sie am schnellsten auffinden können, da sie sich mit deren einfachen aber sinnreichen Arbeitsweisen und Kunstgriffen nie vertraut gemacht haben. Und dennoch muß einem guten Ingenieur diese „Anschauung“ in Fleisch und Blut übergegangen sein, soll nicht die Überlegung: „Welche Maße, und wo werden sie gebraucht?“ wiederum im Bureau die Zeit kosten, die nun vielleicht dem Anreißer erspart wird.

Daher ist es nicht nur empfehlenswert, sondern geradezu unerläßlich für den Volontär, dem Anreißer möglichst viel zuzuschauen. Selten wird man dem jungen Mann das Vertrauen schenken, ihn selbst anreißen zu lassen. Denn Fehler beim Anreißen sind stets sehr kostspielig. Entweder das Maßzeichen gab zu große Abmessung, dann wird Nacharbeiten im ungeeignetsten Zeitpunkt nötig. Oder er hat zu knapp „markiert“, dann muß unter Umständen das ganze Stück fortgeworfen werden. Denn der Maschinenarbeiter prüft die Marken des Anreißers oft nicht nach, sondern folgt ihnen blindlings. Das Versehen kommt erst bei der Montage der ganzen Maschine oder einer vorhergehenden Kontrolle heraus, wenn es zu spät ist. Auch besteht die Kunst des Anreißens unter anderem darin, an ungleichmäßig geratenen Rohstücken die Ungleichmäßigkeit für die Maschinenbearbeitung möglichst wenig ins Gewicht fallen zu lassen. Solches Abschätzen ist Sache langer Übung und Erfahrung. Durchschnittlich also wird es dem Volontär nicht gestattet werden können, sich eigenhändig im Anreißen zu üben. Aber fleißiges, geduldiges Zuschauen (zum nutzbringenden Zuschauen gehört mehr Willenskraft und Aufmerksamkeit, als mancher wohl denkt!) tut auch vorzügliche Dienste; ebenso hie und da, wenn man den Arbeiter nicht stört, eine belehrende Unterhaltung mit ihm.

Häufig ist der Werkstattleiter gegen solches „Umherstehen" der Volontäre und gestattet nicht tagelang oder gar wochenlang zusammenhängende Beobachtung des Anreißens. In solchen Fällen gilt es, sich mit dem Anreißer anzufreunden, so daß er bei lehrreichen Stücken den Volontär heranholt und ihn etwas unterrichtet. So zwischendurch ist das meist ohne weiteres möglich.

Aber kein Volontär sollte versäumen, dem Anreißen besondere Aufmerksamkeit zu schenken. Nur die Anschauung setzt ihn in den Stand, späterhin richtige Maße schnell und an der richtigen Stelle einzuschreiben und so auf der Hochschule viele Mühe, im Leben viele Mark zu ersparen. Und ein aufmerksames Vergleichen der vorliegenden Werkstattzeichnungen mit dem angerissenen Stück fördert das Raumvorstellungsvermögen und die so unentbehrliche Fähigkeit, technische Zeichnungen schnell zu lesen, besser und bequemer, als es später die Hochschule vermag.

Skizzieren. Zum Schluß sei noch eine kurze Bemerkung über das Skizzieren angefügt. Viele Sachkundige betonen die große Wichtigkeit einer Übung im Skizzieren in der Werkstatt, d. h. im Abbilden von Maschinenteilen in Projektion oder Perspektive aus freier Hand. Solange der Zeichenunterricht auf den höheren Schulen jedoch noch keine Vorübung im projektivischen oder parallelperspektivischen Zeichnen gewährt, wird notwendig das Skizzieren des ungeschulten Volontärs wenig sachgemäß und zweckentsprechend sein. Ja, er mag sich sogar bei mangelnder Anleitung und Korrektur zeichnerische Fehler angewöhnen, die nachher desto schwerer zu beseitigen sind. Deshalb dürfte das Skizzieren in der Werkstatt vor dem Hochschulunterricht nicht empfehlenswert sein.

Desto wertvoller dagegen ist es, daß Volontäre, die schon mehrere Semester Hochschulstudium hinter sich haben, also die empfehlenswerte zweite praktische Lehrzeit durchmachen, diese zu fleißigem Skizzieren benutzen. Hierfür Winke zu geben, liegt jedoch nicht in den Grenzen und dem Zweck dieses Buches.

Dritter Teil.

Abschnitt 9.

Von den maschinentechnischen Baustoffen.

A. Die Rohstoffe.

Der Ingenieur muß mit den Eigenschaften und Eigenheiten der technischen Materialien genau so vertraut sein, wie ein Künstler mit seinem Instrument oder ein Arzt mit dem menschlichen Körper. Der moderne Maschinenbauer fußt hier fast ausschließlich auf wissenschaftlich gewonnener und zahlenmäßig beherrschter Erkenntnis. Dieses Wissen vermitteln in weitem Umfang die Hochschulen.

Technisches Gefühl. Aber mit der rein mathematischen Beherrschung dieses Stoffs ist es nicht abgetan. Für alle bedeutenden Ingenieure war kennzeichnend, daß sie über die oft versagende Berechnung hinaus sich durch ihren „technischen Instinkt" leiten ließen. Jeder Ingenieur schlechtweg muß über technisches Gefühl verfügen. Dieses hat seine vornehmste Grundlage vor allem in dem Gefühl für das Verhalten der Metalle in der Maschine und während ihrer Herstellung. Das praktische Jahr ist besonders geeignet, die ersten festen Grundlagen für dieses Gefühl durch verständnisvolle Beobachtung des Metalls in der Werkstatt zu schaffen.

Der Ingenieur richtet sein Augenmerk vor allem: 1. auf die Festigkeits- und 2. auf die Verarbeitungs- oder technologischen Eigenschaften. Natürlich sind die wissenschaftlichen Grundlagen für diese die Physik und Chemie, aber die Kenntnisse des Ingenieurs sind eigens für seine Zwecke ausgebaute Sondergebiete derselben. Wissenschaftliche Forschung und praktische Werkstatterfahrung sind dabei in engster Wechselwirkung, sozusagen in ständigem Wettlauf begriffen. Auf einen großen Teil der wichtigeren technologischen Beobachtungen, die ohne wissenschaftliche Instrumente und Verfahren in der Werkstatt zu machen sind, wird bei Besprechung der einzelnen Werkstätten hingewiesen. Hier seien nur im Zusammenhang vor allem die Festigkeitseigenschaften und ihre Abhängigkeit von dem chemischen Aufbau der Metalle besprochen. —

Festigkeit. Die Metalle, die im allgemeinen dem Laien als Inbegriff der Festigkeit gelten, zeigen in Wirklichkeit unter Einwirkung von Kräften ganz das gleiche elastische Verhalten, wie etwa Gummi oder Wachs. In den Köpfen der Maschinenbauer erscheinen sie von diesen in nichts verschieden, als in der Größe der Formänderungen. Diese sind durchaus meßbar, wenn auch nur selten mit bloßem Auge wahrzunehmen. Und darum ist es so ungemein wichtig für den Maschineningenieur, daß er von vornherein lernt, die sichtbaren Unterschiede im Verhalten der Metalle als Hilfe für die Beurteilung ihrer Festigkeitseigenschaften zu benutzen.

Formänderung. Die Grundeigenschaft aller Körper ist die, daß sie der auf sie einwirkenden Kraft nachgeben. Wenn ich an einen oben befestigten Eisenstab unten Gewichte hänge, so wird er dem Zuge der Gewichte zu folgen trachten und sich verlängern, da sein oberes Ende nicht von der Stelle kann. Gleichzeitig wird er die auf ihn wirkende Kraft weiterübertragen: die Befestigung, an der sein oberes Ende hängt, wird durch sie gleichfalls eine (geringere) Formänderung erfahren. Der Ambos wird durch den Druck des Hammers zusammengedrückt, wenn auch für das Auge unmerklich. Er gibt die Druckkraft weiter an seine Unterlage, die sich gleichfalls etwas deformiert; gerade so, als wenn ich zwei Radiergummi aufeinander lege und auf den obersten drücke: dieser wird seine Form ein wenig ändern und gleichzeitig auf den unteren drücken, was sich dadurch zeigt, daß sich auch dieser (in geringerem Maße) deformiert. Bei Stahl und Eisen geschieht genau dasselbe, nur in weit geringerem Maße.

Die Eigenschaften, welche diesen Verschiedenheiten Rechnung tragen, nennen wir die Dehnbarkeit und Zusammendrückbarkeit der Körper. So gut wie jeder Körper eine von seiner Dehnbarkeit abweichende Zusammendrückbarkeit zeigt, das heißt: wirkt ein und dieselbe Kraft einmal ziehend, ein andermal drückend auf den Körper, so zeigt er nicht beide Male eine gleich große Längenveränderung.

Dagegen bleibt bei demselben Körper für dieselbe Kraft die Dehnung praktisch immer dieselbe, wie oft auch der Körper inzwischen be- und entlastet wurde. Jedesmal, wenn die Last von ihm weicht, nimmt ein Körper seine ursprüngliche Länge und Form wieder an, vorausgesetzt, daß die Belastungskraft unter einer gewissen, für jeden Stoff verschiedenen Höchstgrenze bleibt. Diese sozusagen federnde Eigenschaft eines Körpers nennt man seine Elastizität, die Grenze der Kraft, bis zu der sie beobachtet wird, die Elastizitätsgrenze (gemessen in Kilogrammen).

Elastizitätsgrenze.

Die physikalische Ursache dieser Erscheinungen liegt in der Kohäsionskraft der kleinsten Teile, der Moleküle des Körpers. Jeder Körper stellt sozusagen eine Summe von Einzelkörperchen dar, die untereinander durch „Gummibänder" (die Kohäsionskräfte) verbunden sind. Wirkt eine Kraft auf ihn ziehend oder drückend, so geben die Gummibänder so lange nach, bis die Gesamtheit ihrer Zug- oder Druckspannungen mit der angreifenden äußeren Kraft „im Gleichgewicht", d. h. ihr gleich ist. Ist die äußere Kraft größer als die Gesamtheit ber Kohäsionskräfte, so tritt zunächst eine dauernde Lagenveränderung der Teilchen zueinander ein. Wächst sie immer weiter, so führt sie zur gänzlichen Lösung des Zusammenhangs: der Körper wird zerstört, zerreißt oder „geht zu Bruch". Die Technik stellt mit allen Baustoffen als Probe ihrer Festigkeit Druck- und hauptsächlich Zugversuche an, sogenannte Zerreißversuche. Hierbei werden Stäbe von bestimmter Form aus dem zu untersuchenden Stoff hergestellt und mittels einer Wasserdruckmaschine oder ähnlichen zerrissen. Hierbei gibt die Maschine, vielfach automatisch, die Zahl von Kilogrammen Belastung an, bei welcher der „Bruch" erfolgt. Diese Zahl heißt die „Festigkeit" des Stoffs („auf Zug" oder „auf Druck") und bildet die wichtigste Grundlage für den Konstrukteur.

Zerreißversuche; Bruchgrenze.

Natürlich kann man an derselben Prüfungsmaschine auch die bei jeder Belastung eintretende Längenänderung: die „zugehörige Dehnung" des Stabes ablesen. Hierbei ergibt sich, daß nicht nur, wie schon erwähnt, die einzelnen Stoffe sich pro Kilogramm Zugkraft verschieden stark dehnen, auch die gesamte Längenänderung, deren sie fähig sind, bis sie zerreißen oder zerbrechen, ist verschieden. Es sind also nicht diejenigen Körper die schwächsten,

Zähigkeit, Sprödigkeit.

die sich am meisten dehnen. Jeder weiß, daß zwischen einer Damaszenerklinge und einem Rohrstock ein gewaltiger Festigkeitsunterschied besteht, trotzdem sie etwa gleich biegsam sind. In dieser Beobachtung beruht unser Urteil über die „Zähigkeit“ oder „Sprödigkeit“ der Materialien. Ein sprödes Material ist nicht imstande, die zerstörende Einwirkung einer plötzlich auftretenden Kraft durch nachgiebige Formänderung aufzufangen; es bricht leicht bei Stößen und Rucken. Das zähe Material gibt nach und nimmt nach Verschwinden der Kraftwirkung federnd seine vorherige Länge oder Gestalt wieder an. Es ist klar, daß diese Eigenschaft für den Maschinenbauer sehr erwünscht ist. Die normal verlaufenden Kraftwirkungen kann er ja rechnerisch beherrschen. Bei den meist zufällig auftretenden Stößen und Rucken muß er sich aber auf die Zähigkeit seines Baustoffs verlassen, da die Möglichkeit ihrer rechnerischen und konstruktiven Berücksichtigung nicht vorliegt.

Härte. Alle die bisher besprochenen Festigkeitseigenschaften beziehen sich auf das Verhalten des Körpers als eines Ganzen gegenüber der Einwirkung äußerer Kräfte. Nicht minder wichtig ist der Widerstand, den die Oberfläche eines Gegenstandes dem Eindringen eines anderen in sie, dem Ritzen oder Schneiden, entgegenstellt. Wir sprechen da von der „Härte“ oder „Weichheit“ eines Körpers. Für den Grad der Härte einer Oberfläche gibt es nicht so leicht festlegbare Maße. Wir können sie nicht, wie die Festigkeit, in Kilogrammen ausdrücken. Bekannt ist aus dem physikalischen Unterricht die „Härteskala“. Ein Körper ist härter als ein anderer, wenn er ihn ritzen oder schneiden kann. Die Härteskala besteht aus einer Anzahl von Vergleichsstoffen, deren einer immer alle folgenden, nicht aber die vorhergehenden Stoffe zu schneiden vermag. Diese Art der Beurteilung ist vor allem für die Bearbeitung der Maschinenteile in der Werkstatt wichtig. Ich kann Eisen nur mit hartem Stahl, gehärteten Stahl nur mittels Schleifsteinen abdrehen, abschleifen usw. Für den Gebrauchszweck der fertigen Maschinenteile ist dagegen wichtiger ein anderes Maß der Härte. Wir wissen, daß im Maschinenbau das Gleiten zweier benachbarter Teile aufeinander eine wichtige Rolle spielt. Je härter beide sind, desto länger wird es dauern, bis sich merkliche Abnutzung, „Verschleiß“, durch solches Gleiten zeigt. Und zwei harte Körper werde ich unter größerer Belastung aufeinander gleiten lassen dürfen, als zwei weiche, ohne befürchten zu müssen, daß die Oberflächen nachgeben, zweckmäßig ausgedrückt: daß ein „Fressen" auftritt. Beide Gradmesser der Härte, die Ritzprobe und die Verschleißprobe, sind nur durch Dauerversuche und recht schwierig festzustellen. Wie dies im einzelnen geschieht, muß hier unbesprochen bleiben und ist auch vorläufig ohne Interesse. Natürlich liegen für sämtliche technischen Baustoffe exaktes Versuchsmaterial und genaue Zahlen fest.

Bearbeitung. Schneiden.

Schon die Betrachtung der Härteskala zeigte uns eine technologische Eigenschaft der Metalle: die Möglichkeit, in normalem Zustande Teilchen von ihnen durch Schneiden abzutrennen. Für die Beurteilung dieser Verhältnisse bietet sich ein überreiches Beobachtungsfeld in den mechanischen Werkstätten der Fabrik.

Schmieden.

Eine weitere technologische Eigenschaft der Metalle ergibt sich, wenn wir einen Faktor mit in unsere Betrachtung ziehen, den wir bisher stillschweigend außer acht gelassen haben: die Temperatur. Bei zunehmender Temperatur nimmt im allgemeinen die Festigkeit der Metalle ab. Mit ihr sinkt auch die Elastizitätsgrenze. Es wird daher beim heißen Metall mit Leichtigkeit möglich, durch Pressen, Hämmern, Ziehen oder Walzen dauernde Formveränderungen hervorzubringen. Diese Eigenschaft der Schmiedbarkeit besitzen die Metalle, vor allem Eisen und Stahl, natürlich auch im kalten Zustand. Nur erfordert in diesem die Erzielung einer dauernden Formveränderung einen sehr großen Kraftaufwand, der kostspielig ist. Man kommt billiger fort, wenn man Eisen im heißen, glühenden Zustande schmiedet, walzt usw. Wir vermindern die aufzuwendende mechanische Formveränderungsarbeit, wenn wir Arbeit in Form von Wärme mit zu Hilfe nehmen.

Gießen.

Gehen wir ins Extrem, so haben wir bei großer Erwärmung auch das vollständige Wegfallen mechanischer Formveränderungsarbeit. Das Schmieden wird erleichtert durch Lockerung des festen Molekulargefüges. Führt man aber eine vollkommene Umwandlung aus dem festen in den flüssigen Aggregatzustand über, so kann man den Metallen durch Gießen in Formen die gewünschte, beliebig verwickelte Form verleihen. Die Eignung der Metalle und insbesondere der verschiedenen Eisensorten zum Guß ist sehr verschieden. Maßgebend sind der Grad der Zäh- oder Dünnflüssigkeit, die Temperatur, die zu ihrer Erreichung zu erzielen ist, das Zusammenschrumpfen des erkaltenden Körpers, und seine Festigkeitseigenschaften in kaltem Zustand. Aus allen diesen Rücksichten setzt sich das Urteil über die technologische Eigenschaft der „Gießbarkeit" zusammen.

Diese kurze Übersicht über die technische Begriffsgruppe der Festigkeits- und technologischen Eigenschaften setzt uns in den Stand, uns über ihren Zusammenhang mit der chemischen Beschaffenheit der maschinentechnischen Baustoffe zu unterhalten. Die fortschreitende Erkenntnis dieses Zusammenhanges hat die Technik erst in den Stand gesetzt, Baustoffe zu schaffen, die je nach Bedarf die jeweils gewünschten Eigenschaften besitzen. Die Leistungen der heutigen Metallurgie entsprechen in dieser Beziehung auch den verwickeltsten Ansprüchen. Als Beispiel sei nur die auf hoher Vollendungsstufe stehende Fabrikation der Spezialstähle genannt. Das Eindringen in diese Feinheiten muß natürlich dem Studium auf der Hochschule überlassen werden. Hier sei im folgenden nur auf einige Grundlagen kurz hingewiesen.

Eisen, Spez. Gew. 7,6—7,8.

Der Stoff, den der Techniker Eisen nennt, ist niemals chemisch reines Eisen, sondern ein Gemisch von Eisen mit mannigfachen Fremdbestandteilen, von denen als hauptsächliche Kohle, Mangan, Silicium, Schwefel und Phosphor zu nennen sind. Die verschieden starke Beimengung dieser Elemente verändert die technischen Eigenschaften im höchsten Grade. Ja, auch nur die prozentual verschiedene Beimengung eines und desselben Bestandteils hat die stärksten Wirkungen. Der Unterschied zwischen Stahl und Eisen beruht lediglich auf seinem Gehalt an Kohle.

Erze. Eisen wird gewonnen aus den Eisenerzen. Diese zerfallen in zwei Gruppen: a) oxydische, d. h. sauerstoffhaltige, b) schweflige Erze. Zur Eisengewinnung sind nur die oxydischen Erze zu gebrauchen, weil der Schwefelgehalt dem Eisen schadet. Doch bleiben bei der Fabrikation von Schwefelsäure aus den schwefligen Erzen (Schwefelkies) oxydische Eisenverbindungen als Rückstände: diese werden dann verhüttet, wie die oxydischen Erze, welche folgende sind:

1. Magneteisenstein, welcher kristallinisch vorkommt: Kristallinisch vorkommende Erze sind stets reiner, als die amorphen. Das Eisen des Magneteisensteins ist außerordentlich

rein, kommt aber verhältnismäßig selten vor. Hauptfundort: Schweden.

2. *Roteisenerz*, Eisenoxyd ($Fe_2 O$), kristallisiert strahlenförmig und ist zu erkennen an den glänzenden nierenförmigen Höckern auf der Oberfläche, den sogenannten „roten Glasköpfen“. Wegen der roten Farbe führt es auch den Namen Hämatit (*τὸ αἷμα* = das Blut). Der „rote Glaskopf“ zeichnet sich durch große Reinheit von Phosphor aus. Sämtliches phosphorarme ($P < 0{,}1\,\%$) Eisen nennt man daher Hämatit-Eisen. Es wird vorwiegend in England gewonnen.

3. *Brauneisenstein* hat außer dem Sauerstoff noch zwei Äquivalente Wasserstoff gebunden, ist also ein Eisenhydrat. Äußerliches Kennzeichen dieser Eisenerzsorte ist der „*schwarze* Glaskopf“. In kleinkörniger Form kommt der Brauneisenstein als die sog. *Minette* in großen Mengen in Luxemburg und Lothringen vor und ist dort die Grundlage eines gegenwärtig zu höchster Blüte emporsteigenden Hochofenbetriebs. In seiner Zersetzung als erdiges „Raseneisenerz“ wird er als chemisches Reinigungsmittel (Filter) für Leucht- und Maschinengas steigend angewendet.

5. *Spatheisenerz* enthält neben dem Eisen und Sauerstoff noch Kohle, ist daher kohlensaures Eisenoxydul. Es kristallisiert, ist also sehr rein, leider auch selten. Hauptfundorte: Siegener Gebiet und Steiermark. Es lieferte von alters her das beste Eisen.

Die meisten Erze sind durch Ton, Kohle usw. verunreinigt. Besonders in Deutschland ist unreiner Eisenstein die Regel. Manche dieser Verunreinigungen sind leicht zu entfernen: enthalten z. B. die Erze Wasser oder Kohlensäure gebunden, so werden sie vor dem eigentlichen Verfahren stark erhitzt, so daß diese Bestandteile gasförmig entweichen. Man wendet dieses „Rösten“ vor allem bei dem Hydrat: Brauneisenstein, an.

Nach Entfernung derartiger Unreinigkeiten verbleibt in der Hauptsache oxydisches Erz. Wie verwandelt man nun dieses Erz in gebrauchsfähiges Eisen, d. h. wie entzieht man den Eisen-Oxyden ihren Sauerstoff?

Reduzieren.

Das Verfahren ist in den Grundgedanken sehr einfach: die oxydischen Erze werden in Weißglut mit Kohle in Berührung gebracht. Da nun die Kohle bei hohen Temperaturen eine bedeutend größere chemische Verwandtschaft zum Sauerstoff gewinnt, als das Eisen (d. h. sozusagen um jeden Preis verbrennen will), so entzieht sie dem Eisen den Sauerstoff, verbindet sich mit diesem zu Kohlenoxydgas, Kohlensäure usw. und entweicht in Gasform. Es bleibt reines Eisen zurück. Man nennt diesen Vorgang das „Reduzieren der Erze“. Er geht in den Hochöfen vor sich und heißt deshalb auch der „Hochofenprozeß“.

Hochofenprozeß. In den Einzelheiten gestaltet sich nun der Hochofenprozeß bedeutend verwickelter.

Von vornherein wandern außer den Erzen schon noch eine Reihe von Zutaten mit in den Ofen.

Gebläsewind. Die hohe Temperatur im Ofen können wir nur erzeugen und aufrecht erhalten, indem wir dem Feuer sehr viel Sauerstoff, d. h. Luft zuführen. Außer den beiden Hauptstoffen Eisen und Kohle wird also die sogenannte Gebläseluft von unten her unter Druck eingeblasen, damit sie die dicht geschichteten, sinternden Erz- und Kohlenstücke gehörig durchdringen kann. Um die Hitze nicht abzuschwächen, wird sie vorher bis auf 600 bis 900° C und mehr vorgewärmt. Hierzu benutzt man einen Teil der sich bei dem Prozeß bildenden brennbaren Gase (Kohlenoxyd, Wasserstoff usw.), die sogenannten „Gicht- oder Hochofengase“, die über dem Ofen abgefangen und zum Vorwärmer geführt werden. Ein weiterer Teil dieser Gase heizt Dampfkessel oder treibt Gasmaschinen und erzeugt auf diesem Umweg die Pressung der eingeblasenen Luft. Der Rest kann für sonstige Zwecke nutzbar gemacht werden.

Zuschläge. Da das eben vom Sauerstoff befreite flüssige Eisen, wenn es nach unten sickert, auf diesem Wege wieder mit der sauerstoffreichen Gebläseluft in Berührung kommen und sofort wieder oxydieren würde, so muß man ein Mittel anwenden, dies zu verhindern: dies ist die Schlacke. Sie besteht hauptsächlich aus kieselsaurer Tonerde. In der Hochofentemperatur wird sie dünnflüssig und zeigt normal eine bräunliche Färbung. Auf keinen Fall darf sie grün aussehen, denn das ist ein Zeichen, daß sie Eisen aufgenommen hat. Diese flüssige Schlacke umhüllt die einzelnen Eisentropfen bei ihrer Bildung und schützt sie vor Oxydation. Über dem sich als schwerstes zu unterst sammelnden Eisen steht eine flüssige Schlackenschicht, die auch die Oberfläche der Masse vor Luftberührung bewahrt. Die Schlacke erfüllt aber noch einen weiteren Zweck: nämlich, die den Erzen anhaftenden und nun zurückbleibenden Gesteine flüssig zu machen, da sonst der Ofen von diesen nach kurzer Frist verstopft würde. Es werden soviel „Zuschläge" gemacht, daß etwa der 10fache Rauminhalt des Eisens an Schlacke sich bildet.

Wir haben also 4 Zutaten im Hochofen:

1. Oxydische Erze;
2. Kohle in Koksform; denn Steinkohle wird durch die Hitze weich, zu Kuchen gepreßt, und läßt dann die Gebläseluft nicht mehr hindurch;
3. Gebläseluft;
4. Schlackenzuschläge.

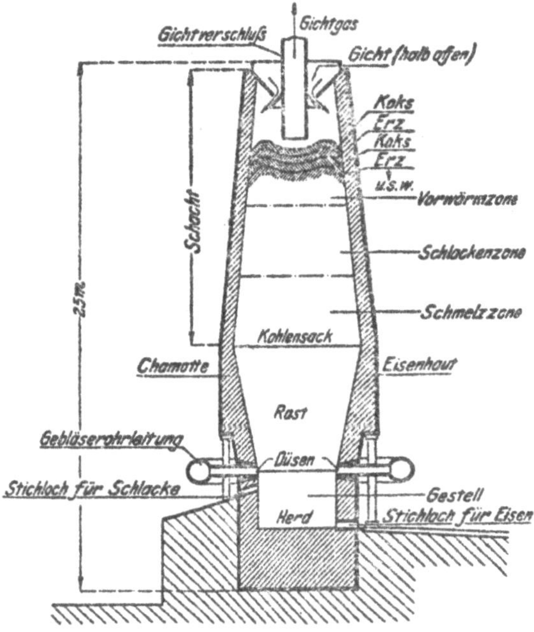

Abb. 2. Hochofen.

Der Vorgang gestaltet sich nun in folgender Weise:

Zunächst werden je nach der chemischen Zusammensetzung bestimmte Mengen Erz und Koks zugewogen und umschichtig oben in die „Gicht" geworfen. Die Temperatur ist oben geringer als unten. Erz und Koks erwärmen sich also ganz allmählich in der „Vorwärmzone". Durch das unten fortwährend wegschmelzende Material rücken sie nach unten. Die „Reduktion" erfolgt

Vorgänge im Ofen.

in der Weißglut. Sie beschränkt sich zunächst auf die Oberfläche der Stoffe, wo sie sich berühren. Erst beim Schmelzen bietet sich Gelegenheit, daß sie durch und durch dringt. Gerade in diesem Augenblick schließt ja aber, wie wir sahen, die Schlacke einen Mantel um die entstehenden Tröpfchen. Die Reduktion würde also nur ganz unvollkommen sein. Da kommt dem Hüttenmann nun eine willkommene Eigenschaft der Eisenerze zu Hilfe: unmittelbar vor dem Schmelzen werden sie porös. Richten wir nun die Schlackenzuschläge so ein, daß die Schlacke erst schmilzt, wenn diese Porositätstemperatur bereits überschritten, die Schmelztemperatur aber noch nicht ganz erreicht ist, so erfolgt nun störungslos folgender Vorgang: Während die Schlacke noch fest, das Erz aber schon porös ist, dringt die Kohlenstoff-Sauerstoffverbindung: das gasförmige Kohlenoxyd, in die Erze ein. Dort bildet es mit dem vorhandenen Sauerstoff eine zweite Verbindung: Kohlendioxyd, Kohlensäure, die nun für Sauerstoff nicht mehr aufnahmefähig ist. Dies Gas steigt nach oben, gibt an die nächst obere, sauerstoffhungrige Kohlenschicht ihr eben aufgenommenes Äquivalent Sauerstoff ab und wird dadurch wieder zu Kohlenoxyd. Gleichzeitig bildet die Kohle mit dem aufgesogenen Äquivalent Sauerstoff ebenfalls Kohlenoxyd. Über der Kohlenschicht befindet sich also lediglich Kohlenoxyd. Dieses steigt weiter, raubt der nächsthöheren Eisenerzschicht ein Äquivalent Sauerstoff und gibt es an die nächsthöhere Kohlenschicht ab, und so fort, bis es in den Gasfang der Gicht gelangt. Das Eisenerz sinkt dagegen unter ständiger Reduktion durch Kohlenoxydgas nach unten. Bis es in die Temperaturzone gelangt, in der es schmilzt, ist es völlig reduziert, wird nun von der gleichfalls inzwischen geschmolzenen Schlacke umhüllt und sammelt sich unterhalb der sogenannten „Formen“, d. h. der Einströmlöcher oder „Düsen“ der Gebläseluft. Von hier wird es von Zeit zu Zeit abgelassen, ebenso durch ein höher liegendes „Stichloch“ die auf ihm schwimmende Schlacke.

Einrichtung des Hochofens. Die Einrichtung eines Hochofens ist in Abbildung 2 rein schematisch dargestellt. Die Abschrägung oberhalb der Formen, die sogenannte „Rast“ mit ihrer breitesten Stelle, dem „Kohlensack“, hat den Zweck, das nach unten drängende Gestein zu stützen und seinen Druck von dem flüssigen Eisen abzufangen.

An besonderen Einrichtungen sind zu nennen: der Gichtverschluß, der zwar Eisenerz und Koks hinein, aber nicht Gas hinauslassen darf, ferner die Formen mit den Düsen, die fortwährend von Wasser umspült und gekühlt werden, da sie aus Eisen hergestellt werden müssen und doch nicht schmelzen dürfen. Dann das Stichloch für die Schlacke unterhalb der Formen. Denn bis zu diesen darf die Schlacke nicht steigen: sie würde sie verstopfen. Aus diesem Stichloch darf nie Eisen fließen, denn das wäre ein Beweis, daß der Flüssigkeitsspiegel des Eisens zu hoch steht. Außerdem würde es aus dem Schlackenloch auf einen falschen Weg geleitet werden und verschwendet sein.

Masseln. Denn für das von Zeit zu Zeit aus dem Stichloch ganz unten hinausgelassene Eisen ist ein langer, allmählich sich senkender Kanal im sandigen Boden der Gießhalle vorgesehen. Von ihm gehen seitlich Querkanäle trapezförmigen Querschnitts ab, die durch zweckmäßiges Abdämmen der Mittelrinne allmählich gefüllt werden. Sie haben von 60 zu 60 cm kleine Querdämme, die am erstarrten Eisen natürlich als Nuten erscheinen; beim Zerschlagen der Barren zerbricht das Eisen immer an dieser Stelle und so entstehen in ganz gleichmäßigen Abmessungen die sogenannten Roheisen-Masseln. Neuerdings werden sie vielfach in fahrbare, bandartige Eisenformen gegossen, bei den sog. Gießmaschinen.

Gichtgas. Das Nebenerzeugnis „Gichtgas“ findet, wie wir sahen, Verwendung zum Vorwärmen der Gebläseluft in den sog. Cowperapparaten und zum Treiben von Maschinen, durch deren Leistung das ganze Werk, und nicht nur die Gebläsemaschinen, Kraft im Überfluß hat. Häufig wird sogar ein verkäuflicher Kraftüberschuß erzielt, der in Form von Elektrizität der ganzen Gegend zugute kommt.

Schlacke. Das zweite Nebenprodukt, die Schlacke, wird ebenfalls im verschärften Konkurrenzkampf nicht mehr ungenutzt auf die Halde geworfen, sondern weiter ausgenutzt. Man hat versucht, Dampf durch die flüssige Schlacke zu pressen und aus ihr auf diesem Wege Wärmeisolationsmaterial in Wollform herzustellen, das aber so wenig haltbar und so gesundheitsschädlich war, daß man wieder davon abkam. Heute wird fast ausschließlich die ausfließende Schlacke in Wasser geleitet. Durch die heftige Dampfentwicklung wird sie sandartig, „granuliert“, und ergibt nun, mit gebranntem Kalk gemischt, durch Pressen einen ganz vorzüglichen Baustein. —

Die weitere Verwendung des „erblasenen" Roheisens ist eine zweifache:

1. Verwendung in den Eisengießereien.
2. Verwendung zur Fabrikation von schmiedbarem Eisen (Stahl und Schmiedeeisen).

In den Gießereien wird das Roheisen zu Gußeisen. Dabei erfährt es, wenn nicht durch Mischung, keine nennenswerten Veränderungen in den Festigkeits- und Bearbeitungseigenschaften.

Kohlenstoffgehalt. Dagegen ändert es sein Wesen völlig bei Verarbeitung zu schmiedbarem Eisen. Im Roheisen sind infolge seiner Erzeugung bis 5 Gewichtsprozente Kohlenstoff enthalten. Im Stahl ist bedeutend weniger, höchstens 1,5%. Aber 0,75% genügt schon, um dem Eisen ausgesprochen die Eigenschaft der Härtbarkeit, d. h. das Kennzeichen des Stahls zu verleihen. Im Schmiedeeisen ist am wenigsten Kohlenstoff: nämlich 0,05 bis 0,5%. Ganz reines Eisen ist so weich, daß man es mit dem Taschenmesser zerscheiden kann.

Die Festigkeitseigenschaften werden also durch den Kohlenstoffgehalt im allgemeinen derart beeinflußt, daß die Härte mit zunehmendem, die Dehnbarkeit mit abnehmendem Kohlenstoffgehalt steigt. Gußeisen ist hart und spröde; Schmiedeeisen weich und dehnbar. Technologisch ist der Kohlegehalt vor allem von Einfluß auf den Schmelzpunkt: die Schmelztemperatur sinkt fast proportional mit zunehmendem Kohlenstoffgehalt und zwar pro Prozent um etwa 100° C. Schmiedeeisen schmilzt bei 15—1600, Roheisen bei 12—1300° C. Man sieht also, daß man durch Regelung des Kohlenstoffgehalts im Eisen dessen Eigenschaften völlig in der Hand hat: hierin liegt die unersetzliche Bedeutung des Eisens für die Technik. Die Wirkung des Kohlenstoffs kann durch keinen anderen Stoff ersetzt, höchstens unterstützt oder abgeschwächt werden.

a) Gießereiroheisen.

Man unterscheidet graues und weißes Roheisen. Der auch dem Neuling auffallende Unterschied in der Farbe rührt von folgendem her: Bei grauem Roheisen zeigt das Mikroskop blattförmige Kristalle, die sich dunkelgrau abheben. Sie bestehen aus Kohlenstoff, der die Eigenschaften des Graphit aufweist — dem sogenannten „ausgeschiedenen Kohlenstoff“. Bei weißem Roheisen findet sich solcher überhaupt nicht.

Silizium und Mangan.

Der Grund dieser Erscheinungen ist ein chemischer. Bei Analysen des Eisens finden sich in ihm vorzugsweise außer Kohle noch Silizium und Mangan, und zwar im allgemeinen Mangan im weißen, Silizium im grauen Roheisen. Mangan bindet also den Kohlenstoff chemisch fester als Silizium. Infolgedessen vermag der Kohlenstoff bei dem manganhaltigen Eisen nicht, wie beim siliziumhaltigen, mechanisch sich abzutrennen, sondern bleibt gebunden. Um diese Eigenschaften im Eisen nach Belieben erzeugen und unterdrücken zu können, schafft man sich künstlich durch Zusätze und geregelte Temperaturen hochmanganhaltiges oder hochsiliziumhaltiges Eisen: das Ferromangan (bis 80% Mangan) und das Ferrosilizium (bis 30% Silizium). Durch die Beimengung dieser Kunsterzeugnisse zu den gewöhnlichen Eisensorten kann man ihnen nach Belieben die Eigenschaften des grauen (siliziumreichen) oder weißen (manganreichen) Roheisens verleihen. Diese weichen nämlich wesentlich voneinander ab.

Graues Roheisen.

Graues Roheisen ist für Maschinenguß besonders geeignet. Entsprechend seinem Siliziumgehalt scheidet es Kohlenstoff ab, und je mehr Silizium anwesend ist, desto weniger Kohlenstoff ist chemisch im Eisen gebunden. Wir sahen, daß mit abnehmendem chemischen Kohlenstoffgehalt die Eigenschaften des Eisens immer mehr zur Schmiedbarkeit neigen. Graues Roheisen besitzt daher nicht die große Sprödigkeit des weißen und kann „auf Biegung beansprucht“ werden.

Das graue Roheisen scheidet sich in helles graues und dunkles graues. Das helle nähert sich in seinen Eigenschaften schon wieder mehr dem weißen Roheisen. Besonders unterscheidet es sich von dem dunklen wesentlich durch die Fähigkeit „abzuschrecken“: bei schnellem Erkalten bildet es eine sehr harte Kruste von weißer*) Bruchfarbe, die sehr schwer zu bearbeiten ist. Diese Kruste enthält demgemäß sehr viel Kohlenstoff chemisch gebunden, den es in der Schnelligkeit nicht auszuscheiden vermochte. (Übrigens enthält auch das dunkelste graue Roheisen noch immer sehr viel Kohlenstoff, erheblich mehr, als der härteste Stahl).

*) Die Farbe des Bruches ist also, wohlgemerkt, nicht immer und nicht allein ein Kennzeichen der Zusammensetzung des Roheisens.

Da man das Gußeisen vor der das Abschrecken hervorrufenden Berührung mit kalten feuchten Oberflächen nicht bewahren kann (siehe Abschnitt „Gießerei"), so mischt man das helle graue mit dunklem grauen Roheisen, wodurch die Neigung zum Abschrecken infolge des stark wirkenden hohen Siliziumgehalts des dunklen Roheisens gemildert wird. Dunkles Roheisen setzt man also zu allen Gußstücken zu, die noch bearbeitet werden müssen. Dies ist der Grund, weshalb die Gießereien so großen Bedarf an „schottischem, ganz dunklem Roheisen No. 1" haben, das für sich allein wegen seiner Mürbigkeit nicht brauchbar ist.

Weißes Roheisen.

Weißes Roheisen scheidet sich in mehrere Gruppen: ist es ganz siliziumfrei, so kristallisiert es aus und wird „Spiegeleisen". Ist es siliziumarm, so gehen die Kristalle in eisblumenartige Bildungen über: „blumiges" oder „weißstrahliges Eisen". Es hat besonders große Neigung, beim Entweichen der Gase und gleichzeitiger Kristallbildung Löcher, „Lucken" zu bilden, heißt daher auch „luckiges Eisen".

Eine gute Eigenschaft für den Guß hat das weiße Roheisen: Wenn man es mit oxydischen Erzen (Roteisenerz) oder mit „Hammerschlag" (dem sich im Schmiedefeuer bildenden Eisenoxydoxydul) zusammenglüht, so wandert sein Kohlenstoff in das umhüllende Erz. Es wandert jedoch nur chemisch gebundener Kohlenstoff, ein Teil bleibt mechanisch als Graphitblättchen gebunden. Man glüht daher in besonderen luftdichten Kästen Gußstücke aus weißem Roheisen tagelang mit oxydischer Umhüllung und mildert so den Kohlenstoffgehalt, „tempert" den Guß. Temperguß hat die Eigenschaft der Schmiedbarkeit in noch viel höherem Grade, als das dunkle graue Gußeisen.

Oft scheidet sich bei solcher Wanderung des Kohlenstoffs dieser nur an einzelnen Stellen aus; in der Bruchfläche erscheinen stecknadelkopfgroße schwarze Fleckchen auf weißem Grund: „halbiertes Eisen". Wieso die Bevorzugung einzelner Stellen geschieht, ist noch strittig. Jedenfalls ist festzuhalten, daß dieses Eisen nicht durch Mischen, sondern eben durch Tempern entsteht. Halbiertes Eisen besitzt nicht die Sprödigkeit des hellen grauen Gußeisens, schreckt aber sogar noch stärker ab als jenes. Bei Guß in feuchte Formen, deren verdampfendes Wasser die Wärme schnell dem Gußgut entzieht, ergibt es eine bis 1 cm dicke, sehr harte Oberfläche, und ist daher vorzüglich geeignet für Sonderzwecke: Hartgußwalzen für Metallwalzwerke, Hartgußroststäbe, Panzerplatten u. a.

Die Kunst des Gießerei-Ingenieurs besteht nun darin, jeweils dem Zweck des Fabrikats gemäß die verschiedenen Roheisensorten im richtigen Verhältnis zu mischen und so dem Guß die passendsten Eigenschaften zu verleihen. Hauptsächlich stützten sich die Fachleute dabei bisher auf Erfahrungen, und das Geschäft des Gattierens wollte genau so erlernt sein, wie ein Handwerker allmählich seine Erfahrungen sammelt. Heute ist die Wissenschaft auch auf diesem Gebiete Seite an Seite mit der „Praxis"; eine wissenschaftliche, methodische Gattierung tritt allmählich an die Seite des Gefühls und der Erfahrung. An Stelle der dem Nichtfachmann überhaupt nichts verratenden Benennungen, wie „Schottisches", Middelsborough" u. a., beginnt neuerdings die exakte Angabe der chemischen Zusammensetzung zu treten; die Gradbezeichnungen siliziumarm, siliziumreich, grau, mittelgrau, sehr grau, feinkörnig, grob usw. werden von genauen Zahlenangaben allmählich verdrängt. Es mußten hier die bisherigen Bezeichnungen gegeben werden, einmal, weil sie nötig sind, um den Erklärungen des Gießereibetriebsleiters folgen zu können, dann auch, weil diese wenigen genannten die wichtigsten und sicherlich noch für lange Zeit bestehenden sind. Gattieren.

b) Frischroheisen.

Da an Gußeisen seiner Natur nach verhältnismäßig geringe Ansprüche in Bezug auf Zähigkeit und Festigkeit gestellt werden, so ist es bei ihm noch im ganzen gleichgültig, ob es durch etwa noch beigemischte Fremdstoffe verunreinigt wird. Da aber aus Frischroheisen das in jeder Hinsicht möglichst hoch zu belastende schmiedbare Eisen hergestellt wird, so handelt es sich bei ihm darum, außer der Verringerung des Kohlenstoffgehaltes auch auf Beseitigung aller schädlichen Beimengungen zu achten. Diese sind:

Silizium. Es findet sich in manchen Roheisensorten überhaupt nicht. Man kann aber doch diese nicht ausschließlich zur Schmiedeisen- und Stahlerzeugung verwenden. Da es in hoher Temperatur große Verwandtschaft zum Sauerstoff (Neigung zum Verbrennen) hat, so kann man es beseitigen. — Siliziumhaltiges Eisen hat einen dunklen aschgrauen Bruch. Schädliche Beimengungen.

Schwefel. Schwefel macht das Eisen „rotbrüchig“, es bröckelt in der Rotglut, seine Schmiedbarkeit ist fast gleich Null. Er dringt entweder durch den Verhüttungskoks in das Eisen ein oder findet sich bereits im Eisenerz. Den ersteren Weg kann man ihm durch Wahl der richtigen Kokssorte nehmen. Es ist dies der sogenannte „Schmelzkoks“. Die meisten Hüttenwerke decken ihren Bedarf an Schmelzkoks selbst, indem sie Steinkohlen in Retorten in Gas und Koks zerlegen. Das Gas wird genau so nützlich verwendet, wie das Gichtgas. Der Koks ist deshalb völlig schwefelfrei, weil durch sorgfältige Wäsche der beigemengte Schwefelkies als spezifisch schwerer sich aus den Steinkohlen ausgeschlämmt hat. — Aus schwefelhaltigen Erzen kann man auf dem Umwege der Schwefelsäure-Gewinnung, wie bereits oben erwähnt, oxydisches Eisen gewinnen, sodaß auch diese Gefahr der Schwefelbeimengung nutzbringend vermieden ist. — Schwefelhaltiges Eisen zeigt dunkelmattgrauen Bruch.

Phosphor. Der Phosphor ist aus den Erzen sehr schwer auszutreiben. Zwar hat das phosphorhaltige Eisen einen Vorzug, nämlich, daß es im Guß außerordentlich dünnflüssig und fein verteilbar ist; diese Eigenschaft war früher noch der einzige Trost der Erzeuger phosphorhaltigen Eisens. Zur Schmiedeeisenfabrikation war es bis zur Erfindung des Thomasprozesses völlig unbrauchbar, da phosphorhaltiges Eisen kaltbrüchig ist, d, h. bei kalter Bearbeitung rissig wird. Phosphorhaltiges Eisen ist in der Bruchfläche glänzend silberweiß.

Schmiedbares Eisen.

Schmiedeisen muß besonders zäh sein, um die Dehnungen bei seiner Bearbeitung auszuhalten. Man kann Schmiedeisenbänder geradezu in Knoten schlingen. Bei Biegeproben wird die Oberfläche, falls sie blank bearbeitet ist, an der Biegestelle matt und zeigt Querrisse. Der Bruch ist dem Holzbruch ähnlich, da bei der Vorarbeit, der Schmiedeisen bei seiner Erzeugung sofort unterworfen wird: dem Walzen, seine Bestandteile lang gestreckt werden; wir haben „sehniges Eisen“. Ist bei den auszuwalzenden Eisenpacketen zufällig oder absichtlich etwas stärker kohlehaltiges Eisen hinzugekommen, so hört der Bruch auf, sehnig zu sein und wird kristallinisch: wir erhalten sogenanntes „Feinkorneisen“.

Das Eisen wird immer dehnbarer, je mehr wir es des Kohlenstoffs berauben. Erzeugen wir jedoch sehr kohlearmes Eisen, so nimmt zuletzt mit der tief gesunkenen Elastizitätsgrenze auch die Festigkeit sehr erheblich ab. $^1/_{20}$ % Kohle ist daher der geringste Gehalt für technisch verwendbares Eisen (Blechkapseln).

Dieses Entziehen des Kohlenstoffgehalts geschah früher nur immer für eine kleine Eisenmenge gleichzeitig, im sogenannten Frischfeuer; dieser „Frischprozeß" verlieh dem „Frischroheisen" den noch heute beibehaltenen Namen. Entkohlung.

Das Frischen ist dem Grundgedanken nach wiederum sehr einfach: das Eisen muß des ihm beigemengten Kohlenstoffs beraubt werden. Dieser hat, wie wir schon sahen, große chemische Verwandtschaft zum Sauerstoff. Doch muß man der Kohle den Sauerstoff in einer Form und Weise darbieten, die nur sie, nicht aber das Eisen verbrennt, oxydiert. Die ursprünglichste Lösung dieser Aufgabe ist folgende: Man bringt das Eisen mit sauerstoffhaltiger Schlacke zusammen, die ihren Sauerstoff an die Kohle abgibt, worauf sich das schwere Eisen wieder unten sammelt, während die Schlacke oben schwimmt. Beide werden gesondert „abgezapft".

Auf diese Lösung der Aufgabe stützen sich zwei Entkohlungsverfahren:

1) das eigentliche Frischverfahren;
2) der Puddelprozeß.

Das Frischen. Die Herstellung der oxydischen Schlacke ist der erste Teil der Arbeit. Im „Frischherd" jagt man über weißglühendes Eisen Luft mit dem Blasebalg, bis alles (zu „Hammerschlag") verbrannt ist. Dieses Erzeugnis dient als Schlacke. Frischen.

Diese wird nun mit dem zu entkohlenden Eisen in weißglühendem Zustande zusammengebracht. Hierbei verbindet sich der Kohlenstoff des kohlereichen Eisens mit dem Sauerstoff des Oxyds. Doch verbindet sich auch ein beträchtlicher Teil Eisen mit Sauerstoff. Der Verlust durch „Abbrand" des Eisens ist sehr groß.

Das gewonnene Erzeugnis wird nun von Schlacke gereinigt, wie etwa Butter aus der Buttermilch gewonnen wird. Die Eisenteilchen werden zusammengepreßt, wobei die flüssige Schlacke herausläuft; die fest zusammengeschweißten Teilchen bilden einen Klumpen, die „Luppe", aus der durch Knoten unter großen Hämmern die Schlackenreste ausgepreßt werden — bis auf Überbleibsel, die man als Äderchen beim Feilen derartigen Eisens leicht erkennt. Das Endergebnis verschiedentlichen Durchknetens, „Packetierens“ und Wiederknetens sind die „Brammen“, die nun verwalzt werden.

Das Frischverfahren liefert zwar unter Umständen ein erstklassiges Eisen, hat aber den Nachteil, sehr kostspielig zu sein: man darf nur ganz siliciumreines Eisen und ganz reine Kohle (am besten Holzkohle) verwenden, da das Verfahren keine Möglichkeit bietet, Unreinigkeiten herauszuschaffen. Ferner macht das ausgiebige Kneten im nahezu festen Zustand das Eisen zwar sehr hochwertig, aber zu teuer.

Deshalb erfanden die Engländer

das Puddeln.

Die Verunreinigungsquelle des Brennstoffs ist weggeschafft, indem über die steinerne Wanne, in der das Eisen liegt, nur Feuergase hinübergeführt werden. Ist das Eisen durch diese verflüssigt, so wird die Schlacke hineingeschüttet und nun mit großen Stangen von außen umgerührt, „gepuddelt“. Die Kohle des Roheisens bildet mit dem Sauerstoff Kohlenoxydgas, das in Form kleiner blauer Flämmchen sich anzeigt. Verschwinden diese, so ist der Prozeß beendet. Während nun die Temperatur der Feuergase gleichbleibt, steigt, wie oben bereits erwähnt, der Schmelzpunkt des Eisens mit abnehmendem Kohlengehalt, d. h. bei Eisen von 4—5 Prozent Kohle um 4 ÷ 500 ° C, so daß am Schluß des Prozesses das Erzeugnis in teigiger Form vorhanden ist und zu Klumpen geballt werden kann. Weitere Behandlung, wie beim Frischen.

Auch bei diesem Verfahren ist die Oxydation (schon beim Schmelzen) Ursache zu großem Verlust, wenn auch wegen der Trennung von der Feuerungskohle das Erzeugnis frei von Schwefel und Phosphor ist. Die Hauptunannehmlichkeit besteht jedoch darin, daß man während des Prozesses schwer den im Eisen noch enthaltenen Kohlegehalt überwachen kann: deshalb kann man auf diese Art nicht sofort aus Roheisen Stahl herstellen, sondern muß erst Schmiedeeisen erzeugen und daraus durch neuerliche Hinzufügung von Kohlenstoff Stahl.

Der Nachteil beider Frischverfahren ist, daß man bei ihnen zwei verschiedene Arbeiten gesondert vornehmen muß:

nämlich erstens die Schlackenerzeugung, zweitens die Eisenentkohlung.

Diesen großen Übelstand vermeidet der nach seinem deutschen Erfinder benannte

Bessemerprozeß.

Bessemers Gedanke war der, durch flüssiges, kohlereiches Eisen die Luft unmittelbar hindurchzujagen, um so den Kohlenüberschuß mit Sauerstoff zu verbinden.

Die Einzelheiten des Vorganges sind folgende: Das Roheisen wird in flüssigem Zustand, meist gleich aus dem Hochofen heraus, durch Vermittelung von Kranpfannen oder Gießwagen in einen Behälter von Birnengestalt, den sogenannten „Convertor" oder die „Bessemerbirne" eingegossen. Wenn das Roheisen siliciumhaltig ist, um so besser; denn Bessemer fand, daß durch Zusatz solchen Eisens zu dem bis dahin nur verwendeten siliciumfreien Roheisen der Schmelzpunkt sank, was für ein Verfahren, das auf der Durchbrodelung flüssigen Eisens mit Luft beruht, von höchster Wichtigkeit war.

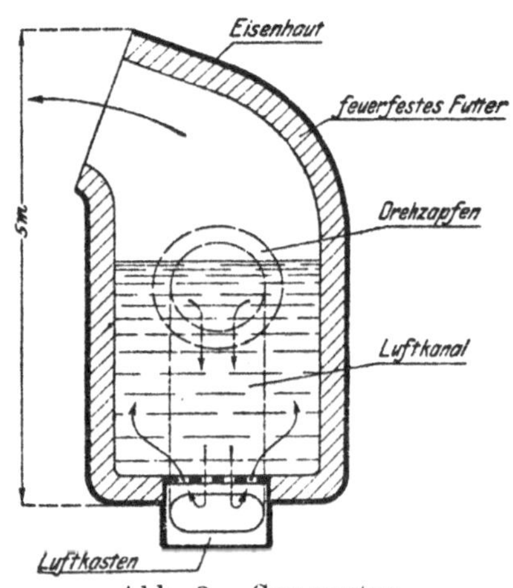

Abb. 3. Convertor.

Der Drehzapfen, an dem die Birne hängt, ist hohl und birgt die Zuleitung der Preßluft in den Mantelkanal der Birne. Aus diesem dringt sie durch Öffnungen des Bodens in das Innere. Das flüssige Eisen wird von der Preßluft in heftigste Wallung gebracht. Die Hitze steigt fortgesetzt — dadurch, daß sich der Sauerstoff der Luft mit Kohle, Schwefel, Phosphor, und Silicium stürmisch verbindet. Das Verbrennungsgas entweicht hellleuchtend aus dem Convertorhals. In dieser Flamme kann man alle ihre Bestandteile mittels des Spektroskops genau erkennen. Sobald die Kohlelinie verschwindet, was meist erst nach dem Verschwinden der übrigen Linien geschieht, ist der Prozeß beendet. Nunmehr wird der Drehzapfen mittels Zahnradübertragung und Druckwasserkraft so weit gedreht, daß die Mündung wagerecht steht und das Eisen in die Gießpfanne fließt, die es in die bereitstehenden Formen gießt; hier erstarrt es zu aufrechtstehenden Barren. Dabei wird das Eisen blasig in seinem obersten Teil. Früher hieb man diesen ab und schmolz ihn wieder ein. Neuerdings hat man entdeckt, daß ein fast verschwindend kleiner Zusatz von Aluminium diesen Übelstand vermindert. Leider nur bei Schmiedeisen!

Trotz der genialen Durchführung des Bessemerschen Gedankens (der wegen der kurzen Dauer des Prozesses [15 bis 20 Minuten] zu einem Mindestmaß von Oxydationsverlusten führt) ist doch ein lästiger Fehler in dem ganzen Verfahren. Das Spektroskop zeigt, daß, wenn die anderen Unreinigkeiten entfernt sind, der Kohlenstoff auch nicht mehr lange in der Flamme erscheint. Nun soll bei Erzeugung von Stahl ja ein höherer Prozentsatz von Kohle im Eisen bleiben, als bei Schmiedeisen. Bei einem so hohen Kohlenstoffgehalt aber, wie für Stahl erforderlich, sind noch außerordentlich viel Unreinigkeiten, vor allem Phosphor, im Eisen. Auch Bessemer kam deshalb nicht darum herum, den Stahl erst wieder aus dem Schmiedeisen mittels besonderen Verfahrens zu erzeugen. Sein Stahl wurde dadurch zu teuer.

Das Problem der Schmiedeisenerzeugung hatte er in unübertrefflich genialer Weise gelöst. In der Folge galt es vor allem, die Aufgabe unmittelbarer Stahlgewinnung zu lösen.

Vorbedingung hierzu war die Entfernung des Phosphors aus dem Eisen, den auch Bessemer noch nicht völlig aus seinem Schmiedeisen hatte entfernen können. Den Weg hierzu fanden die Engländer Thomas und Gilchrist in den 60er Jahren.

Der Thomasprozeß.

Bisher war der Phosphor, wenn er verbrannte, als Phosphorsäure wegen der großen chemischen Verwandtschaft zu der Kieselsäure des feuerfesten Wandverkleidungs-Stoffes (kieselsauren Tons sog. Schamotte) mit ihr in Verbindung gegangen. Diese löste sich und die Wandung zerbröckelte. Wollte man also reinen Stahl erhalten, so mußte man phosphorfreies Eisen nehmen. Thomas wandte ein basisches Gestein, nämlich Dolomit, als „Futter“

an, und jetzt schied die Phosphorsäure aus und ging in die Schlacke. Hatte Bessemers Verfahren die Verwendung siliciumhaltiger Erze ermöglicht, so wurde durch Thomas das phosphorhaltige Eisenerz mit einem Schlage abbauwürdig, was vor allem den **deutschen** Gruben zugute kam. Das „basisch" gewonnene Eisen zeichnet sich odendrein vor dem „sauer zugestellten" durch bessere **Schweißbarkeit** aus.

Durch rechtzeitige Beseitigung des Phosphors bekam nun Bessemer schon eher die Hände frei zum Abbrechen des Prozesses: er erzeugte nunmehr ohne Zwischenstufe den Bessemer-Stahl.

Zu noch höherer Vollendung aber brachte besonders die **Stahlbereitung** der

Martinprozeß.

Er spielt sich ab in genial erdachten Flamm-Öfen, an deren Konstruktion Werner Siemens' Bruder Friedrich den größten Anteil hat: den Siemens-Martin-(Regenerativ-) Öfen. Sie ähneln äußerlich den Puddelöfen, sind aber zur Erzeugung bedeutend höherer Hitzegrade geeignet; dies ist nötig, weil selbst das schwerer flüssige entkohlte Eisen noch ganz flüssig in ihnen sein soll.

Der Prozeß geht in folgender Weise vor sich: In die Wanne wird Roheisen mittels gewaltiger elektrisch oder hydraulisch bewegter „Chargiermulden" eingebracht unter Zusatz von stets billig käuflichen Schmiedeisenabfällen („Schrott"). Diese setzen, sich mit dem Roheisen mischend, den prozentualen Kohlenstoffgehalt der gesamten Eisenmenge auf den gewünschten Satz herab, je nach dem Mischungsverhältnis. Dazu muß natürlich das Roheisen schon sehr rein sein. Höchstens ist Phosphorgehalt bei basischem Futter zulässig. Das Erzeugnis ist vorzüglicher Stahl.

Die Hauptsache bei dem Verfahren ist die Erzeugung höchster Hitzegrade (1600—2000°). Hierfür ist der Ofen folgendermaßen eingerichtet:

Die Feuerung ist eine Gasfeuerung. Das Gas bildet sich im sogenannten Generator, einem Behälter, in den von oben Kohlen geschüttet werden, die unten bei geringem Luftzutritt zu Kohlenoxydgas verbrennen. Dieselben Generatoren sind neuerdings durch die Sauggas-Anlagen allgemein bekannt geworden. Das Kohlenoxydgas mischt sich, zur Feuerung geleitet, dort mit Luft unter außerordentlicher Wärmeentwickelung. Dieses sehr heiße

Gasgemisch streicht über die Wanne hin und gibt an das Eisen den größten Teil seiner Wärme ab. Das „Abgas" strömt nun in eine Kammer des „Regenerators". Dieser besteht aus zwei völlig getrennten Kammern unter dem Ofen, die mit kunstvoll gestellten Steinen so ausgefüllt sind, daß das eintretende Gas sich überall an den Steinen bricht, sie umstrudelt und dabei seine letzte Wärme an sie abgibt (Periode 1). Allmählich werden die Steine glühend heiß. Plötzlich werden einige Klappen verstellt, und alle Gase ändern ihre Richtung: die zur Feuerung strömende Verbrennungsluft, die bisher durch die andere Kammer geströmt war, fließt jetzt durch die erhitzte Kammer und kommt so vorgewärmt zu

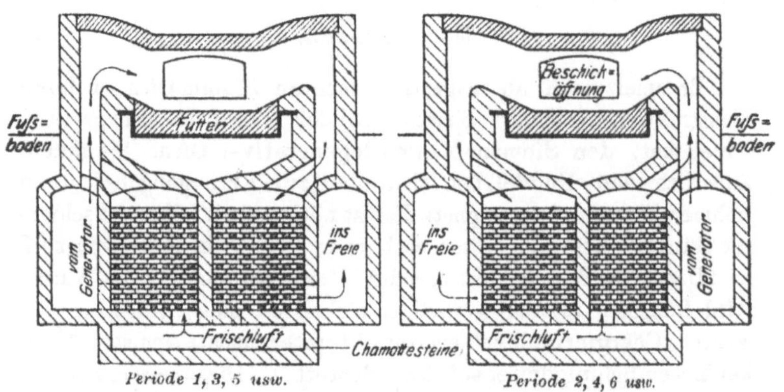

Abb. 4. Siemen Martin-Flammofen.

der zweiten Feuerung, wo sie sich mit dem Frischgas des Generators zu erhöhter Temperatur chemisch verbindet. Während so durch die kalte Luft den glühenden Ziegeln allmählich die aufgespeicherte Wärme entzogen wird, erhitzen die ebenfalls umgewendeten Abgase die andere Kammer (Periode 2). Nach Auskühlung der ersten wird wieder umgeschaltet, und das Spiel beginnt von neuem (Periode 3 usw.).

Das Verfahren dauert bedeutend länger als das „Bessemern" (5 Stunden), ergibt aber nicht größere Abbrandverluste, da das Eisen nicht so stürmisch von Luft durcharbeitet wird. Es ist heute an die erste Stelle aller Stahlgewinnungsverfahren für große Massenerzeugung getreten. —

Daneben werden noch in jeweils kleinen Mengen und langsamen Verfahren solche Stähle erzeugt, bei denen die Feinheit der Qualität den Preis erst in zweite Linie treten läßt. Hiervon sei kurz besprochen das „Zementieren".

Dieses Verfahren liefert zwei Stahlsorten, den Tiegelgußstahl und den Gerbstahl, und war früher der einzige Weg der Stahlgewinnung. **Zementieren.**

Das Schmiedeeisen wird zu Stäben gewalzt, die in Stücke zerschnitten werden. Diese werden in großen Kästen zusammen mit reiner (Holz- oder tierischer*) Kohle schichtenweise verpackt, und die Kästen mit feuerfestem Ton verschmiert, um Luftzutritt (Oxydation) zu hindern. Das Ganze wird etwa 8 Tage lang in Öfen geglüht. Die Dauer des Glühens ist Erfahrungssache und richtet sich nach dem gewünschten Kohlenstoffgehalt.

Nach dem Glühen hat das Eisen in den Außenschichten mehr Kohlenstoff durch die innige Berührung aufgenommen als im Kern. Diese ungleichmäßige Beschaffenheit ist auf drei Weisen ausgleichbar:

1. Man packt das Eisen um und glüht es noch einmal ohne Anwesenheit von Kohle. Die im Eisen vorhandene würde sich dann sehr gleichmäßig verteilen. Erstens ist aber dieses Verfahren sehr weitläufig, zweitens ergibt es keinen guten Stahl.

2. Man bindet die geglühten Walzstäbe zusammen, bearbeitet („gerbt") sie tüchtig mit Dampf-, Preßluft-, Feder- oder derartigen Hämmern und verwalzt sie. Das Ergebnis ist der durch die Knetung ausgezeichnet gewordene Gerbstahl, der aber stets etwas Schlacke birgt, da ja das Zusammenschweißen unter Luftzutritt, also Oxydation, vor sich geht.

3. Das beste Verfahren ist das Einschmelzen des geglühten Eisens (oder besser vielleicht schon: Stahls) in Tiegel. Hierbei gleicht sich der Kohlegehalt vollkommen aus, und die Oxydation geschieht nur an der Oberfläche, wo man sie unschädlich machen kann. Der so erzeugte Tiegelgußstahl ist sehr teuer, aber in jeder Hinsicht erstklassig: zäh, fest und hart.

Man gewann früher den schmiedbaren Stahl für Maschinen überhaupt nicht anders; er hieß Gußstahl. Heute stellt man aus stahlartigen Eisensorten (Roheisen mit Schmiedeisen gemischt)

---

*) Siehe „Härterei".

auch Gußstücke her, wie aus Gußeisen. Da aber der Name „Gußstahl“ schon vergeben war, mußte man diesen Baustoff „Stahlguß“ nennen. Zwischen Gußstahl und Stahlguß besteht also ein streng fest zu haltender, großer Unterschied.

Elektrische Öfen.

Neben die bisher besprochenen Eisen- und Stahlerzeugungsarten, bei denen sämtlich die zum Prozeß erforderliche Wärme durch Verbrennung erzeugt wurde, tritt seit etwa einem Jahrzehnt in immer steigendem Umfang die elektrische Stahlgewinnung. Es würde hier viel zu weit führen, auf ihre Vorgänge einzugehen, zumal der auf diesem Wege fabrizierte Stahl der Menge nach noch sehr gering ist. Desto höher steht er in der Güte. Einerseits nämlich erlaubt die Elektro-Metallurgie genaue Regelung des chemischen Prozesses, führt also zu ausgesprochenem „Qualitätsstahl“. Anderseits ist vorläufig die elektrische Kraft durchschnittlich noch so teuer, daß nur für ganz hochwertige und hochbezahlte Spezialstahlsorten ihre Verwendung wirtschaftlich ist. Über das Wesen dieser Methoden sei nur gesagt, daß dabei hauptsächlich zwei Eigenschaften des elektrischen Stromes zur Wärmeerzeugung benutzt werden. Erstens erwärmt der Strom einen von ihm durchflossenen Stromweg. Leitet man den Strom also durch die fertig „zugestellte“ Eisen- oder Eisenerzmischung selbst hindurch, so erwärmt sich diese selbst bis zur erforderlichen Temperatur. Durch Regulierung des Stromes hat man diese völlig in der Hand. Zweitens verwendet man sehr erfolgreich (in den Öfen von Héroult) die Hitze des elektrischen Flammenbogens. —

Hiermit möge die kurze Übersicht über die üblichsten Methoden zur Eisen- und Stahlerzeugung ihr Ende finden. Die besprochenen verschiedenen Eisensorten sollen hier nochmals in Form einer Übersichtstafel zusammengestellt werden. Die darin gebrauchten Begriffsumgrenzungen und Benennungen sind einheitlich durch den Kongreß der Eisenhüttenleute auf der Weltausstellung zu Philadelphia 1876 aufgestellt worden.

Technisch verwertetes kohlenstoffhaltiges Eisen.

Roheisen, Spez. Gew. 7,6, mit 2,6 bis 6 Gewichtsprozent Kohlenstoff. Leicht schmelzbar (1200°). Nicht schmiedbar.

- **Gießereiroheisen:**
  - **Graues:** Siliziumhaltig, Kohlenstoff teilweise als Graphit ausgeschieden. Bruch grau, kristallinisch.
  - **Weißes:** Manganhaltig. Kohlenstoff sämtlich chemisch gebunden. Bruch weiß, seidig. Härter und spröder als graues.
  - **Sondererzeugnisse:** Ferromangan (bis 80 % Mn), Ferrosilizium (bis 30 % Si).
- **Frischroheisen:**
  - **Für den Martinprozeß:** Graues und weißes. Für sauren Prozeß weniger als 0,1 % Phosphor, für basischen weniger als 0,8 %.
  - **Für den Bessemerprozeß:** **Bessemereisen**, grau, weniger als 1 % Phosphor. **Thomaseisen**, weiß, mehr als 1,5 % Phosphor.

Schmiedbares Eisen, Spez. Gew. 7,8, mit weniger als 2,6 Gewichtsprozent Kohlenstoff. Schwer schmelzbar (1500—1600°). Schmiedbar.

- **Stahl**, mit 0,6—2 % Kohlenstoff. Ist härtbar. Seidiger Bruch. Sehr fest.
  - **Schweißstahl** in nicht flüssigem Zustand gewonnen (Frisch-, Puddel- und Zementstahl).
  - **Flußstahl** in flüssigem Zustand gewonnen (Bessemer-, Martin- und Tiegelgußstahl).
- **Schmiedeeisen**, mit 0,4 bis 0,6 % C. **Nicht** härtbar. Feinkörniger bis kristallinischer und sehniger Bruch. Sehr zäh.
  - **Schweißeisen** in nichtflüssigem Zustand gewonnen (Frisch- und Puddeleisen).
  - **Flußeisen** in flüssigem Zustand erhalten (Bessemer- und Martineisen).

Flußstahl und Flußeisen: Wenn in Formen gegossen: Stahlformguß oder kurz Stahlguß.

Temperguß: Nach erfolgtem Guß Kohlenstoffgehalt künstlich reduziert.

Spezialstähle. Außerhalb dieser großen Klassifikation stehen nun noch eine Reihe besonderer Eisenerzeugnisse, unter denen vor allem die sogenannten Spezialstahlsorten für den Maschinenbauer die größte Bedeutung haben. Ihre Herstellung ist meist Geheimnis des Ursprungswerkes. Daher seien hier nur noch einige besonders nennenswerte Sorten mit ihren Sondereigenschaften aufgezählt:

Schnelldrehstahl hat die Eigenschaft, bis zur Dunkelgluthitze noch seine volle Härte zu bewahren. Für Werkzeuge.

Naturharter Stahl wird ohne Abschrecken in Wasser, lediglich durch Abkühlen in der Luft glashart. Für Werkzeuge.

Chromstahl, Molybdänstahl, Vanadinstahl haben sämtlich die Eigenschaft der Glashärte. Der Zusatz der Fremdkörper beträgt bis etwa 2 Gewichtsprozent.

Wolframstahl verbindet mit Glashärte vorteilhafte magnetische Eigenschaften, kommt also für den Bau elektrischer Maschinen, aber auch für Werkzeugherstellung in Betracht.

Nickel- und Silberstahl sind dagegen vor allem sehr zäh und werden von Rost wenig angegriffen, zwei Eigenschaften, die sie für bestimmte Verwendungsgebiete (Panzerschiff-, Geschoß-, insbesondere Torpedobau) geradezu unentbehrlich machen.

Festigkeit und Preisangabe der Eisensorten siehe in den Tafeln S. 105 bis 107.

Auswahl. Die bisher über Eisen- und Stahlsorten gemachten Angaben dürften den Leser in Stand setzen, sich die Fragen, warum für den einen Maschinenteil diese, für einen anderen jene Eisensorte gewählt wird, vielfach selbst zu beantworten. Nachdenken über die Gründe zu dieser Auswahl ist dem Volontär dringend anzuraten. Erfahrungsgemäß gibt auf der Hochschule bei den konstruktiven Übungen, selbst in vorgeschrittenen Semestern, Unsicherheit der Studierenden in der Wahl des zweckmäßigsten Baustoffs zu vielen Fehlern Veranlassung. Wenn der Volontär sich von vornherein daran gewöhnt, diesem Punkt Beachtung zu schenken, wird ihm auf der Hochschule, wie im Beruf die Wahl des richtigen Baustoffs niemals eine Schwierigkeit bringen.

Für die richtige Würdigung aller Gesichtspunkte, die bei Auswahl der Materialien mitsprechen, wie Festigkeit, Bearbeitungsmöglichkeit, Widerstand gegen Verschleiß, Rosten usw., steht mit an erster Stelle die Kenntnis der Preise der Baustoffe.

Es handelt sich für den Volontär weniger um die Angabe der genauen, absoluten Preise. Diese sind ja auch ständigen Schwankungen mit der Lage des Marktes unterworfen. Maßgebend sind nur Durchschnittswerte. Ob Schmiedeisen oder Gußeisen teurer ist, und in welcher Größenordnung sich die Preise ungefähr bewegen, das sind die Grundlagen für die Beurteilung, ob bei der Wahl des Materials hier oder dort sein Preis oder andere Gesichtspunkte ausschlaggebend waren. Auch die Abschätzung, welchen Anteil der Preis des Arbeitsstoffes gegenüber den Löhnen darstellt, die für seine Bearbeitung gezahlt werden müssen, ist bereits möglich, wenn nur ungefähre Durchschnittswerte zur Verfügung stehen.

Deshalb sei die am Ende dieses Abschnittes gegebene Zusammenstellung der Baustoffpreise besonderer Aufmerksamkeit und fleißigem Gebrauch empfohlen. —

Gegenüber dem Eisen ist die Wichtigkeit der sonstigen im Maschinenbau verwandten Materialien erheblich geringer. Es mag ihnen daher, dem knappen Rahmen dieses Buches entsprechend, eine weniger ausführliche Behandlung zuteil werden.

Kupfer. Spez. Gewicht 8,8—9,0.

Im Gegensatz zu Eisen zeichnet sich das Kupfer in drei besonders wichtigen Punkten aus: Es ist erstens leichter schmelzbar (1050—1100°); zweitens oxydiert es sehr schwer, und drittens besitzt es in chemisch reinem Zustande eine sehr bedeutende Zähigkeit. Infolge dessen kann es nicht nur mit Leichtigkeit im kalten Zustande geschmiedet, sondern sogar in dünnwandige verwickelte Formen „getrieben“ werden. Seine Festigkeit ist nicht so groß, wie die des Eisens, kann jedoch in willkommener Weise durch Hämmern und Walzen erhöht, durch nachfolgendes Ausglühen wiederum nach Belieben erniedrigt werden. So hat der ausgiebig bearbeitete Kupferdraht bis 4000 kg pro qcm Querschnitt Zerreißfestigkeit; er kommt damit der Festigkeit schmiedeeisernen Drahtes etwa gleich.

Die große Wichtigkeit, die das Kupfer durch seine elektrischen Eigenschaften für die Elektrotechnik besitzt, ist bekannt. Während es dort als Draht seine Hauptrolle spielt, kommt es im allgemeinen Maschinenbau vornehmlich in Röhrenform zur Verwendung. Zu diesem Gebrauchszweck ist es durch vorzügliches Wärmeleitungsvermögen und hervorragende Biegsamkeit (auch in kaltem Zustande) besonders geeignet. Überall, wo Rohrleitungen gewundene Wege mit kurzen Biegungen zu verfolgen haben, insbesondere bei Schmierrohren und für Hauptrohre bei kleineren Motoren ist Kupfer das gegebene Material, zumal es zuverlässig durch Lötung an Verzweigungen verbunden werden kann.

Die Festigkeits-, wie auch die elektrischen Eigenschaften des Kupfers sind in hohem Maße abhängig von dem Grade seiner chemischen Reinheit. Nur ganz reines Kupfer hat die obigen vorzüglichen Eigenschaften. Infolge dessen kommen zu dem an und für sich schon hohen Preis des Rohkupfers noch alle die für seine chemische Reinigung (Raffinierung) aufzuwendenden Kosten. Man unterscheidet daher im Handel sehr nachdrücklich das etwas oxydische, „übergare" Kupfer, das für Kupferlegierungen durchaus rein genug ist, von dem „raffinierten" oder „hammergaren Kupfer". Neuerdings bedient man sich zur Erzielung völlig reinen Kupfers mit Erfolg im Großbetrieb der Elektrolyse: „elektrolytisches Kupfer". Kupfer wird in ziegelartigen Platten oder kleinen Barren auf den Markt gebracht und zeigt bei völliger Reinheit eine herrliche seidenartige Bruchfläche. In der Maschinenfabrik dürfte jedoch der Volontär Rohkupfer kaum zu sehen bekommen, sondern nur solches in Draht-, Blech- oder Röhrenform.

Legierungen.

a) Die Kupferlegierungen.

Kupfer mit Zink: Messing oder Gelbguß, spez. Gew. ~8,6.

Wenn wir Kupfer mit etwas Zink zusammenschmelzen und allmählich immer mehr Zink zusetzen, so ändern sich die Farbe und mit ihr die Festigkeitseigenschaften der Legierung. Diese Änderungen aber sind nicht proportional den Prozentsätzen, etwa so, daß die Legierung immer rötlicher und immer mehr in den Eigenschaften dem Kupfer ähnlich wird, je mehr Kupfer sie enthält, sondern ruckweise und unbestimmt. Chemisch sind diese

Vorgänge noch nicht aufgeklärt. Ihre Kenntnis ist also rein Erfahrungssache.

Festigkeit, Härte und Dehnbarkeit ändern sich in der Hauptsache derartig, daß die außerordentliche Dehnbarkeit des Kupfers in den Legierungen mit zunehmendem Zinkgehalt ab, die Härte und Festigkeit des Messings dagegen zunimmt. Dies Gesetz bleibt bestehen bis etwa zur Mischung aus gleichen Gewichtsteilen Kupfer und Zink, also 50% Zinkgehalt. Bei noch größerem Zinkgehalt nehmen Dehnbarkeit und vor allem die Festigkeit ziemlich rasch ab. Aus der Färbung des Messings kann man auf seine Eigenschaften nicht schließen.

Das im Maschinenbau verwendete Messing hat etwa die Zusammensetzung von 65 Gewichtsteilen Kupfer und 35 Gewichtsteilen Zink. Diese Legierung ist kalt gut schmiedbar und walzbar, in der Hitze dagegen spröde. Ihre Zugfestigkeit nähert sich der des Kupfers, auch zeigt sie die gleiche gute Eigenschaft wie das Kupfer: nämlich die Zunahme der Festigkeit und Dehnbarkeit bei nachhaltiger Bearbeitung. Messingdraht kann bis 4000 und 5000 kg pro qcm Querschnitt Zugfestigkeit zeigen. Vor dem Kupfer zeichnet sich das Messing aus durch seine vorzügliche Gießbarkeit. Es ist dünnflüssig, schmilzt schon bei 900° und ergibt schöne dichte Gußstücke. Deshalb ist es für alle Armaturteile sehr beliebt, besonders für die ins Auge fallenden, da es schwer oxydiert.

Kupfer mit Zinn: Bronze oder Rotguß, spez. Gew. ~8.

Da Zinn teurer ist als Zink, so ist die Bronze teurer als Messing. Die Legierung ist aber bedeutend härter als Messing, allerdings auch im allgemeinen spröde. Die Farbe ist auch hier mit dem Zinngehalt sehr wechselnd und kein Maßstab für die Zusammensetzung. Die Festigkeitseigenschaften ändern sich mit den Mischungsverhältnissen so stark, daß die Legierung geradezu verschiedene Namen erhält. Uns interessieren hier nur diejenigen Legierungen, die im Maschinenbau Verwendung finden.

Es sind dies die Zusammensetzungen von Kupfer mit 6 bis 18% Zinn, der sogenannte Rotguß. Bei 17,5 v. H. Zinngehalt ist die Festigkeit der Kupferzinnlegierung am größten, insbesondere größer als die höchste Festigkeit des Messings. Deshalb verwendet man den Rotguß vorzüglich an solchen Stellen, wo höhere

Anforderungen an die Festigkeit des Materials gestellt werden müssen, als Messing sie erfüllen kann. So z. B. für Lagerschalen, für die sich Rotguß wegen seines dichten Gefüges und der leichten Bearbeitung seiner Oberfläche besonders gut eignet.

Kupfer mit Aluminium: Aluminiumbronze, spez. Gew. 7,7.

Die Aluminiumbronze ist im allgemeinen außerordentlich fest und vor allem zäh, dehnbar, jedoch wechseln ihre Eigenschaften außerordentlich unstet mit dem Aluminiumgehalt. Die vorteilhafteste Mischung ist etwa 92% Kupfer und 8% Aluminium. Wegen ihrer Leichtflüssigkeit beim Guß, schweren Oxydierbarkeit und ihres dichten Gefüges findet sie besonders in der Kleinmotorenfabrikation mit ihren verwickelten Gußkörpern ausgedehnteste Verwendung, während der hohe Preis aller dieser Kupferlegierungen (durchschnittlich 8 bis 10 mal so teuer, wie Gußeisen) ihre Verwendung in großen Gußstücken seltener macht.

Die Aluminiumbronze findet übrigens in Eisengießereien vielfach Verwendung zum „Reinigen des Eisens". Geringe Beimengungen derselben zum Gußeisen oder Stahlguß vermindern die Gasabsonderungen und das Kochen oder „Steigen" des flüssigen Gußgutes, machen also das fertige Gußstück weniger porös, dichter.

Allgemeinste Verwendung finden dagegen, trotz ihres hohen Preises, wegen ihrer hervorragenden Eigenschaften die beiden folgenden Kupferlegierungen:

Kupfer mit Zink und Eisen: Deltametall, spez. Gew. 8,6.

Das goldgelbe Deltametall nähert sich in der Dehnbarkeit dem Eisen und übertrifft es, wenn nachhaltig bearbeitet, sogar an Festigkeit. Es ist wie Eisen in rotglühendem Zustand schmiedbar, läßt sich aber außerdem leicht gießen und ergibt schönen dichten Guß. Zu diesen angenehmen Eigenschaften fügt das Deltametall noch die hinzu, daß es sehr schwer oxydiert und gegen Säuren in hohem Grade unempfindlich ist.

Der hohe Preis schließt die Verwendung dieses in vieler Hinsicht geradezu idealen Baustoffs in größerem Umfange aus. Immerhin findet es auch in großen Stücken vielfach Anwendung im Pumpen-, Schiffs- und Turbinenbau wegen der unerläßlichen

Forderung der Rostfreiheit und häufig auch Unempfindlichkeit gegen säurehaltiges Wasser bei trotzdem hoher Festigkeit und leichter Bearbeitung.

Kupfer mit Zinn und Phosphor: Phosphorbronze,
spez. Gew. 8,8.

Ein Zusatz von 0,5 bis 1% Phosphor macht Eisen kaltbrüchig und so mürbe, daß es schlechtweg ungeeignet für kraftübertragende Maschinenteile wird. Bei der üblichen Maschinenbronze dagegen bewirkt derselbe Zusatz eine ganz außerordentliche Steigerung der Festigkeit, Dehnbarkeit und Schmiedbarkeit bei leichtflüssigem und sehr dichtem Guß. Die für Maschinenteile übliche Zusammensetzung besteht aus 90,34% Kupfer, 8,9% Zinn und 0,76% Phosphor. Das Aussehen dieser Legierung ist kupferig rot. Vor sämtlichen übrigen Kupferlegierungen zeichnet sich die Phosphorbronze durch ihre große Härte aus. Sie ist deshalb zwar schwerer zu bearbeiten, aber auch im Gebrauch nahezu dem Stahl gleichwertig, so, wie Deltametall dem Schmiedeisen ähnelte. Durch Ausglühen kann ihr die Härte genommen werden, durch ausgiebige Bearbeitung gewinnt sie an Zähigkeit und Festigkeit. Zu den guten Eigenschaften des Stahls fügt sie gleichfalls die der Säurebeständigkeit. Der Preis ist allerdings nicht geringer als der der übrigen Bronzen und Messinge.

b) Die Zinnlegierungen.

Von den Zinnlegierungen kommt außer der mit Kupfer nur noch eine als Baustoff von Maschinenteilen in Betracht, nämlich die Legierung von

Zinn mit Antimon (oder Zink oder Kupfer),
das sog. Weißmetall, spez. Gew. 7,1.

Es verbindet in willkommener Weise eine sehr dichte Oberfläche mit leichter Bearbeitung und ist daher ein ideales Lagermetall für die Lagerung rotierender oder gleitender Stücke. Da es an sich jedoch keineswegs fest genug ist, selbständig ein Lager zu geben, so verwendet man es lediglich als „Futter", d. h. man gießt es auf die Oberfläche kräftiger, eiserner oder bronzener Lagerkörper, an der es durch „schwalbenschwanzförmige" Nuten festgehalten wird. Näheres siehe unter „Klempnerei".

Die Mischungsverhältnisse sind je nach der Verwendung und dem Brauch verschieden; fast jedes größere Werk hat sein eigenes ausprobiertes Weißmetall-Rezept. Im allgemeinen schwanken die Anteile von Zinn um 80 bis 90%, Antimon um 7 bis 13%, Kupfer um 3 bis 9%. Die Farbe des Metalls ist silberweiß. —

Von sonstigen Zinnlegierungen spielen für den Maschinenbau nur noch die Lote eine Rolle, die für die Verbindung von Rohren u. ä. durch Löten dienen. Da sie jedoch nicht als selbständige Baustoffe bezeichnet werden können, so soll von ihnen an anderer Stelle (Klempnerei) gesprochen werden. —

Rohstoffkosten. Hiermit wären sämtliche Rohstoffe besprochen, die für den Bau von Maschinen in ausgedehnterem Maße verwendet werden. Es erübrigt nur noch, die bisherigen, mehr relativen Angaben in Bezug auf fest und schwach, billig und teuer, zahlenmäßig zu ergänzen. Erst ein Überblick über die tatsächlichen Festigkeits- und Preisverhältnisse gestattet ja dem Volontär, sich über die Gründe Rechenschaft zu geben, weswegen die Wahl des jeweils vorliegenden Baustoffes für den betreffenden Verwendungszweck getroffen wurde.

Die Kenntnis des Materialwertes ermöglicht ferner eine ungefähre Schätzung für das Verhältnis zwischen Rohwert und dem durch die Bearbeitung hinzukommenden Betrag an Löhnen für die einzelnen Stücke. Solche Schätzungen sind ungeheuer wichtig für den späteren Ingenieur. Sie geben von vornherein ein Gefühl, dessen kein guter Konstrukteur entraten kann: die Abwägung der verbilligenden Einflüsse ersparter Arbeit und ersparten Materials gegeneinander. Denn vielfach bedeutet die Ersparnis einer Arbeitsverrichtung, d. h. eines Lohnbetrags, nichts gegenüber den Kosten des Materials, das um dieser Ersparnis willen mehr aufgewendet werden muß, — und umgekehrt. Nur ein von vornherein geübter „Blick" für diese Verhältnisse gibt dem Ingenieur beim Konstruieren die Möglichkeit, rasch die richtige Wahl zwischen Mehraufwand an Material und Mehraufwand an Bearbeitungskosten zu treffen. Fortwährendes Beobachten dieser Beträge bei einzelnen Stücken ist das einzige Mittel, sich diesen „Blick" anzueignen.

Gewichtsschätzung. Die Voraussetzung für diese Schätzungen ist außer der Kenntnis der durchschnittlichen Baustoffpreise und der Lohnsätze (die jederzeit durch unmittelbare Frage gewonnen werden kann) die Fähigkeit, das Gewicht des fabrizierten Maschinenteils mit Annäherung abzuschätzen. Die Ausbildung dieser Fähigkeit ist auch an sich eine große Erleichterung für die spätere Tätigkeit. In allen den Fällen, wo neben den auf einen Körper einwirkenden Kräften auch noch sein Eigengewicht in Rechnung zu ziehen ist, muß dieses ja selbstverständlich abgeschätzt werden, da ja der zu berechnende Maschinenteil vor der Berechnung eben meist nicht in genauen Abmessungen vorliegt, auch genaue zahlenmäßige Gewichtsberechnung häufig viel zu zeitraubend wäre. Bei allen einstweiligen Aufstellungen, bei allen überschlägigen Kostenveranschlagungen, bei allen Fragen der Belastung von Werkzeugmaschinen durch schwere Maschinenteile, schließlich bei der Übersicht über die Massenkräfte bewegter Systeme ist die Abschätzung des Gewichts ganz unentbehrlich. Die Fähigkeit hierzu bedarf im allgemeinen sehr der planmäßigen Entwicklung. Der Nicht-Techniker verfügt zunächst noch gar nicht über die vorauszusetzende Schätzungsfähigkeit für Maße. Er schätzt Längen und Wandungen, besonders aber Durchmesser runder Körper bis zu 100% falsch. Deshalb ist es so empfehlenswert, wenn der Praktikant stets ein Meßband oder einen Maßstab mit sich führt, um jeden Augenblick eine Schätzung nach seinem Gefühl durch messende Ermittlung des tatsächlichen Maßes berichtigen zu können. Die überschlägige Schätzung pflegt bei solcher Übung ganz überraschend schnell sich der genauen Ermittlung zu nähern, zumal man sehr bald herausfindet, daß gewisse Maße besonders häufig vorkommen, die sich dann auch dem Gedächtnis besonders genau einprägen und so zu neuen Vergleichspunkten werden.

Nach erlangter Sicherheit im Schätzen von Maßen ist es dann bis zur annähernd zutreffenden Gewichtsangabe nach dem Gefühl natürlich nur ein kleiner Schritt. Es ist empfehlenswert, für diese Übung etwa folgende Hilfsmittel zu benutzen:

Das einfachste Hilfsmittel ist die Unterstützung des Auges durch die Muskelkraft der Arme. Die durch Anheben eingeprägten Gewichte eines Gewichtssatzes, auf dessen einzelnen Stücken ja das genaue Gewicht verzeichnet steht, liefert die ersten Anhaltspunkte für das Gefühl. Sodann kann man etwa die Gewichte stereometrisch einfacher Körper: Platten, Barren, Stabeisen u. a. m. durch Augenmaß und Anheben abschätzen und diese Schätzungszahlen durch die rechnungsmäßige Ermittlung des Gewichtes oder günstigenfalls direkte Abwägung berichtigen. Um die rechnungsmäßige Festlegung des Gewichts zu ermöglichen, wurde bei den vorhergehend behandelten Baustoffen das spezifische Gewicht durchgehend mit angegeben. Wie man sofort sieht, bewegen die spezifischen Gewichte sich durchschnittlich in der Höhe von 7 bis 8. Für die Gewichtsabschätzung ist diese gleichmäßige Dichte unserer Baustoffe von höchster Bedeutung. Das wird erst klar, wenn man Leute, die durchnittlich bis auf wenige Prozent genau Gewichte von Maschinenteilen zu schätzen vermögen, bei der Abschätzung des Gewichtes von Aluminium- oder Magnalium-*) Körpern (spez. Gewicht 2,5) Fehler von 100% und mehr machen sieht.

Das Gewicht eines Körpers ist ja das Produkt aus Rauminhalt und spezifischem Gewicht. Beispielsweise wiegt also:

Ein Rundeisen von 3 cm Durchmesser und 1 m Länge (aus Flußeisen):

$$\frac{3^2 \pi}{4} \cdot 100 \cdot 7{,}8 = \text{rund } 5500 \text{ g} = 5{,}5 \text{ kg}.$$

Ein Gußeisenbarren von $8 \times 6 \times 40$ cm:

$$8 \times 6 \times 40 \cdot 7{,}6 = 14600 \text{ g} = 14{,}6 \text{ kg}.$$

Eine Schmiedeisenblech-Platte von 100×80 cm Fläche und 10 mm Stärke:

$$100 \times 80 \times 1 \cdot 7{,}8 = 62200 \text{ g} = 62{,}2 \text{ kg}.$$

Hat man so durch vergleichende Schätzung und Rechnung bei einfachen Raumgebilden die Abschätzungsfähigkeit ausgebildet, so kann man nunmehr dazu übergehen, die Gewichte verwickelter Körper zu taxieren. Vor allem ist wichtig die Fähigkeit, profilierten Walzeisen: z. B. I-, U-, L-Eisen oder Eisenbahnschienen, insbesondere ganzen aus ihnen zusammengefügten Eisenkonstruktionen anzusehen, wie viel sie wiegen, da in der Technik besonders häufig die Eigengewichte gerade solcher Gebilde berücksichtigt werden müssen.

Bewundernswert ist oft die hoch entwickelte Fähigkeit der Gießerei-Meister und -Betriebsingenieure, mit großer Genauigkeit

*) Magnalium ist eine Legierung von 80—90% Aluminium mit 10—20% Magnesium.

nach Besichtigung der am betreffenden Tage zu gießenden Gußformen der Bedienungsmannschaft des Schmelzofens die richtige Menge von Gußeisen anzugeben, die sie einzuschmelzen haben, — wie man sieht, eine sehr wichtige Anwendung der Kunst, Gewichte abzuschätzen. Denn es bedeutet eine beträchtliche Vergeudung an Brennmaterial, wenn auch nur 10 Prozent Gußeisen überflüssig geschmolzen wird, da ja die gesamten vergossenen Mengen in einem größeren Werk täglich sehr bedeutende sind.

Der Volontär kann die Fähigkeit, Gewichte zu taxieren, also vor allem zur weiteren Abschätzung der Rohmaterialkosten eines Stückes nutzbar machen. Wir geben im folgenden die Durchschnittspreise der Stoffe, wie sie von Käufern mittlerer Mengen solchen Materials zu zahlen sind. Großverbraucher pflegen langfristige Lieferverträge mit den erzeugenden Firmen zu tätigen, welche natürlich eine oft beträchtliche Herabsetzung des Preises in sich schließen. Außerdem schwanken die Preise stark mit der Handelslage. Immerhin geben die Zahlen vor allem das Verhältnis der Preise untereinander richtig an — und dies bleibt im allgemeinen feststehend.

Übersicht I.

Durchschnittspreise der wichtigsten maschinentechnischen Baustoffe im Großhandel.

Es kosten 100 kg:

Gießereiroheisen	6—8	M.
Gußeisen, fertige Stücke	20—30	„
Schweißeisen in Barren	14	„
Flußeisen do.	12	„
Konstruktionseisen (Profileisen)	15—22	„
Flußeisen (Rundeisen)	20—25	„
Bessemerstahl	22—30	„
Flußstahl, gewalzt	18—23	„
Schweißstahl	55—70	„
Gußstahl (je nach Güte)	68—200	„
Raffinierstahl	60—120	„
Schnelldrehstahl	450—1200	„
Naturharter Stahl	350—500	„
Wolframstahl	180	„

Nickelstahl	100—300 M.
Stahlformguß (für kleine bis große Gußstücke bezw.)	100—45 „
Massengußware do. do. .	40—25 „
Tempergußware	85—60 „
Kupfer (mit der Handelslage stark schwankend) .	140—200 „
Messing do. do. . .	160—250 „
Rotguß	180—200 „
Aluminiumbronze	150—200 „
Phosphorbronze	180—225 „
Weißmetall (je nach Güte)	100—200 „

In der folgenden Übersicht über die Festigkeitseigenschaften sind ebenfalls keine genauen Zahlenangaben möglich. Nicht etwa, daß sich Stücke ein und desselben Baustoffs verschiedenartig verhielten: unsere heutige Hüttentechnik liefert Baustoffe so gleichmäßiger Beschaffenheit, daß Festigkeitsproben desselben Fabrikats auch stets bis auf geringe Bruchteile genau dieselben Festigkeitsziffern liefern. Aber die Natur dieser Angaben **hier** bedingt Umfassung größerer Begriffsbereiche. Die Festigkeit von Flußeisen geht beispielsweise ganz allmählich in die von Flußstahl über, je nach den immer besseren Marken. So wird in manchen Fabriken Stahl genannt, was man in anderen mit Flußeisen bezeichnet. Insofern sind auch die nachfolgenden Zahlen nur relativ zu betrachten und veranschaulichen vor allem die Größenordnung.

In der folgenden Tafel bedeutet im einzelnen:

Die Zugfestigkeit diejenige Zugkraft, ausgedrückt in Kilogrammen, welche imstande ist, einen Stab von 1 qcm Querschnitt zu zerreißen.

Die Elastizitätsgrenze ist diejenige Zugkraft, ausgedrückt in Kilogrammen, der ein Stab von 1 qcm Querschnitt höchstens ausgesetzt sein darf, ohne sich bleibend zu verlängern. Für jede kleinere Kraft federt er bei Entlastung wieder auf seine ursprüngliche Länge zurück.

Die Bruchdehnung (das Maß der Zähigkeit) ist diejenige Strecke, ausgedrückt in Prozenten der ursprünglichen Stablänge, um die sich der überlastete Stab bis zum Augenblick des Zerreißens unter Einwirkung der Zugkraft verlängert hat.

Übersicht II.

Festigkeitszahlen für maschinentechnische Baustoffe.

Baustoff	Zugfestigkeit kg/qcm	Elastizitätsgrenze kg/qcm	Bruchdehnung %
Gußeisen	1200—2400	Nicht ausgeprägt	sehr wechselnd
Temperguß	2500—3200	1000—1500	5
Stahlformguß	4500—6000 und mehr	2000—3000 und mehr	8—10 und mehr
Schweißeisen	3000—4000	1300—1600	10—15
Flußeisen	3400—4400	1800—2300	20—25
Flußstahl	4500—9000	2500—4500	15—20
Schweißstahl	4000—6000	2000—3500	10—15
Tiegelgußstahl	5500—10000	3000—5000	20—15
Tiegelgußstahldraht	10000—19000	5000—10000	20
Naturharter Stahl (Krupp)	7900—9800	4000—5000	11—31
Nickelstahl	6000—7000	4000—4500	20—25
Kupfer	2000—2300 und höher	300—500	35—38
Kupferdraht	4000	1200	6—10
Messing gegossen	1500	650	13
Messingdraht	5000	1300	5
Rotguß	2000	900	6—20
Bronzedraht	4600—7100		
Alumiumbronze 91,5 Cu 8,5 Al	5000	500	52,5
Deltametall No. I	5000 (gegossen) bis 7000 (gewalzt)		6—23
Phosphorbronze	4000		
Stahlbronze (Oerlikon)	4400—5600	2800	15—25

B) Einige Bemerkungen zur Auswahl der Baustoffe.

An verschiedenen Stellen dieses Buches ist bereits von Gesichtspunkten die Rede gewesen, welche die Wahl der Baustoffe für die jeweiligen Verwendungszwecke bestimmen. Unsere soeben abgeschlossenen Betrachtungen liefern uns nun genügenden Stoff, um im Zusammenhang diese wichtige Frage kurz zu überblicken.

Die Wahl eines bestimmten Materials für einen bestimmten Maschinenteil ist abhängig hauptsächlich von folgenden Gesichtspunkten: Verwendungszweck, Festigkeit, Herstellbarkeit, Bearbeitungsmöglichkeit, Preis, Gewicht, physikalische Eigenschaften. Je nach dem Überwiegen des einen oder andren Gesichtspunkts oder dem Zusammentreffen mehrerer wird die Auswahl von vornherein eine beschränkte sein. Man wird z. B. Kraftmaschinenkurbeln, hochbeanspruchte Wellenzapfen und dgl. nur aus bestem Martinstahl oder Tiegelgußstahl herstellen können, da kein andrer Baustoff die bedeutenden Kräfte mit der gerade hier besonders wichtigen Sicherheit dauernd auszuhalten vermag. Anderseits wird es keinem Techniker einfallen, einen größeren Dampf- oder Gasmaschinenzylinder aus etwas anderem als Gußeisen zu konstruieren; denn wegen der verwickelten Formgebung dieses Herzens der Maschine ist die Herstellung nur durch Gießen möglich. Die gießbaren Kupferlegierungen sind acht- bis zehnmal so teuer wie Gußeisen, Stahlguß ist für verwickelte Gußstücke durch seine Zähflüssigkeit und andere Gründe ungeeignet, also bleibt nur Gußeisen als einzige Möglichkeit. So sehr ist dieser Baustoff für diesen Maschinenteil unumgänglich, daß der heute blühende Großgasmaschinenbau erst lebensfähig wurde in dem Augenblick, wo man einen Weg gefunden hatte, die gewaltigen Festigkeitsansprüche der explodierenden Gasmischungen durch gußeiserne Zylinder betriebssicher zu erfüllen.

Bei weniger zwingenden Anforderungen vermag der Konstrukteur dann auch auf andere Gesichtspunkte Rücksicht zu nehmen, in erster Linie auf den Preis. Die Lagerschalen z. B. werden bei kleinen einfachen Lagern stets aus Rotguß ausgeführt, da dieser den Bedürfnissen schneller und leichter Bearbeitung, großer Oberflächendichte und guter Festigkeit gleichmäßig entspricht. Ein Ersatz für Rotguß ist das Weißmetall, das jedoch so bröcklig ist, daß es eine gußeiserne Fassung erhalten muß. Hierdurch wird die Anfertigung einer verhältnismäßig verwickelt gestalteten Lagerschale nötig, deren Guß nur nach einem ebenso verwickelten Holzmodell erfolgen kann. Die Kosten dieses Modells, des Eisengusses und des Ausgießens der gußeisernen Schale mit Weißmetall übersteigen aber zusammen bei kleineren Lagern die Kosten einer Lagerschale ganz aus Rotguß erheblich, obwohl Rotguß 8 bis 10 mal soviel kostet, wie Gußeisen. Erst bei Lagern für Zapfen von mehr als etwa 100 mm Durchmesser steigen die mit dem Gewicht sich multiplizierenden

Kosten des Rotgusses höher, als die Lohnzuschläge für Anfertigung des verwickelteren Gußeisen-Weißmetallagers. Der Konstrukteur wird daher von einer bestimmten, von Fall zu Fall wohl zu erwägenden Grenze an, die Konstruktion, statt für Rotguß, für Gußeisen mit Weißmetalleinlage zu gestalten haben. Hier ist also der Preis ausschlaggebend.

Ganz allgemein entschieden ist die Kostenfrage für den Bau eiserner Traggerüste und Einzelträger, wie sie etwa der Lasthebemaschinenbau braucht. Noch Mitte des 19. Jahrhunderts steckten Walztechnik und Kenntnis der Konstruktionsgrundlagen gewalzten Flußeisens so sehr in den Kinderschuhen und waren daher die Kosten der Walzeisenkonstruktion so hoch, daß häufig die Entscheidung zugunsten des Gußeisens fiel. Heutzutage kommt dieser Baustoff für Träger nicht mehr in Betracht. Versuchen wir an Hand unserer Übersichtstafeln, uns die Verhältnisse klar zu legen:

Selbstverständlich kann man eine Kraft, eine Last ebenso gut durch einen gußeisernen Träger oder eine gußeiserne Säule aufnehmen, wie durch schmiedeeiserne. Der Träger muß nur jeweils genügende Querschnitte aufweisen. Wir ersehen nun aus Übersicht II, daß die Festigkeit des Gußeisens (1200—2400 kg/qcm) sich zu der des Flußeisens (3400—4400 kg/qcm) ungefähr verhält, wie 1 : 3. Von zwei Trägern aus Guß- und aus Flußeisen, die beide dieselbe Kraft auszuhalten haben, wird also der gußeiserne dreimal so große Querschnitte in allen Teilen aufzuweisen haben als der schmiedeeiserne; der erste wird also mindestens dreimal so schwer ausfallen als der zweite, ganz abgesehen von der an und für sich (aus Gußrücksichten) plumperen und weniger ausnutzbaren Formgebung gegossener Teile. Nun kosten 100 kg fertig gegossenen Gußeisens nach Übersicht I 20 bis 30 M, 100 kg fertig gewalzten Konstruktionseisens 15 bis 22 M. Es sind gegenüberzustellen die Kosten von 300 kg Gußeisen und 100 kg Konstruktionseisen. Also Kostenverhältnis der in gleich festen Trägern enthaltenen Rohstoffmengen: 60—90 M. bei Gußeisen gegen 15—22 M. bei Walzeisen = 4 : 1. Nun ist allerdings die Walzeisenkonstruktion bedeutend vielteiliger als die Gußeisenkonstruktion, denn die Walzeisenkonstruktion muß man mühsam aus den einmal gegebenen Profilen zusammenflicken, während man das Gußeisen nach Bedarf gießen kann. Doch ist die Verbindung der Einzelteile durch die billige Nietung nicht so kostspielig, daß sie den Preis der zusammengesetzten Träger auf das vierfache steigert. Selbst wenn sie es jedoch täte, so wären immer noch das große Eigengewicht und der beschwerliche Transport und Zusammenbau der Gußeisenträger starke Gründe zur Bevorzugung des Flußeisens.

Anders liegen die Verhältnisse für die Rahmen und Gestelle von Kraftmaschinen. Hier ist das bedeutende Gewicht der gußeisernen Kraftwiderlager gerade erwünscht. Die schwingende Maschine muß auf einem möglichst gewichtigen Klotz befestigt sein, um die nötige Standsicherheit zu besitzen. Auch stellen die rüttelnden, schnell und unaufhörlich wechselnden Kräfte einer Kraftmaschine bedeutend höhere Anforderungen an den Zusammenhang der Teile, als die langsamen, gemessenen Bewegungen der Hebemaschinen. Die billige Durchschnittsnietung ist daher für die Rahmen von Kraftmaschinen ungeeignet. Sie müßte mit besonderer Sorgfalt, d. h. auf kostspielige Weise, angefertigt und zum Teil durch andere teurere Verbindungen, wie Verschraubungen oder Zusammenschweißen der Teile ersetzt werden, wollte man annähernd gleiche Dauerhaftigkeit und Betriebssicherheit erzielen, wie die Rahmen „aus einem Guß" sie ohne weiteres bieten. Nur in den Fällen entschließt man sich daher für Lagerung von Kraftmaschinen auf flußeiserne Gerippe, wo geringes Gewicht unerläßliche Bedingung ist: im Fahrzeug-, Lokomotiv- und Schiffsmaschinenbau.

Aus diesen skizzenhaften Bemerkungen dürfte die Art und Weise, wie der Ingenieur seinen Baustoff auswählt, ungefähr hervorgehen. Eigenes Nachdenken über die rings um ihn her arbeitenden und entstehenden Maschinen wird dem Volontär weitere und ausreichende Erläuterung liefern. In Zweifelsfällen werden intelligente Arbeiter, sowie Meister und Betriebsingenieure zu befragen sein.

C. Halbfabrikate.

Auch mit den Halbfabrikaten hat der Maschinenfabrikant als mit gegebenen Baustoffen zu rechnen, etwa so, wie der Baumeister mit den Ziegeln und Balken.

Man versteht unter Halbfabrikaten der Eisenindustrie Rohstoffe, die schon in festliegende Abmessungen gebracht sind, an sich jedoch noch nicht fertige Maschinenteile darstellen. Man rechnet hierunter vor allem: profilierte Schienen und Träger, Drähte, Bleche und Rohre. Diese bezieht die Maschinenfabrik fertig von den meist mit den Hütten unmittelbar verbundenen Walzwerken.

Gründe der Fabrikationsteilung.

Es liegt also hier weitgehende Arbeitsteilung vor zwischen Maschinenfabrik einerseits und Hütte und Walzwerk andrerseits. Die Herstellung derartiger Halbfabrikate kann nur mit Hilfe gewaltigen Aufwands an Maschinenkraft vor sich gehen, es handle sich denn um ganz dünne Drähte oder Bleche, für deren Erzeugung wiederum besonders feine Maschinen und geschulte Bedienungsmannschaft erforderlich ist. Keine Maschinenfabrik der Welt aber vermag so große Mengen dieser Baustoffe zu verarbeiten, daß sie einer derartigen Maschinerie ständig Beschäftigung gäbe. Da es äußerst unwirtschaftlich wäre, diese teuren Anlagen den größten Teil der Zeit stillstehen, Zinsen fressen und Platz wegnehmen zu lassen, so ergibt sich ganz von selbst das Erwachsen besondrer Werke, die lediglich diese Halbfabrikate erzeugen. Da ferner die Formgebung der Halbfabrikate fast stets in glühendem Zustand erfolgt, so ist es sehr vorteilhaft, diese Werke unmittelbar mit den Hütten zu verbinden und womöglich das soeben erzeugte Eisen noch warm gleich in das Halbfabrikat zu verwandeln.

Normalprofile.

Liefert somit ein Walzwerk für eine große Anzahl von Abnehmern oder gar für den Weltmarkt, so ist eine, wie besprochen, typische Erscheinung der arbeitsteilenden Massenfabrikation ganz unausbleiblich: die Normalisierung. Hier ist sie insbesondere noch durch die auserordentliche Kostspieligkeit der erzeugenden Maschinen bedingt, welche für jede einzige Nummer des erzeugten Fabrikats besondere Vorrichtungen, bestimmte Walzen, Lehren usw. bedingen. Andrerseits wird diese Unbequemlichkeit, abermals ein Kennzeichen wirtschaftlich arbeitender Massenerzeugung, durch gewaltigen Umfang der erzeugten Mengen und durch äußerst gleichmäßige Beschaffenheit des Erzeugnisses reichlich aufgewogen.

Die Normalisierung in Halbfabrikaten beschränkt sich zu einem überwiegenden Teil nicht auf bestimmte Werke oder Werkgruppen, sondern ist erfreulicherweise national und für Deutschland in der Hauptsache im „Deutschen Normalprofilbuch für Walzeisen“ festgelegt. Eine besondere Kommission wacht ständig darüber, daß die Fortschritte der Technik in dieser Auswahl deutscher Walzwerkserzeugnisse zum Ausdruck kommen. Natürlich erzeugt jedes Walzwerk noch sozusagen seine „persönlichen“ Sondererzeugnisse, sodaß auch anormale Ansprüche jederzeit befriedigt werden können.

Es mögen an dieser Stelle die Hauptformen und Bennenungen der profilierten Erzeugnisse kurz Erwähnung finden. Benannt werden die Profileisen stets nach der Form des Querschnitts (Profils), wobei der Vergleich desselben mit den römischen großen Buchstaben üblich ist.

Die Hauptprofile sind:

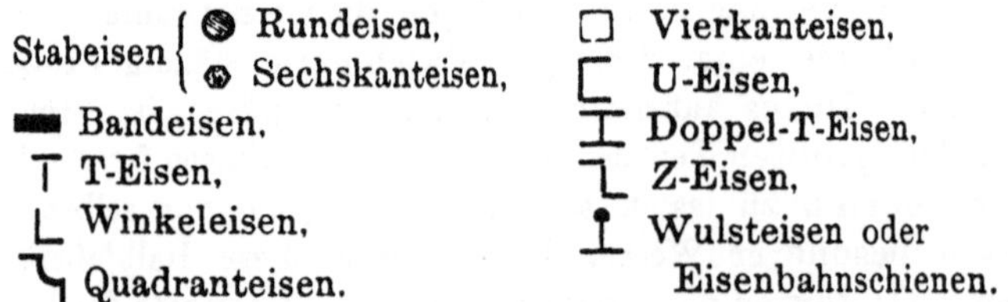

Die in den vorstehenden Andeutungen senkrechten Erstreckungen der Profileisen heißen Stege, die wagerechten: Flanschen. Bei der Eisenbahnschiene unterscheidet man Steg, Kopf und Sohle.

Walzen. Ein Überblick über die verschiedenen Erzeugungswege der Halbfabrikate wird uns sofort die Unumgänglichkeit der Normalisierung vor Augen führen.

Alle Behandlungen des Rohstoffes zur Erzeugung profilierter Schienen und Träger, Bleche oder Drähte beruhen auf der Eigenschaft der Schmiedbarkeit. Es kommen also nur schmiedbares Eisen (Schmiedeeisen und Stahl), Kupfer und die schmiedbaren Metalllegierungen, wie Deltametall, Phosphorbronze, Messing für die Verarbeitung in Halbfabrikate in Betracht.

Der hauptsächlich angewandte Erzeugungsweg, der auch den Werken den Namen gab, ist das Walzen. Es ist, glaube ich, unnötig, die Einzelheiten dieses Vorganges hier zu schildern. Das Walzen gehört ja zu denjenigen technischen Vorgängen, die durch ihren hohen künstlerischen Reiz u. a. einen Adolf v. Menzel begeisterten, und wegen der eindrucksvollen Entfaltung riesiger

Kräfte und hoher Glut auch Kreisen bekannt sind, die der Maschinenfabrikation sonst durchaus fernstehen. Die Feinheiten der dabei verwendeten Maschinen, Herstellung der Walzen u. a. m. kennen zu lernen, muß dem Hochschulstudium vorbehalten bleiben.

Hier sei nur bemerkt, daß durch Walzen sowohl Profilschienen, wie auch Bleche und Drähte erzeugt werden (und zwar teilweise in kaltem Zustand), und daß mit dem nachhaltigen Durchkneten der Stoffe eine außerordentliche Verbesserung ihrer Festigkeitseigenschaften eintritt.

Ziehen.

Nicht minder veredelnd wirkt auf den Baustoff das „Ziehen". Vorgewalzte Stäbe werden durch konisch verengte Löcher in gehärteten Stahlscheiben (Zieheisen) mit Zangen hindurchgezerrt. Infolge der Querschnittsverminderung im Konus erfolgt Verlängerung, da der Körperinhalt konstant bleiben muß. Auf jedem Zieheisen sitzen eine Anzahl Löcher (nicht immer runder, auch kantiger), deren jedes enger ist, als das vorhergehende. Je nach der Größe des endgültig erreichten Querschnitts sind die Erzeugnisse Stäbe oder Drähte. Auch Rohre von besonderer Vorzüglichkeit werden auf diesem Wege aus Bandeisen oder Metallen erzeugt. Für diese muß natürlich in das Loch ein konischer „Ziehdorn" hineinragen, der dann nur den Ringquerschnitt (das Rohrprofil) frei läßt. Das durcheinandergeknetete Material schweißt sich zu einem nahtlosen Ganzen.

Pressen.

Statt der vorn ziehenden Kraft kann man natürlich dieselbe Wirkung durch ein Pressen von hinten erzeugen. Füllt man einen Raum, der nur eine kleine Öffnung hat, mit heißem Metall, und übt auf dieses Metall einen gewaltigen Druck aus, so wird es aus der einzigen verbleibenden Öffnung heraustreten, wie etwa gehacktes Fleisch aus einer Fleischhackmaschine, und, zweckmäßig geführt, gerade Stangen oder Röhren ergeben, deren Profil der Gestalt des Loches kongruent ist. Diese Erzeugungsart ist nur bei Rohstoffen anwendbar, die bei Temperaturen weich werden, welche beträchtlich unter der Schmelztemperatur des Eisens liegen. Denn sonst würde bei der erforderlichen dauernden Berührung das Eisen der Presse schmelzen. Die Drucke, die für derartiges Pressen erforderlich werden, sind natürlich gewaltige und steigen bis auf 500 bis 700 kg/qcm und mehrere Millionen Kilogramm im ganzen. Das erzeugte Halbfabrikat bietet infolge der äußerst nachhaltigen

Durcharbeitung den höchsten für den jeweiligen Rohstoff möglichen Festigkeits- und Gleichmäßigkeitsgrad.

Die aus dem Physikunterricht bekannte bequeme Art, mittels hydraulischer Presse hohe Kräfte zu erzeugen und zu vervielfachen wird noch auf andere Weise für die Herstellung von Halbfabrikaten benutzt. Gewann hier das Metall aus sich selbst, lediglich durch Passieren einer profilierten Öffnung seine Form, so wird ihm bei dieser zweiten Methode die Form durch stählerne Stempel aufgeprägt. Da hierbei das glühende Metall nur kurze Zeit mit Preßstempel und Unterlage (Matrize) in Berührung kommt, so ist dieses Verfahren auch für Herstellung eiserner und stählerner Halbfabrikate geeignet. Es bildet eigentlich nichts weiter als ein Schmieden in höchster Vollendung: durch einen einzigen, noch dazu stoßlosen Druck wird das weißglühende Eisen in recht verwickelte Form gebracht. Im Abschnitt „Schmiede“ wird näher davon die Rede sein. An größeren Halbfabrikaten liefert die Presse vor allem die Dampfkesselböden und ähnliche Fassonbleche. Von den gepreßten Klein-Halbfabrikaten sind die Nieten für den Maschinenbau am wichtigsten.

Großschmiede. Schließlich spielt auch das gewöhnliche Schmieden in der Erzeugung von Halbfabrikaten eine Rolle, allerdings nicht für die normalisierten Massengüter, sondern für Sonderaufträge. Für Herstellung sehr großer oder hochwertiger Schmiedestücke pflegen die Maschinenfabriken keine ausreichenden Wärmöfen, Ambosse und vor allem genügend geschulten Arbeiter zu haben. Daher werden solche Stücke (große Kreuzköpfe, Wellen für Schiffe u. ä.) gleich fertig geschmiedet von den Hüttenwerken geliefert, bilden also gleichfalls Halbfabrikate.

Die Preise für Halbfabrikate hier zu nennen, würde zu weit führen. Für Metallhalbfabrikate gelten die in Übersicht I aufgeführten Preise pro 100 kg als sogenannte „Grundpreise“, zu denen für die einzelnen Marken je nach der Höhe der Walz-, Zieh- oder Preßkosten Zuschläge, sog. „Überpreise“ treten, die in seltenen Fällen (für Rohre) 100 Prozent überschreiten. Für Eisenhalbfabrikate liegt der Grundpreis etwa in der Höhe der für „Konstruktionseisen“ und Flußeisen aufgeführten Werte.

D. Fertig bezogene Fabrikate.

An Rohstoffe und Halbfabrikate reihen sich als fertig für die Maschinenfabrikation zur Verfügung stehende Bauteile eine große Reihe von Fertigfabrikaten. Sie entstehen, teilweise selbständige kleine Maschinchen bildend (Schmierpumpen usw.), unter Anwendung sämtlicher maschinenbautechnischer Verfahren, und daher ist auch ein Volontär, der in einer Fabrik für solche Fertigfabrikate, etwa Armaturen, arbeitet, in nicht minder guter Vorbereitung für seinen Beruf, als ein solcher, der in einer eigentlichen Maschinenfabrik lernt. Er ist im Gegenteil vielleicht diesem gegenüber im Vorteil, denn er lernt die entwickeltste Form der Fabrikation: die Massenerzeugung, durchaus kennen. Grund des Bezugs.

Nur Massenerzeugnisse werden naturgemäß von Maschinenfabriken fertig „von auswärts“ bezogen. Nur bei diesen bietet der Kauf Vorteile, die groß genug sind, den Maschinenfabrikanten zu veranlassen, Teile der Erzeugung, d. h. Möglichkeiten des Geldverdienens, aus der Hand zu geben. Nur wenige ganz große Werke sind z. B. imstande, sich ihre Schrauben billiger selbst herzustellen, als eine Schraubenfabrik sie ihnen liefert (welche noch daran verdient). Eine Fabrik, die nur Schrauben herstellt, ist gerade so unerreichbar in Schnelligkeit, Güte und Gleichmäßigkeit, und trotzdem Billigkeit der Arbeit, wie ein Arbeiter, der jahraus, jahrein dasselbe Stück bearbeitet. Beide haben sich die vorteilhaftesten Arbeitswege ausprobiert, beide sind mit den entsprechenden Maschinen versehen und nutzen sie aufs höchste aus. Es ist also ein wohlüberlegtes Rechenexempel, und nicht etwa „Bequemlichkeit“, wenn die Maschinenfabrik diejenigen Teile fertig von auswärts bezieht, die sie selbst keinesfalls billiger oder zweckentsprechender oder dauerhafter herzustellen vermag.

Die Ausbreitung der Massenfabrikation erweitert von Tag zu Tag die Liste dieser nicht unterbietbaren Fertigteile. Ja, es ist z.B. in der Fahrzeugindustrie schon soweit gekommen, daß einige französische und amerikanische Automobilwerke lediglich zusammenstellende Arbeit leisten und jeden einzelnen Bestandteil, selbst die Motoren, fertig von dritter Hand beziehen. Bei dieser Lage der Dinge ist ein Überblick über die fertig bezogenen Massenfabrikate nicht möglich. Wir möchten nur auf solche hier kurz hinweisen, die wegen ihrer einheitlich nationalen Normalisierung erhöhte Aufmerksamkeit beanspruchen.

Schrauben. Hierzu gehören in erster Linie die Schrauben. Sie besitzen sämtlich (auf dem ganzen Kontinent) gleiches Gewinde, das nach seinem Erfinder benannte Whitworthsche Gewinde, sodaß also auf eine deutsche 2″(spr: Zweizoll)-Schraube eine englische 2″-Mutter ohne weiteres paßt. Leider sind die Stufen, in denen sie hergestellt werden, nach Zollmaßen (dem jeweiligen Außendurchmesser des Gewindes) eingeteilt: Sie steigen von $^3/_{16}$″ an um je $^1/_{16}$″ bis zu 1″, hernach um je $^1/_8$″ bis zu 2″ und um je $^1/_4$″ bis 6″ Durchmesser. Die Störung, die dieser „Zopf“ in die gesamte technische Rechnung hineinträgt, ist ganz unleidlich, und seit langer Zeit bemühen sich die größten Vereinigungen vergeblich, ein Millimeter-System, das sogenannte metrische System, einzuführen — mit anscheinendem Erfolg neuerdings die Werkzeugmaschinenfabriken mit dem Système International (S.-I.-Gewinde). Immer wieder scheitern die Bemühungen für eine metrische Welt-Einheitsschraube an dem mangelnden Anschluß Englands und der Vereinigten Staaten, sowie an den gewaltigen Kapitalien, die durch eine Änderung des bestehenden Zustandes entwertet würden.

Rohre. Ebenfalls nach Zollen „lichter Weite“ geordnet sind die normalisierten Gasrohre mit ihren Paßstücken. Sie werden im Maschinenbau natürlich nur in seltenen Fällen tatsächlich als Fortleitungen von Gasen benutzt, schon deshalb, weil die Gase, mit denen der Maschinenbau arbeitet, meist so hochgespannte sind, daß die für Leuchtgas von atmosphärischem Druck bestimmten dünnen Normalrohre nicht fest genug wären. Aber wegen ihrer weitgehenden und bequemen Zusammenfügbarkeit (und nötigenfalls Biegsamkeit) werden sie in vielseitigster Weise als Wasser- und Ölleitungen, sowie als leichtwiegende Geländer u. dgl. mit Vorliebe benutzt. Es ist für den Volontär von besondrer Wichtigkeit, sich über die Art der Verwendung von Gasrohren, vor allem auch durch eigenes Mithelfen bei ihrer Einfügung in Maschinen, genau zu unterrichten. Denn es hält schwer, auf der Hochschule die Vorzüge dieses unscheinbaren Hilfsmittels und die Eigenart seiner Handhabung lehrend zu erschöpfen. Werkstattsmäßige Kenntnis ist später große Erleichterung für die richtige und rasche konstruktive Einfügung der Gasrohre.

Die Gasrohre haben ein in seiner Gangzahl pro Zoll, nicht aber in seiner Gestalt abweichendes eigenes „Gasgewinde“, für dessen Herstellung besondere einfache Schneidwerkzeuge dienen

Es wird deshalb auch gern an anderen runden Stangen, Wellen oder Löchern angebracht, selbst, wenn ein Anschluß an Gasrohre nicht erfolgen soll. Das Gasgewinde vereint in seinen vielfachen, feinen und wenig tiefen Gängen den Vorzug, das mit ihm versehene Material nicht erheblich zu verschwächen und gleichzeitig gegen gepreßte luftförmige Stoffe hervorragend gut abzudichten, besonders, wenn es mit roter Mennige vor dem Einschrauben bestrichen wird.

Von Rohren werden ferner fertig bezogen: Siederohre für Dampfkessel, den Gasrohren ganz ähnlich und wie sie aus Schmiedeeisen nach besonderen Verfahren gewalzt, dann Hochdruck-Stahlröhren, Kupfer- und Metallröhren. Von besonderer Wichtigkeit sind die für Dampf- und Wasserleitungen benutzten gußeisernen Röhren, die ebenfalls mitsamt ihren Verzweigungsstücken, sog. „Formstücken", normalisiert sind.

Am besten wird sich der Volontär über die verschiedenen Rohrsyteme und Anschlußmöglichkeiten belehren, wenn er sich bemüht, in der Fabrik nach und nach mit eignen Augen zu sehen und kennen zu lernen die folgenden fachmäßig benannten Rohrformstücke:

Flanschen, Flanschringe, Blindflanschen.
Dichtungslinsen.
Flanschenröhren, Muffenröhren; Krümmer, T-Stücke, Kreuzstücke, Kniestücke, Abzweige, Doppelabzweige, Übermuffen.
Rohrmuttern, Rohrkontermuttern, Überwurfmuttern, Stöpsel, Kappen, Nippel an Gasrohren.
Galloway-, Field-Rohre, Wellrohre, Flammrohre in Dampfkesseln; Kompensationsrohre in Rohrleitungen.

Rohrzubehör.

Die wichtigsten Zubehörteile zu Rohrleitungen: Ventile (Eck-, Wechsel-, Schnellschluß-, Sicherheitsventile), Schieber, Hähne werden gleichfalls stets fertig von Spezialfabriken bezogen, es müßte denn sein, daß besonders verwickelte Aufgaben durch solche Organe zu erfüllen wären.

Schmiervorrichtungen.

Mit diesen Fertigteilen, die bereits ziemlich verwickelter Natur und Herstellung sein können, trotz aller Normalisierung, betreten wir das große Gebiet der vielteiligen Fertigfabrikate, das nun in den verschiedenen Maschinenfabriken je nach der Natur der fabrizierten

Maschinengattung wechselt. Fast alle bedürfen der Anschaffung von fertigen Ölvorrichtungen, deren Preis durch scharfe Konkurrenz der Spezialfirmen so gedrückt und deren Mechanismus dank der vorgeschrittenen Schmierungstechnik so entwickelt ist, daß Eigenherstellung seitens der verbrauchenden Maschinenfabriken durchweg unlohnend geworden ist. Auch auf die Beachtung dieser oft unscheinbaren Vorrichtungen zum Schmieren sei hier mit allem Nachdruck hingewiesen. Auch die Anbringung und Gestaltung der Schmiervorrichtungen ist ein Gebiet, das im Hörsaal kaum gelehrt werden kann, und jedenfalls heute an keiner Hochschule als Sondergebiet gepflegt wird. Die Aneignung der Kenntnisse nach und nach bei den Konstruktionsübungen ist mühsam, zeitraubend und lenkt den Blick von den Hauptaufgaben leicht ab. Dem jedoch, der während des praktischen Jahrs den Einzelheiten der Schmierung die nötige Beachtung geschenkt hat, werden diese zeitraubenden und lästigen Schwierigkeiten erspart bleiben. Sicherlich ist die Schmierung eins der wichtigsten, wenn nicht schlechthin das wichtigste Nebengebiet des Maschinenbaus und obendrein mit vielen „Kniffen" verbunden, die ja dem echten Ingenieur stets besondre Freude bereiten.

Schmiermittel. Als Abschweifung vom eigentlichen Thema möge hier nur angedeutet werden, daß es hauptsächlich drei Arten von Schmiermitteln gibt: 1. Die konsistenten, salbenförmigen — teils dem Pflanzen- oder Tierreich, teils dem Mineralreich entstammend; sie werden angewandt für untergeordnete Gelenke und Lager. 2. Die dünnflüssigen Mineralöle, die bei gewöhnlicher Temperatur leicht tropfen und für die Schmierung aller an freier Luft befindlichen Gelenke und Lager dienen. 3. Die schwerflüssigen Mineralöle, die ihren geeigneten Flüssigkeitsgrad erst bei der Wärme in den Kraftmaschinenzylindern annehmen und daher unter dem Namen „Zylinderöle" diesen wichtigsten Schmierstellen vorbehalten sind.

Auf die äußerst mannigfaltigen Vorrichtungen zum Hineinbefördern, Auffangen, Reinigen und Wiederverwenden des Öls kann hier nur aufmerksam gemacht werden. Eine moderne Kraftmaschine gleicht mit ihrer Zentralölung in der Tat unserem blutdurchströmten menschlichen Organismus. Auch hier seien die Namen einiger der wichtigsten Ölvorrichtnngen aufgeführt und dem Praktikanten dringend empfohlen, sich über die Bedeutung dieser Fachbezeichnungen durch Augenschein und Frage zu unterrichten.

Tovote- und Staufferbüchse, Nadelschmierapparat, Federdruck- und Tropföler, Ölfänger, Abstreiföler, Teleskopöler, Dochtöler, Ölschalen, Ringschmierung, Schleuderölring, Schmiernuten (Verlauf? Querschnitt?), Hochbehälterölung, Preßölschmierung, Zentralölung, Ölpumpen (Mollerup). —

Das Gebiet der für den Maschinenfabrikanten heutzutage fertig vorliegenden Baustoffe und Bauteile ist hiermit in der Hauptsache umschrieben. Wir gehen nunmehr dazu über, die Eigenerzeugung der Maschinenteile zu besprechen.

Vierter Teil.

Abschnitt 10.

Gießerei, einschließlich Modelltischlerei.

Gießerei und Modelltischlerei bilden sinngemäß ein einziges Ganzes. Die einfachen Gründe der Feuersicherheit machen aber stets ihre Unterbringung in zwei vollständig getrennten, wenn auch benachbarten Gebäuden nötig. Leider verbindet sich hiermit für die Werke die Gepflogenheit. beide Betriebe und ihre Meister selbständig nebeneinander zu ordnen, statt, wie es besser für die Erzeugung wäre, die Modelltischlerei in allen Stücken der Gießerei unterzuordnen. Für den Volontär bringt die räumliche Trennung geringe Übersichtlichkeit mit sich. Jedenfalls ist das Treiben in der Modelltischlerei ohne ausgiebige Kenntnis des Formens nicht zu verstehen. Falls daher Anordnungen der Werkoberleitung den Volontär in der Modelltischlerei einstellen wollen, ohne daß er vorher die Gießerei „durchgemacht" hat, so kann jedem Praktikanten nur der Rat gegeben werden, sich gegen diese Maßregel zu sträuben, soweit es in den Grenzen der Achtung vor der Oberleitung und bei bescheidenem Auftreten möglich ist. Andrenfalls bleibt kein andres Mittel, als während der praktischen Tätigkeit in der Modellschreinerei soviel, wie irgend möglich, sich in der Gießerei über die Anwendung der Modelle, Schablonen und Kernkästen durch den Augenschein zu belehren. Da dem Verfasser bekannt ist, daß vielfach die Gewohnheit herrscht, die Arbeit in der Modellschreinerei derjenigen in der Gießerei vorzuordnen, und da in manchen Werken, insbesondere Eisenbahnwerkstätten, Gießereien überhaupt fehlen, so soll im folgenden auf die Technik des Formens und Gießens etwas ausführlicher eingegangen werden. Den Augenschein zu ersetzen wird jedoch nicht einmal versucht werden. —

Die Herstellung von Gußstücken setzt sich aus drei Hauptvorgängen zusammen: dem Herstellen der Form, dem Schmelzen und dem Gießen. In dieser Reihenfolge mögen sie besprochen werden.

Herstellung der Form.

Jeder Rohstoff, dem man durch Gießen eine bestimmte Form verleihen will, muß zu diesem Zweck in eine Form gegossen werden, die alle seine Erhöhungen als Vertiefungen, alle seine Höhlungen als Vollkörper, alle seine Wandungen als Hohlräume zeigt, also in allen Stücken sein „Negativ“ ist. Die Regel ist, daß dieses Negativ in der Weise erzeugt wird, daß ein dem zu bildenden Gußstück kongruentes „Modell“ aus (vorläufig) beliebigem Stoff in bildsamer Masse abgedrückt wird. Nach vorsichtigem Herausheben des Modells behält die „Form“ ihre Gestalt und gibt, mit erstarrendem Rohstoff angefüllt, diesem die gewünschte Form. Eine derartige rein oberflächliche Vollfüllung eines nackt daliegenden, unüberdeckten Negativs hat natürlich zur Folge, daß die freie obere Fläche des mit der Fasson nach unten liegenden Gußstücks (der Flüssigkeitsspiegel des flüssigen Metalls) eben wird. Nur selten kann man sich mit solchem „Herdguß“ begnügen. Will ich dagegen beispielsweise eine Kugel gießen, so muß ich eine Modellkugel ganz um und um in bildsamer Masse einformen und herausheben. Ich habe dann eine Hohlkugel vor mir, die mit Gußstoff angefüllt eine Kugel ergibt.

Herdguß.

Teilung und Formgebung der Modelle.

Bereits bei diesem einfachen Beispiel zeigt sich jedoch, daß die Sache nicht so rasch getan ist, wie gesagt. Wie soll man denn die Modellkugel aus dem Formstoff herausbringen, ohne diesen durch den größten Kreis der Kugel beiseite zu schieben und so das Negativ zu zerstören? Wir können uns nicht anders helfen, als dadurch, daß wir die Modellkugel durch Zerschneiden längs eines größten Kreises zweiteilig machen und zunächst die eine Hälfte mit der Ebene nach oben einformen. Hierbei wird die Halbkugel ganz in einen Rahmen mit Formmasse eingesenkt, sodaß ihr größter Kreis und die Oberfläche der Form eine einzige Ebene bilden. Nunmehr legt man die zweite Halbkugel mit ihrem größten Kreis auf den der ersten und sorgt, daß sie sich nicht seitlich verschieben kann. Umgibt man nun die obere Hälfte mit einem gleichen Rahmen wie die untere, und erfüllt ihn ebenfalls mit bildsamer Masse, stellt also sozusagen ein Spiegelbild des Unterrahmens her, so kann man nach vollendeter Füllung den oberen Rahmen mit Form und oberer Halbkugel von dem unteren abheben. Die Oberebene des Unterrahmens hat dabei die Unterfläche des Oberrahmens gleichfalls als Ebene entstehen lassen. Legen wir jetzt den Oberrahmen auf den Rücken neben den Unterrahmen, so haben wir zwei genau gleiche Bilder vor uns: in jedem Rahmen steckt eine Halbkugel bis zu ihrem größten Kreis in Formmaterial mit ebener Oberfläche. Jetzt ist das Herausheben beider getrennter Halbkugeln ohne weiteres möglich, da der größte Kreis oben ist, also das Modell sich ständig nach unten „verjüngt". Nach dem Herausheben zeigen sich zwei Hohlhalbkugeln in dem Formmaterial. Legen wir wieder die zusammengehörigen Seiten der beiden Rahmen aufeinander, so decken sich jetzt, falls die Rahmen eine Vorrichtung besitzen, die ihre gegenseitige Lage immer wieder in gleicher Weise bewirkt, alle Umrisse wie vorher, nur daß an Stelle des Modells ein leerer Raum getreten ist. Da dieser in der Mitte liegt, kann ich aber nun noch nichts hinein gießen. Der Former hat also von vornherein einen Gießkanal bis zur Höhlung auszusparen, durch welchen er das Gußgut hineinzugießen vermag. Ferner muß ein zweiter, sogenannter „Steigkanal" oder „Steiger" vorgesehen werden, durch den die Luft entweichen kann, und der seinen Namen daher führt, daß man aus dem Steigen des Metallspiegels in ihm beurteilen kann, wann das Gußgut die Form ganz erfüllt. Nach erfolgtem Guß wird die Form im allgemeinen zerstört und das Modell liegt frei, höchstens durch anhaftendes Formmaterial verunreinigt, das noch „abgeputzt" werden muß.

Wir sehen, daß selbst einfache Körper schon schwierig zu gießen sind. In der eben beschriebenen Tätigkeitsfolge haben wir das Urbeispiel aller Formerei, an dem wir uns bereits über fast alle Vorgänge in der Formerwerkstatt belehren können.

Folgende Einzelteile sind also zum Einzelguß unbedingt nötig: das Modell, der Formstoff und der Formrahmen, oder wie der Former sich ausdrückt: der Formkasten. Welche Bedingungen hat jedes von ihnen zu erfüllen und wie werden sie erfüllt?

Das Modell muß in der Regel zwei- oder mehrteilig sein. Die Teilung des Modells hat stets und unbedingt so zu erfolgen. daß von der Teilebene aus gerechnet sich alle Teile verjüngen. Geometrisch ausgedrückt bedeutet das: Der Umfang jeder zur Teilebene parallelen Ebene muß stets gleich oder kleiner sein, als alle Umfänge der zwischen ihr und der Teilebene liegenden Parallelebenen und darf ihre Umrisse mit keinem Vorsprung überragen. Andernfalls würde solche Hervorragung beim Herausheben nach oben allen über ihr lagernden Formstoff mitnehmen und dadurch die Form entstellen oder zerstören. Die dritte Bedingung ist, daß beide (oder alle) Hälften oder Teile so beschaffen sind, daß sie sich in der Teilebene nicht gegeneinander verschieben können. Die vierte Anforderung entsteht aus der Notwendigkeit, das Halbmodell leicht aus dem dicht angeschmiegten Formstoff herauszuheben. Hierzu kommen die allgemeinen maschinentechnischen Anforderungen der Dauerhaftigkeit, Festigkeit, leichten Herstellbarkeit und Billigkeit.

Um bei der letzten Gruppe von Bedingungen anzufangen, so erfüllt das Holz sie alle aufs vortrefflichste und dient daher fast ausnahmslos als Rohstoff der Modelle. Die Maßnahmen für leichtes Herausheben aus der Form beginnen schon im Konstruktionsbureau, wo der entwerfende Ingenieur möglichst die rein prismatische oder zylindrische Form (Basis: Teilebene) in schwach pyramidale oder konische wandelt, sodaß das Gesetz der ständigen Verjüngung stets ausgesprochen zur Geltung kommt. Liegt das Modell im Formstoff, so bietet es, nur in seiner Teilebene sichtbar, keinen Angriffspunkt zum Herausheben; der Tischler bohrt daher in beide Teilebenen mindestens ein Gewinde, in die der Former beim Herausheben Handgriffe einschraubt. Wird das Holzmodell noch mit Schellack bestrichen und werden alle Kanten sorgfältig „gebrochen" d. h. abgerundet, so hat damit der Schreiner alles getan, was in seiner Macht steht, um leichtes Herausheben aus der Form zu bewirken, wofür sich wiederum das Holz wegen seiner Leichtigkeit ganz besonders gut eignet. Der Former bestreut obendrein das Modell vor seiner Überdeckung mit Formstoff noch mit Graphit oder Bärlappsamen (Lykopodium), sodaß es leicht „losläßt". Außer dem Gewinde für den Hebegriff bekommt die eine Hälfte in der Teilebene zwei vorstehende Stifte (Dübel) eingebohrt, die in zwei auf der anderen Hälfte eingelassene Dübelhülsen genau passend eingreifen, wenn die Konturen der Teilebenen sich genau decken. Hierdurch wird die dritte Bedingung der Unverschiebbarkeit erfüllt.

Kommen die Folgen dieser Bedingungen wesentlich nur in der Werkstatt zum Ausdruck, so haben wir in den Bedingungen für die Teilbarkeit des Modells solche vor uns, die bereits der Konstrukteur beim Entwurf berücksichtigen kann und berücksichtigen muß. Diese Fragen sind daher für jeden Ingenieur sorgsamsten Studiums wert. Die Gießereitechnik steht zwar heute auf einer solchen Höhe, daß schlechthin alles geformt und gegossen werden kann, aber mit welch verwickelten und kostspieligen Mitteln und mit welch geringem Grad von Zuverlässigkeit im Guß und im Betrieb! Die Summen, welche ein Ingenieur erspart, wenn er so konstruiert, daß seine Modelle immer möglichst einfach, zweiteilig gehalten werden können, sind um so beachtenswerter, als sie sich mit der Zahl der Abgüsse vervielfachen.

Die Teilung der Modelle sicher beurteilen zu können und über die Mittel nachzudenken, welche bei den verschiedenen typischen Maschinenteilen zu einfachster Teilung führen, ist die Hauptaufgabe des Aufenthalts in der Modellschreinerei und Gießerei. Es ist sehr dienlich, sich mit der seitens der Tischler gewählten Teilung nicht als mit der einzig möglichen zufrieden zu geben. Vielmehr versuche man stets herauszufinden, ob vielleicht eine andere Zerteilung vorteilhafter gewesen wäre, oder welche Gründe zwingend zu der Wahl der ausgeführten Teilung geführt haben. Fleißige Unterhaltung mit Tischlern, Meister und Ingenieur im Falle von Unklarheit über diese Gründe muß gepflogen werden. Kurz, der Volontär soll kein Mittel unterlassen, sich über die Frage der Teilung der Modelle derart zu belehren, daß ihm im späteren Studium und Beruf die gußtechnische Anschauungsweise aller Gußkörperformen völlig in Fleisch und Blut übergegangen ist.

Formmaterial. Aus der Modelltischlerei gelangen wir bei der Frage des Formstoffs in die Formerei. Die vom Formstoff zu erfüllenden Bedingungen hängen, abgesehen von der nötigen Bildsamkeit, ausschließlich von dem Gußgut ab. Wir fassen hier vor allem Gußeisen als Gußstoff ins Auge. Denn die „Metall“- oder Gelbgießerei weicht nur in Nebenpunkten von der Eisengießerei ab und wird auch vielfach gegenüber den Praktikanten als verbotenes Gelände gewahrt. Gründe hierfür liegen in bestimmten Metalllegierungen und Gießereikniffen, die häufig Fabrikgeheimnis sind, und in der Gesundheitsschädlichkeit des Betriebs, der vielfach Berufskrankheiten erzeugt. Die für die Eigenschaften des Formstoffes ausschlaggebenden Bedingungen sind also: Erstens hohe Temperaturbeständigkeit wegen der Hitze des flüssigen Metalls. Ferner hat flüssiges Eisen in ganz besonders hohem Maße die Eigenschaft aller Flüssigkeiten: gasförmige Stoffe zu absorbieren. Diese gibt es beim Erkalten wieder frei. Das Formmaterial muß also zweitens auch für Gase durchlässig sein. Hieraus erklärt sich, wieso die Wahl auf pulverförmige Körper als Formstoffe fallen muß, eine Wahl, die wegen der scheinbar geringen Haltbarkeit solcher Formen auf den ersten Blick befremdet.

Sand ist das beste Formgut für Eisenguß, insbesondre der nach den Erfahrungen von Generationen künstlich zusammengemischte feine Formsand. Er besteht im wesentlichen aus Kieselsäure (d. i. sozusagen chemisch reiner Sand), Tonerde, Kalk und Eisenoxyd; bisweilen erhält er Beimischungen geringer Mengen von Magnesia, Alkalien und organischen Substanzen (Pferdemist o. ä.). Die freie Kieselsäure macht ihn feuerbeständig, die Bildsamkeit rührt von dem Gehalt an Tonerde her, in Verbindung mit dem teils chemisch, teils mechanisch gebundenen Wasser. Bei der Berührung mit dem geschmolzenen Metall oder beim Brennen im Trockenofen tritt chemische Entwässerung der Kieselsäureverbindung und Verdampfung des mechanisch gebundenen Wassers ein. Hierdurch verliert der Formsand seine plastischen Eigenschaften, gewinnt jedoch an Gasdurchlässigkeit. Er wird dabei also nicht nur aus feuchtem Sand trockener Sand, sondern verändert auch seine chemische Beschaffenheit. Eine Auffrischung durch Beimengung frischer Kieselsäure-Wasser-Verbindungen wird daher stets vonnöten sein. Auch dann ist benutzter Sand nicht beliebig oft wieder benutzbar. Seine „Lebensdauer“ hängt hauptsächlich von seiner Feuerbeständigkeit ab. Diese gibt also ein Maß für den wirtschaftlichen Wert des Formsands. Sie beruht in dem Gehalt an freier Kieselsäure. Die chemische Prüfung des gekauften Formsands liefert also eine vorzügliche Grundlage des Werturteils. Wie bei der Markenbezeichnung des Gußeisen (siehe S. 85) finden sich auch im Formsandhandel an sich nichtssagende Benennungen, die nur dem Eingeweihten verständlich sind. Auch hier jedoch sind Bestrebungen im Gange, die chemische Analyse

Sand.

für die Kennzeichnung in wünschenswerter Weise zugrunde zu legen. Der Gattierung der Roheisensorten entspricht eine Zusammenstellung der Sandbestandteile bei seiner erstmaligen Mischung, die entweder von Hand oder schneller und besser durch Formsand-Mischmaschinen erfolgt, wie man sie in fast jeder größeren Gießerei heute antrifft.

Die Gebrechlichkeit derartiger reiner Magersandformen ist natürlich groß. Über die Mittel, sie widerstandsfähiger zu machen (Formstifte, Stampfen u. dgl.), muß sich der Volontär durch Augenschein belehren. Die Wichtigkeit wohlabgerundeter Kanten, oder besser: die Unmöglichkeit, scharfe Kanten ausreichend gegen „Wegschwimmen" des Sandes zu sichern, muß er sich als unerläßliche Konstruktionsregel für Studium und Beruf selbst ausprobieren. Gußstücke dürfen nicht scharfkantig konstruiert werden. (Welche Ausnahmen?)

Masse. Bei größeren Gußformen kommt man schließlich mit magerem Formsand nicht mehr aus. Er vermag schwebend nicht mehr sein Eigengewicht, ruhend nicht mehr den Druck eingelegter Formteile auszuhalten. Man erhöht daher seinen Gehalt an Bindemittel: an Ton. So entsteht sehr fetter Formsand, sogenannte „Masse". Die „Masse" ist zwar widerstandsfähiger, sodaß man selbst die größten Gußstücke in ihr formen kann, aber auch weniger gasdurchlässig, als Magersand. Die flüchtige Erhitzung beim Eingießen des Eisens macht die Masse nicht schnell genug porös, die Gase können nicht schnell genug entweichen, die Form steht in Gefahr zu explodieren, das Eisen wird blasig, da es seines Gases sich nicht nach außen entledigen kann. Masseformen müssen daher stets stundenlang gleichmäßig getrocknet werden, was bei unbeweglichen Formen mit Stichflammen, bei verfahrbaren im Trockenofen geschieht. (Temperatur des Trockenofens? Dauer des Trocknens? Brennstoffaufwand?)

Lehm. Neben der Masse ist für große Gußkörper einfacherer Gestaltung die billigere Verwendung des Lehms üblich, der sich wegen seiner Porosität in getrocknetem Zustand und seiner hervorragenden Bildsamkeit in nassem vorzüglich zu Gußformen eignet. Er bedingt gleichfalls ausgiebigste Warmtrocknung.

Die Aufgaben des Formmaterials werden vom Former in mannigfachster Weise unterstützt: so schafft er mittels des sogenannten „Luftspießes" millimeterfeine Kanälchen in kleinen Formen, mittels eingelegter, vor dem Guß entfernter runder Stäbe große Kanäle bei Großformen, um den massenhaft freiwerdenden Gasen besondere Auswege zu bieten. Die Dauerhaftigkeit wird erhöht durch nachdrückliches Stampfen und Zusammendrücken des Formsandes — eine Handhabung, die dauerhafteste Ausführung der darunter liegenden Modelle bedingt. Alle derartigen kleinen Handwerksmaßnahmen müssen der eignen Beobachtung durchaus überlassen werden. Immer wieder sei betont, daß eigenes Nachdenken hierbei besser ist, als vorschnelles Fragen, — stets aber Fragen besser, als unverständliche Maßnahmen schweigend mit anzusehen.

Die Bedingungen, welche endlich die Formkästen erfüllen müssen, sind einfachster Natur und werden mit einfachsten Mitteln erfüllt. Durch zwei sorgsam passende Stifte- und Ösenpaare am Rande der (gußeisernen) Rahmen wird gewährleistet, daß sie stets abweichungslos übereinander zu liegen kommen. Größere Formkästen, die oft nur noch mit Kränen bewegt werden können, haben noch an der Innenseite senkrechte gegenüberliegende Nuten, zwischen denen Eisengitter mit Keilen befestigt werden. An ihnen findet die Formmasse willkommenen Halt. Formkästen.

Nachdem wir so an Hand der (wenn wir vom Herdguß absehen) einfachsten Abformung uns über die ersten Grundlagen des Formens klar geworden sind, müssen wir diese ergänzen, indem wir nunmehr an diejenige gußtechnische Aufgabe herantreten, die der Maschinenbau **hauptsächlich** an die Formerei stellt: die **Erzeugung hohler Gußkörper.**

Knüpfen wir an unser erstes Beispiel an: Wir wollen eine **Hohlkugel** gießen. Wie erzeugen wir die Form?

Es muß nichts weiter geschehen, als verhindert werden, daß der ganze vorher geschaffene Raum voll Eisen läuft. Wir füllen also einfach den Raum, der fürs Eisen versperrt sein soll, ebenfalls mit Formsand aus: wir stellen einen „**Kern**" her, den wir in die ursprüngliche Form hineinlegen. Hieraus ersehen wir, daß es für die Herstellung eines Modells belanglos ist, ob der zu erzeugende Körper voll oder hohl ist. **Das Modell liefert immer nur die Außenform.** Ich kann in diese Außenform nach Belieben verschiedene Hohlräume hineingießen, je nach den Kernen, die ich in die hohle Form einlege. Kerne.

Wie erzeuge ich einen solchen Kern? War die Form das Negativ des Modells, so ist der Kern das Positiv des sog. Kernkastens; ich erzeuge ihn auf dieselbe Weise, wie einen vollen Gußkörper in der Sandform, nur mit dem Unterschied, daß ich statt des Formsandes Holz, statt des hineingegossenen Metalls hineingestopften, festgestampften Formsand treten lasse. Ein Kernkasten ist, volkstümlich ausgedrückt, nichts anderes, als die bekannten zweiteiligen Kuchenformen. In unserem gewählten Falle müßte ich also aus zwei Holzblöcken je eine hohle Halbkugel herausdrechseln, beide Blöcke mittels der bereits bekannten Verdübelung aufeinanderpassen, sodaß die beiden größten Kreise genau kongruieren, und mir zu dieser in den Kasten eingeschlossenen Hohlkugel durch Bohrung eines Loches den Weg von außen bahnen. Nunmehr kann ich beide Hälften mit einer Klammer oder Schraubzwinge zusammenhalten und die Hohlkugel mit „Masse" erfüllen. Sand würde beim Einlegen des Kerns in die Form oder schon beim Transport zerbröckeln. Durch das Zugangsloch hindurch wird die Füllung festgestampft (die Kernkästen müssen deshalb äußerst dickwandig sein) und nach Auseinanderklappen der beiden Hälften (wie Schalen einer Walnuß) der Kern herausgenommen und im Ofen gebrannt. Er ist nun ziemlich fest und kann in die Form eingelegt werden.

Kernstützen. Jetzt taucht eine neue Schwierigkeit auf. Der Kern soll rings von Eisen umspült werden, darf also die Wand der Form nirgends berühren; und obenein soll der Hohlraum zwischen Kern und Wand überall gleich weit sein. Wir könnten uns durch die vielfach verwendeten „Kernstützen" helfen. Diese bestehen aus zwei kleinen viereckigen Stützblechen, die, durch zwei Distanzbolzen verbunden, ihren Abstand denjenigen Teilen mitteilen, zwischen die sie geschoben sind. Sie schmelzen mit ins Eisen hinein. Wir könnten also rings die Kernkugel durch Kernstützen gegen die Hohlkugelwendung absteifen und sozusagen in der Schwebe halten.

Kernlöcher. Eine neue Schwierigkeit tritt jedoch auf. Gösse ich nun, so erhielte ich eine Hohlkugel aus Eisen, aus der der Sandkern nicht zu entfernen wäre. Wir sehen, daß es untunlich ist, einen allseitig geschlossenen Hohlkörper zu gießen. Für das Ausräumen des Gußkerns müssen von vornherein Löcher gelassen werden, die so wichtigen Kernlöcher, die mit Vorliebe vom Neuling im Bureau vergessen werden und ihm dem Gießereileiter gegenüber die Blöße ungenügenden werkstattmäßigen Gefühls geben.

Es sollte in der Tat keinem Ingenieur zustoßen, der sich in der Gießerei auskennt. Muß der Hohlraum unbedingt geschlossen werden (Kühlmäntel, Heizmäntel, doppelwandige Deckel u. ä.), so müssen die Kernlöcher nachträglich mit Gas-Gewinde versehen und durch einen „Gasstopfen“ d. h. einen Eisenpfropf verschraubt werden. Andernfalls läßt man sie einfach offen.

Was bedeutet nun dieses Kernloch für den Kern? Es zeigt sich am Kern als Positiv, d. h. der Kern bekommt einen runden (weil leicht auf der Drechselbank auszudrehenden) Fortsatz oder Zapfen, den wir gleich zwiefach verwenden können. Im Kernkasten ist das ein Hohlzylinder, ein Kanal-Ansatz: wir können ihn als Zugangskanal für das Einfüllen und Stampfen ausnutzen. In der Form muß der Ansatz den ganzen Hohlraum durchsetzen, damit wirklich ein Loch in der Eisenwandung entsteht. Bringen wir an zwei gegenüberliegenden Stellen der Kernkugel je so einen Zapfen an, so bekommen wir einmal ein bequemes „Ausputzen“ der gegossenen Hohlkugel vom Sand, der innen darin steckt, weil wir mit dem „Putzhaken“ durch und durch fahren können; dann aber vor allem stützt sich nun der Kern durch die beiden Ansätze von selbst in der Hohlform ab, sodaß wir der umständlichen Kernstützen entraten können.

Kernmarken.

Um dem Kern eine gesicherte Lage in der Form zu verleihen, geht man endlich noch einen letzten Schritt weiter: man macht die Ansätze am Kern länger, als die Wandstärke der zu gießenden Hohlkugel beträgt, und sieht in der Hohlform von vornherein zwei zylindrische Löcher vor, die den gleichen Durchmesser haben, wie der Kern, und in denen dieser, beiderseits hineingesteckt, sicher ruht. Zu diesem Zweck werden gleich an der Modellkugel zwei solche Zapfen angebracht, die sich dann in der Form selbsttätig mit abformen. Man nennt sie „Kernmarken“, und sie werden von dem übrigen Modell durch besonderen Anstrich (meist schwarz oder rot) als solche hervorgehoben. Jemand, der mit dem Formen und Gießen nicht vertraut ist, kann unmöglich in der Modelltischlerei ahnen, welchem Zweck diese „überflüssigen“ Anhängsel dienen, und wieso es kommt, daß das fertige Gußstück sie nicht aufweist.

Arbeitsleisten.

Bei dieser Gelegenheit sei auch noch eine Erklärung gegeben für die sog. „Arbeitsleisten“. Sie bestehen in viereckigen Plättchen oder runden „Augen“, die auf den glatten Modellkörper aufgesetzt werden. Es geschieht an allen den Stellen, die später glattes Widerlager bilden sollen und deshalb bearbeitet werden müssen, ohne daß das Material des Gußstücks geschwächt werden soll. Auch muß das glattschneidende Werkzeug (Hobelstahl, Stoßstahl usw.) allseitig freien „Auslauf" haben, sodaß eine Erhabenheit der Arbeitsfläche über die Nachbarteile erforderlich wird. Ist dagegen eine gleichmäßige Bearbeitung der ganzen Oberfläche des Gußstücks in Aussicht genommen, so wird dies durch einen Zuschlag von meist 3 mm Material zum angegebenen Maß berücksichtigt.

Hiermit hätten wir alle kennzeichnende Begriffe der Durchschnitts-Formerei aufgezählt. Daß und wie sich mit den erläuterten Kniffen die verwickeltsten Aufgaben durch richtige Zusammenwirkung lösen lassen, lehrt der Augenschein der Werkstatt. Gegenüber den scheinbar unverständlichsten Modellen und Kernkästen in der Werkstatt erlahme dennoch das Suchen nach Verständnis nicht: denn bis auf wenige besonders verschmitzte Hilfsmittel bilden alle Modelle und Formen lediglich das Ergebnis von Additionen oder Multiplikationen der erläuterten Grundbegriffe. Dem eingehenden, und gerade in der Gießerei und Tischlerei so besonders fördernden Studium müssen alle weiteren Einzelheiten überlassen werden. Nichts fördert und entwickelt das dem Ingenieur unentbehrliche Raumanschauungsvermögen so sehr, wie das Nachdenken über die Modelle und Formen. In keiner Werkstätte lernt der junge Ingenieur so viele unmittelbar verwertbare Kenntnisse für das Konstruieren.

Schablonen. Auf eine besondere Art des Formens muß hier noch hingewiesen werden: das Formen mittels Schablonen. Die große Vorliebe der Ingenieure für runde Formen, für Rotationskörper, beruht nicht auf ihrem Geschmack oder auf Herkommen, sondern in der außerordentlichen Bequemlichkeit und Billigkeit ihrer Erzeugung und Bearbeitung. Auch für die Herstellung eines Modells ist es von Wert, wenn es als Rundkörper entworfen ist und auf der Drechselbank rasch und leicht herzustellen ist. Unendlich augenfälliger aber ist die große Ersparnis durch Entwurf von Rotationskörpern dort, wo er geradezu die Herstellung eines Modells erspart. Es ist klar, daß man eine Rotationshohlform dadurch erzeugen kann, daß man auf geglättetem Grunde eine senkrechte Achse errichtet und diese als Drehmittelachse des Rotationsprofils benutzt. Eine Teilung der Form kommt in Fortfall, da auch Unterschneidungen der Parallelebenen durch radiales Zurückziehen des Profils nach vollendeter Rundform nicht wieder zerstört werden. Das Verfahren kann für Kern-, wie für Formherstellung dienen. Es wird in der Lehmformerei fast ausschließlich, in der Masseformerei häufig, in der Sandformerei wegen der Lockerkeit des Magersands niemals angewendet. Genauere Belehrung liefert der Augenschein. Hier soll nur eine Andeutung gegeben werden, wozu diese hölzernen Bretter mit ausgesägten Profilen, „die Schablonen", die in der Tischlerei gefertigt werden, bestimmt sind.

Für die spätere Konstruktionspraxis von großem Wert ist es, bei der Betrachtung von Schablonen auf folgende unscheinbare „Hilfe" zu achten: der Modellschreiner bringt auf dem Schablonenbrett stets kleine Marken (Striche, Einschnitte, Klötzchen) an. Diese haben den Zweck, die richtigen Kontrolldurchmesser der fertigen Form gleich ohne weiteres mit dem „Taster" abgreifbar zu liefern. Denn je nachdem ich die Schablone (die zum Radius senkrecht steht) an einem längeren oder kürzeren Radius rotieren lasse, erzeugt ihr Profil eine umfangreichere oder weniger umfangreiche Form. Der Schablonenformer stellt die Schablone etwa richtig ein, läßt sie an zwei gegenüberliegenden Stellen des Kreises am Formmaterial anstreifen und mißt in verschiedenen Höhen den Abstand der so entstandenen Streifflächen mit dem Taster. Stimmen die Maulweiten des Tasters mit den Markenabständen auf der Schablone überein, so hat er erstens die Gewähr, daß der Radius stimmt, zweitens, daß die Schablone genau senkrecht steht. Außerdem hat dieses Verfahren den großen Vorteil, daß die zahlenmäßigen Maßablesungen mit ihren Fehlerquellen aus der Schablonenformerei fast völlig verschwindet und die Messung ohne weiteres auch für ungelernte, d. h. billige Arbeitskräfte verständlich und durchführbar wird. Die Maße dieser Probierdurchmesser gibt am besten schon der Ingenieur dem Schreiner unmittelbar an die Hand, damit dieser sie nicht erst selber heraussuchen muß. Man unterrichte sich daher während der praktischen Lernzeit genau, an welchen Stellen diese gebraucht werden, damit man sie später auf den Studien- und Berufszeichnungen gleich richtig anzugeben vermag.

Der Volontär sieht bald ein, daß die Formerei sich in einer Beziehung den neueren Fabrikationsgrundsätzen gegenüber spröde Formmaschinen.

zeigt: nämlich in der Unentbehrlichkeit der handwerksmäßig geübten Handarbeit. Trotzdem macht auch hier die Einführung der Formmaschinen stete Fortschritte. Im Wesen der Formerei mit ihrem unendlich abwechslungsreichen Formenschatz liegt es jedoch begründet, daß hier die immer einseitige, anpassungsunfähige Formmaschine niemals ganz die Handarbeit verdrängen wird. Gerade um dieser Unterschiede willen ist jedoch die Formerei mit der Maschine und die Bedingungen, die für ihre Verwendung bei dem Entwurf der Gußkörper durch den Ingenieur berücksichtigt werden müssen, der eingehendsten Beachtung wert. Wir möchten diese Betrachtungen, die schon etwas technisches Verständnis voraussetzen, insbesondere solchen Volontären empfehlen, die nach Erledigung einiger Hochschuljahre einen zweiten Blick in die Werkstatt tun.

Zur Übersicht sei nur hervorgehoben, daß man unterscheidet: Hilfsformmaschinen (Zahnradformmaschinen), die mittels Modellteilen Teile der Form ohne vollständiges Modell herstellen helfen. Zu ihrer Bedienung gehört ein gelernter Former. Voraussetzung ihrer Anwendung ist ständige Wiederkehr einer Profilierung an der herzustellenden Form (Zähne am Zahnrad). Ihr Hauptvorteil beruht im genau senkrechten Ausheben des Modellteils. Die Kastenformmaschinen sind die am weitgehendsten die Handarbeit ersetzenden, insbesondere, wenn sie auch noch mit Druckwasser oder Druckluft, statt von Hand betrieben werden. Man unterscheidet: Erstens Abhebemaschinen mit oder ohne „Wendeplatte". Zweitens Durchziehmaschinen. Abhebemaschinen ohne Wendeplatte eignen sich nur für flache, wenig profilierte Modelle, dagegen können solche mit Wendeplatte mittelhohe, Durchziehmaschinen sehr hohe und sehr profilierte Modelle abformen. Die Antwort auf das „Wieso"? muß der Augenschein lehren. Sollte übrigens, was meist der Fall sein wird, die Fabrik eine oder die andere Maschine nicht besitzen, so ist das für die Ausbildung des Volontärs kein Unglück. Das sind Sondererzeugungen und Sonderkenntnisse, die, wenn auch sehr wünschenswert, so doch entbehrlich sind. —

Das Schmelzen. Nachdem wir so einen kurzen Überblick über die Herstellung der Formen gewonnen haben, wenden wir uns der zweiten Vorbereitung des eigentlichen Gusses zu: dem Einschmelzen.

Das Einschmelzen geschieht in den Gelbgießereien noch heute in dem ursprünglichen Schmelzgefäß, dem Tiegel, der sich nur zum Tiegelofen entwickelt hat. In der Eisengießerei ist der sogenannte Kupolofen heute der durchaus vorwiegende. Neuerdings scheint sich jedoch auch die Verwendung des Flammofens für Gießereien auszubreiten. Bisher war dieser nur für das Einschmelzen von „Qualitätsguß“ mit schmiedeeisenähnlichen Eigenschaften üblich. Schmelzöfen.

Das Kennenlernen dieser Öfen geschieht besser durch Anschauung, als durch ein Buch. Hier sind nur einige allgemeine Hinweise am Platze.

Der Kupolofen ist in allen wesentlichen Teilen lediglich eine Nachbildung des Hochofens (siehe Abb. 2 S. 79) in kleinerem Maßstabe. Im Unterschied vom Hochofen, der ununterbrochen betrieben wird, pflegt das Einsetzen in den Kupolofen täglich neu zu erfolgen. Der Flammofen ist ebenso ein getreues Abbild des Martinofens mit Regenerativheizung (siehe Abb. 4 S. 92). Lediglich die beim einfachen Einschmelzen naturgemäß geringere Schlackenmenge kennzeichnet äußerlich die Gießöfen. Hören wir, was ein Fachmann*) über ihre Verwendung sagt:

„Die Vorzüge des Kupolofens sind bekannt. Man kann in ihm große Mengen Roheisen schnell, mit wenig Abbrand**) und unter dem denkbar geringsten Aufwand an Brennmaterial schmelzen; zu seiner Bedienung sind keine besonders geschulten Arbeiter erforderlich und seine Instandhaltung erfordert nur geringe Kosten. Schließlich läßt er sich nötigenfalls leicht über die normale Leistung hinaus forcieren und paßt sich also allen Betriebserfordernissen ohne weiteres an. Demgegenüber arbeitet der Flammofen wesentlich langsamer; der Abbrand ist (also) größer und der Ofen kann nur von geübten Schmelzern bedient werden. Der Brennstoffverbrauch ist viel höher als beim Kupolofen; während man bei diesem als Norm 10% (des Gewichts des geschmolzenen Eisens) Koks annehmen kann, muß man beim Flammofen mit einem Verbrauch von etwa 30% Schmelzkohle rechnen; dieses ungünstige Verhältnis wird allerdings durch den Preisunterschied zwischen Gießereikoks und Flammkohle gemildert, indem man

*) Zeitschrift „Stahl und Eisen“ 1907, S. 20.

**) Verluste durch Oxydation.

für diese durchweg zwei Drittel des Kokspreises einsetzen kann, sodaß 30 % Kohle etwa 20 % Koks entsprächen*). Auch die Anlagekosten amortisieren sich langsamer, der geringeren Ausnutzung wegen, obwohl ein Flammofen an sich billiger sein kann als der Kupolofen, der noch verschiedene Nebenanlagen, wie Gebläsemaschinen und Aufzüge, erfordert. Diese Bilanz spricht also wohl durchweg zugunsten des Kupolofens, und tatsächlich ist er auch der bessere Schmelzofen für gewöhnlichen Grauguß; das Verhältnis ändert sich aber sofort, sowie Qualitätsmaterial in Frage kommt".

Hiermit kämen wir auf Sondergebiete, die zu berühren hier der Raum fehlt. Es muß nur noch dem Leser empfohlen werden, sich über die Beschickung eines Kupolofens aus eigener Erfahrung Kenntnis zu verschaffen, indem er den Gießerei-Betriebsingenieur bittet, ihn ein paar Mal auf der Beschickbühne an der Arbeit teilnehmen zu lassen.

Gattieren. Ferner ist es sehr empfehlenswert, sich mit dem Betriebsingenieur über die Mischung der verschiedenen Roheisensorten, die sog. Gattierung, je nach Bedarf des Werks und des Tages, möglichst eingehend zu unterhalten. Unsere Betrachtungen bei der Besprechung der Roheisenerzeugung (siehe Seite 82 bis 85) liefern die hierfür nötigen Grundlagen.

Schließlich versuche man vom Werkmeister der Gießerei zu erfahren, auf welche Weise er den Bedarf an Gußeisen für ein einzelnes Stück und für die jeweilige Tagesleistung abschätzt. Bei der Besprechung der Fähigkeit, Gewichte zu schätzen, ist auf die allgemein technisch bildende Bedeutung dieser Abschätzungen hingewiesen worden. —

Das Gießen. Wir können nach Herstellung der Form und Schmelzung des Metalls zum eigentlichen Guß schreiten.

Die vier Hauptpunkte, die beim Guß Berücksichtigung erfordern, sind: 1. die Schwere des flüssigen Eisens, 2. seine Zähflüssigkeit, 3. seine Gasabsonderung beim Erkalten, 4. das sog. „Schwinden".

Auftrieb. Die Schwere des Gußguts ist eine unabänderliche Tatsache. Sie verhindert, daß man das Eisen einfach in die Form von oben

*) 1 Tonne Schmelzkoks kostete 1905 16,5—18,00 M., 1 Tonne sog. Flamm-(Stein-)Kohle 9,5—12,00 M. ab Werk.

hineingießen kann: infolge der Fallbeschleunigung schösse es mit solcher Wucht in die gebrechliche Form, daß alles darin zerschlagen würde. Deshalb führt man das Eisen auf Umwegen von unten her in die Form: vermittels eines seitlich angebrachten senkrechten Kanals gelangt es in eine kleine Erweiterung, die besonders fest gestampft ist und welche den Aufprall aufnimmt. Nunmehr fließt es ruhig durch einen wagerechten Kanal, den „Anstich", der Form möglichst am untersten Punkte zu. Immerhin steigt es nach dem Gesetz der kommunizierenden Röhren mit beträchtlichem Druck nach oben. Alle Kerne und Vorsprünge müssen daher sorgfältig gelagert und versteift sein, um dem Auftrieb des Eisens zu widerstehen. Der Deckel der Form wird mit Gewichten beschwert, um sein seitliches Austreten in der Teilfuge zu hindern. Sind Kanten oder Kerne ungenügend befestigt, so schwimmen sie oben auf dem Eisen weg, setzen sich an der höchsten Stelle fest und ergeben „Ausschuß": unbrauchbaren Guß.

Das Wort „Ausschuß" spielt eine große Rolle in der Gießerei und ist Anlaß zu ständiger Reiberei zwischen Meister und Formern. Denn im allgemeinen herrscht die nicht einwandsfreie, aber für die Güte der Erzeugnisse sehr förderliche Gepflogenheit, daß für Ausschußstücke nichts bezahlt wird. Das erscheint hart. Immerhin ist es doch eine ziemlich gerechte Teilung des Schadens: der Arbeiter büßt zwar den Lohn ein, das Werk aber hat die Kosten für Zerstückelung des verunglückten Teils, für Neueinschmelzung und obendrein den wirtschaftlichen Schaden verzögerter Lieferung (der sich mitunter in Form einer Vertragsstrafsumme in Geld unmittelbar zeigt) zu tragen. Das Interesse des Formers, möglichst wenig Ausschuß zu liefern, ist daher sehr groß. Gemeinhin wird der Former auch die Unbrauchbarkeit des fraglichen Stücks möglichst lange bestreiten; der Meister, der auf tadelloses Erzeugnis halten muß, wird im allgemeinen eher zur Verurteilung gelangen. So entsteht leicht Streit. **Ausschuß.**

Vielfach ist das Entstehen von Ausschuß nicht allein Schuld des Formers. Leider sind bei Meinungsverschiedenheiten Meister und „Kapital" stets die Stärkeren. Deshalb wird fremdes Verschulden im Interesse der Dividende möglichst lange abgeleugnet. Aus diesen letzteren Gründen empfiehlt sich Selbsthilfe der Former etwa in Form einer Versicherung gegen Ausschußschaden auf Gegenseitigkeit. Solche Versicherungen sind neuerdings verschiedentlich eingeführt. Für Beantwortung der Frage, ob sie sich bewährt haben, ist noch zu wenig Zeit verflossen.

Zähflüssigkeit. Weniger Veranlassung zu Ausschuß gibt die zweite unangenehme Eigenschaft des Gußeisens: die Zähflüssigkeit. Erstens hat man es in der Gießerei in bestimmten Grenzen in der Hand, das Eisen leichtflüssiger zu machen: einmal durch Erhöhung der Temperatur. Je weiter ein Körper über seinen Schmelzpunkt erhitzt wird, desto leichtflüssiger wird er. Dieses Mittel ist aber in der Gießerei ein zweischneidiges Schwert. Abgesehen von dem Mehraufwand an Brennstoff, den es bedingt, bringt es auch stärkere Gasabsorption, stärkeres Schwinden beim Erkalten mit sich — zwei Übelstände, die mit allen Mitteln bekämpft werden müssen. Das zweite Mittel ist chemischer Natur und kommt in der Gattierung zum Ausdruck. Phosphorbeimengung macht das Eisen dünnflüssig, leider auch weniger fest. Soll für ein einzelnes Stück besonders leichtflüssiges Eisen verwendet werden, so empfiehlt sich Hineinwerfen von Aluminiumbronzekörnchen in den Tiegel.

Zweitens hat bereits der Konstrukteur für Unschädlichkeit der Strengflüssigkeit des Gußeisens Sorge zu tragen, indem er alle Formen mit weichen, allmählichen Übergängen entwirft und für die notwendigen Kanten Abrundungen vorschreibt. Der Modellschreiner hat ihn hierbei zu unterstützen. So wird die Strengflüssigkeit des Eisens im allgemeinen ein unschädliches Übel.

Gasabsonderung. Wir kommen jetzt zu den beiden lästigsten und oft genug geradezu verhängnisvollen Eigenschaften des Gußeisens: der Gasabsonderung und dem Schwinden. Entstehen durch sie sichtbare Fehler, so ist das Stück Ausschuß. Entstehen aber unsichtbare, — so ist es noch das kleinere Übel, wenn bei der letzten Bearbeitung in den mechanischen Werkstätten die Löcher und Risse zum Vorschein kommen und das oft mit großen Kosten bearbeitete Stück weggeworfen werden muß; — das kleinere Übel trotz des Ärgers der dadurch häufig verursachten verspäteten Lieferung. Viel gefährlicher ist es, wenn das innerlich kranke Stück im Betrieb bricht und womöglich (wie bei Schwungrädern) ganze Gebäude, oft auch Menschenleben vernichtet.

Mehr also, als nur „kapitalistisches Interesse“: der gute Ruf des Werks und die sittliche Verantwortlichkeit zwingen den Former zu kräftigster Bekämpfung der beiden feindlichen Eigenschaften. Sorgfalt — vom Konstruktionsbureau bis in die Putzerei hinein — ist das einzige Gegenmittel.

Abschrecken.

In die kalte Form fließt das glühende Eisen. An den Wänden kühlt es sich sofort ab und wird fest, — zumal wenn diese feucht sind, also durch Wasserverdampfung dem Eisen die Wärme kräftig entziehen. Die Bildung einer festen Kruste verhindert das Ausströmen des Gases. Die Gefahr, daß es drinnen bleibt und das Eisen schwammig macht, ja geradezu Höhlen bildet, ist also sehr groß.

Freilich ist das Entstehen der Kruste häufig an sich nicht unerwünscht. Diese sogenannte „Gußhaut" gibt eine harte Oberfläche, weil bei dem plötzlichen Abschrecken die Kohle nicht Zeit findet, sich graphitisch auszuscheiden. Häufig begünstigt man deshalb geradezu die Wärmeabfuhr durch teilweis oder ganz eiserne Formen, sog. Kokillen. Es muß daher mit der sofortigen Entstehung der Gußhaut gerechnet werden, selbst wenn man sie durchschnittlich vermeiden könnte: nämlich durch getrocknete Formen. Glücklicher Weise hat die immerhin noch glühende Gußhaut noch die Fähigkeit, durch Porosität und die aus dem Physikunterricht bekannte Osmose den Gasen den Durchtritt zu gewähren. So sieht man denn noch geraume Zeit nach dem Guß aus den mit dem Luftspieß gestochenen Kanälen rings die Flämmchen der brennbaren, weil wasserstoffreichen, Gas-Absonderungen herauszüngeln. Immerhin ist besonders bei großen Stücken Sorge zu tragen, daß die Gasbläschen an eine flüssige Oberfläche gelangen. Dies geschieht durch den „Anguß" oder „toten Kopf", einen möglichst dicken Fortsatz, der vom höchsten Punkt des Modells nach oben führt und möglichst lange durch Rühren in flüssigem Zustand erhalten wird. Dieser Fortsatz wird dann beim Putzen abgeschlagen.

Schwinden.

Leider findet die Gasabsonderung einen Bundesgenossen im „Schwinden" des Materials. Gußeisen dehnt sich, wie fast alle Körper, bei Erwärmung aus, und da es sich hier um Temperaturunterschiede von fast $1^1/_2$ Tausend Grad handelt, so ist die Ausdehnuug sehr beträchtlich. Beim Erkalten tritt daher Zusammenziehung, „Schwinden" ein, und zwar kann man den Vorgang in zwei wichtige Stadien teilen: das Schwinden im flüssigen Zustand und das Schwinden im festen Zustand.

Das Schwinden im flüssigen Zustand ist mit bloßem Auge deutlich wahrnehmbar: die Ränder der im Anguß oder im sog. „Steiger“ befindlichen Eisenmenge erstarren sogleich nach dem Guß. Die flüssig bleibende Mitte sinkt dagegen mit dem „Zusammensacken“ des Forminhalts herab, so daß die kennzeichnende trichterförmige Oberfläche sich zeigt. Diesem Schwinden in flüssigem Zustande kann und muß man zu begegnen suchen, indem man einige Zeit nach dem Guß flüssiges Eisen nachfüllt. Bei großen und verwickelten Gußstücken dauert solches Nachfüllen oft stundenlang und wird von ständigem „Pumpen“ begleitet: um sicher zu sein, daß die Ergänzungsflüssigkeit zu den Stellen dringt, die ihrer am nötigsten bedürfen, stochert man mit Stäben in alle senkrechten Kanäle: Steiger, Eingüsse, verlorene Köpfe.

Das Material bedarf dieser Nachhilfe. Die Wärmeaufnahmefähigkeit des Formstoffes ist ja begrenzt. Nun wird an den hohlen Ecken und Kanten dem Formstoff mehr Wärme angeboten, als auf den glatten Flächen, denn das Gußeisen bestürmt dort den Formsand von zwei oder drei Seiten aus gleichzeitig. Die Wärmeabfuhr ist dort ungenügend, das Material ist dort noch flüssig, während es auf den Flächen bereits erstarrte. Sackt sich nun das flüssige Innere, so wird das flüssige Gußeisen aus den hohlen Kanten weggesogen. Die Kante bekommt ein Loch, das Stück wird Ausschuß, wenn nicht durch den Druck des „Pumpens“ neues Gußeisen hineingedrückt wird.

So kann man bewirken, daß wenigstens die Löcher (die natürlich durch Anfüllen mit Gas zum Schwellen neigen) nur in die Angüsse kommen, wo sie unschädlich sind. Und als Konstruktionsregel für später möge sich der Volontär gleich merken, daß man keine Gelegenheit versäumen soll, die beim Gießen zu oberst liegenden Teile der Gußstücke so zu gestalten und anzuordnen, daß wenigstens die Festigkeit nicht gefährdet wird, wenn sie blasig werden.

Das Schwinden, das sich nun im festen Zustande fortsetzt, ist last not least der werkstattstechnisch am schwersten zu bekämpfende Feind gesunden Gusses. Über den ganzen Körper hin gleichmäßiges räumliches Schwinden wird ohne weiteres durch das Arbeiten „in Schwindmaß“ berücksichtigt. Die Modelltischler benutzen keine gewöhnlichen Maßstäbe, sondern solche, bei denen (für Gußeisen) 100 Teilstriche auf etwa 104 mm tatsächlicher

Länge entfallen. Alle Modelle sind also um etwa 4 Prozent zu groß. Da sich das Eisen um diesen Betrag beim Erkalten aus der Schmelztemperatur zusammenzieht, so hat es schließlich die rechte Größe.

Damit ist es aber leider nicht abgetan. Das Eisen schwindet nämlich ungleich stark; je langsamer die Abkühlung vor sich geht, desto stärker schwindet es. Das Schwinden schwankt zwischen 3 und 5 Prozent. Wir wissen, daß eine völlig gleichmäßige Abkühlung wegen der unvermeidlichen Hohlkanten unmöglich ist. Infolgedessen werden einzelne Teile sich zusammenziehen wollen, während andere ihnen nicht zu folgen vermögen. Es entsteht genau dasselbe, wie bei der einseitigen Erwärmung eines Stücks Karton. Die erwärmte Schicht dehnt sich, die kalte folgt nicht mit, es entstehen innere Spannungen zwischen den Molekülen, die darin zum Ausdruck kommen, daß sich das Stück stark wölbt, „es zieht sich" oder „es wirft sich". Auch Gußeisen wirft sich, doch selten wahrnehmbar. Aber die Spannungen sind da, und keine geringen. Mitunter sind sie so groß, daß sie die Festigkeit des Gußeisens übersteigen; dann zerspringt das Gußstück mit lautem Knall, oft noch in der Form. Meist sind sie geringer und unerheblich. Oft genug tritt aber der verhängnisvolle Fall ein, daß die „Gußspannung" nahe an die Grenze der Festigkeit herankommt. Dann springt der Körper nicht von selbst, — aber bei der ersten namhaften Betriebsbeanspruchung. Diese Gefahr zwingt daher zu so vorsichtiger Bemessung der Gußkörper und zu so geringen Zumutungen an ihre Festigkeit.

Das Einzige, was der Konstrukteur zu tun vermag, ist die ängstliche Beobachtung folgender beiden Regeln:

1. Alle Hohlkanten mit großem Radius abrunden.
2. Gleichmäßige Materialstärke über das ganze Stück hin beibehalten.

So ist einigermaßen die Gewähr für gleichmäßig schnelle Abkühlung, für „spannungsfreien Guß" gegeben.

Die Werkstatt kann in Fällen, wo dem Konstrukteur in dieser Richtung die Hände gebunden sind, ihn wirksam unterstützen, indem die dicken, wärmeaufspeichernden Teile gleich nach eingetretenem Erstarren von Sand befreit werden. Der kühlende Einfluß der bewegten Luft läßt sie dann etwa gleich schnell sich abkühlen, als die im Sand geborgenen dünnen Teile. —

Im vorstehendem wurde versucht Hauptgesichtspunkte zu geben*). In das technische Gefühl und vollkommene geistige Eigentum den überreichen Anschauungsstoff der Modelltischlerei und Gießerei zu übermitteln, das vermag die Buchform überhaupt nicht, dazu bedarf es aufmerksamen, verständnisvollen Schauens und eignen Handanlegens.

Im Anschluß an den zusammenhängenden Text dieses und der folgenden Kapitel wird je eine Anzahl Hinweise, meist in Frageform, gegeben werden, die den Volontär bei seiner Werkstattstätigkeit auf einige Hauptpunkte aufmerksam machen wollen, die für gewöhnlich leicht übersehen werden oder besondere Beachtung vor allem verdienen. Besonders gegen den Schluß der jeweils in einer Werkstätte verbrachten Arbeitszeit wird dieser Kreis von Fragen als eine Art Maßstab empfohlen, an dem der Leser selbst zu beurteilen vermag, wieweit er den Wahrnehmungsstoff nunmehr beherrscht.

Putzerei. Hier sei noch im Anschluß an den Zusammenhang darauf hingewiesen, daß häufige Besuche der Putzerei während der Arbeitszeit in der Gießerei von großem Nutzen sind. Die größere oder geringere Schwierigkeit und dem Zeitaufwand proportionale Kostspieligkeit des Entfernens der Sandkerne aus dem Gußstück ergibt manche Lehre für zweckmäßige Konstruktion der Kerne und vor allem Kernlöcher. Besonders von Vorteil ist die Gegenwart beim Aussondern des Ausschusses. Wie wir an den Fehlern stets am meisten lernen, so auch hier. Vor allem übt sich das Auge, die feinen, oft kaum wahrnehmbaren Zeichen kranken Gusses aufzufinden, eine Fertigkeit, die auch dem außerhalb des Betriebs stehenden Ingenieur vonnöten ist.

*) Solchen Volontären, die in Werkstätten arbeiten, bei denen sich keine Gießerei befindet, kann übrigens auch die durch Abbildungen veranschaulichte und etwas ausführlichere Darstellung der Gießereihantierungen in dem kleinen Band „Mechanische Technologie" (Bd. I) von Prof. Lüdicke aus der „Sammlung Göschen" empfohlen werden. Er ist handlich und kostet nur 80 Pf.

Beobachtungswinke.

A) Modelltischlerei.

Bei jedem fertig daliegenden Modell frage man sich oder den Verfertiger: Aus welchen Einzelteilen ist es zusammengesetzt? Welche Maße braucht man zu ihrer Herstellung? Wie entstand es?

Welche Maße sind insbesondre zu geben, um die Lage des Kerns zur Form eindeutig zu bestimmen?

Bedeutung des häufig losen Zusammenhangs zwischen Augen, Nasen, Flanschen, Arbeitsleisten mit dem übrigen Modell?

Wie wird eine beliebig gekrümmte Fläche in Holz oder anderem Modell-Material erzeugt (Turbinenschaufeln, Zahnflanken, Propellerschrauben)?

Wie werden Hohlkanten-Abrundungen und wie solche erhabener Kanten erzeugt, und welches Maß ist dafür anzugeben?

Wozu dienen die folgenden

Tischlerwerkzeuge:

Feilkloben	Krauskopf	Wolfszahnsäge	Texel
Bankzwinge	Zentrumsbohrer	Stockzahnsäge	Ziehmesser (Geradeisen und Krummeisen)
Hirnholzscheere	Schneckenbohrer	Hinterlochte Säge	Hohleisen
Lochbeitel	Öhrbohrer	Schränkeisen	Geißfuß
Nutenhobel	Löffelbohrer	Fuchsschwanz	Kugeltaster
Falzhobel	Stangenbohrer	Quersäge	Streichmaß
Simshobel	Drillbohrer	Rückensäge	Anschlagwinkel
Profil- oder Fassonhobel	Rollenbohrer	Stichsäge	Kreuzwinkel
Rauhbank	Drillbogen	Bogensäge	Schmiege
Raspel	Winkel- oder Eckbohrer	Örtersäge	
		Schweifsäge	

B) Gießerei.

Welche Mittel stehen (außer den im Text erwähnten) der Formerei zur Verfügung, um trotz ungleichmäßiger Materialverteilung im Gußstück einigermaßen spannungsfreien Guß zu erzielen (Schreckplatten)?

Welcher Mittel bedient sich der Kernmacher zur Versteifung des Kerns?

Man versuche ein Urteil zu gewinnen, bis zu wie geringem Querschnitt im allgemeinen ein Kern konstruiert werden darf, um Wegschwimmen zu verhindern und seine Entfernung beim Putzen noch zu ermöglichen.

Welche Mittel hat der Putzer, um die ausgeleerte Höhlung auf etwaige Formsandreste zu prüfen?

Welche Mittel stehen dem Former zur Verfügung, um bei dicht überdeckenden Kernen den Zwischenraum zwischen Kern und Form auf durchgehende Gleichmäßigkeit und Vorschriftsmäßigkeit zu prüfen? Und besonders bei gekrümmten Wandungen?

Welche Mittel stehen für Untersuchung eines äußerlich tadellosen Stücks auf etwaige Risse oder blasige Stellen zur Verfügung?

Welches ist die Zusammensetzung des Formsandes in der betr. Fabrik?

Abschätzung des Gewichts und Belehrung über die Lohnkosten besonders großer Gußstücke? In welcher Weise werden diese vom Meister „kalkuliert", d. h. vorher angesetzt?

Welche Regeln gelten für die Temperatur des Eisens beim Gießen?

Woran erkennt der Former, daß sein Eisen die rechte Temperatur zum Eingießen hat?

Woran erkennt der Kernmacher, daß der im Ofen trocknende Kern „gar" ist?

Wie werden „Schwalbenschwanz"-Lagerschalen (zu späterem Ausgießen mit Weißmetall bestimmt) im Modell gefertigt und abgeformt?

Welche Rücksichten sind für das „Anstechen" des Eingusses zu beherzigen, und welche Folgen hat ein Einmünden an falscher Stelle?

Welchen Zweck verfolgt das Schwärzen getrockneter Formen?

Welchen Einfluß hat die Lage, in der ein Gußstück gegossen wird, auf die Güte des Erzeugnisses?

Welche Mittel werden zum Wiederverschließen der Kernlöcher im fertigen Stück angewendet?

Wie groß muß etwa das Kernloch sein im Verhältnis zu dem Hohlraum, zu dessen Ausräumung es dienen soll?

Wo werden die Kernlöcher am geeignetsten angebracht?

Was versteht der Gießer unter Kaltschweißen?

Abschnitt 11.

Schmiede.

A. Die Grobschmiede.

Verwendung geschmiedeter Stücke.

Die Bedeutung der Gießerei im Rahmen der Maschinenfabrik wächst von Jahr zu Jahr. Die Vervollkommnung der Verfahren, die steigende Übung der Veredlung des Gußeisens bis zu Schmiedeisen- und Stahleigenschaften, die Fortschritte im Erzeugen von Spezialguß erweitern ständig ihr Liefergebiet. Dagegen macht die Schmiede zumindest keine derartige Entwicklung durch, ja, sie nimmt eben durch die Möglichkeit, Stücke mit Schmiedeeiseneigenschaften billig durch Gießen zu erzeugen, sowie durch die Anwendung der Schnellstähle in der mechanischen Werkstatt, geradezu an Bedeutung ab.

Die Maschinenschmiede (von der Kunstschmiede abgesehen) eignet sich nur zur Hervorbringung einfacher Formen. Die Erzeugung hohler Schmiedestücke ist stets mit Schwierigkeiten verbunden. Sie sind deshalb teurer, als wenn man sie (bei gleicher Festigkeit) schwerer aber gußfähig konstruiert. Aber auch auf dem Felde der einfach geformten Körper wird der Guß häufig, ja fast stets billiger als das Schmieden, vor allem bei Stücken, die nachträglich bearbeitet werden sollen: Von Sonderverfahren abgesehen bringt ja das Schmieden eine grobe, wenig genaue Form hervor. Will man daher sicher sein, daß die unvermeidlichen Ungenauigkeiten keine schmerzlichen Überraschungen in den mechanischen Werkstätten ergeben, so muß für die Schmiede der Bearbeitungszuschlag sehr groß gewählt werden. Beispielsweise also müßte das Rohschmiedestück eines Kreuzkopfs auf allen Seiten 5 bis 10 mm dicker werden als das fertig bearbeitete, weil eine Ungenauigkeit von 5 bis 10 mm beim Schmieden immerhin im Bereiche der Möglichkeit liegt. Dieser ganze Materialüberschuß muß also stets erst vom Schmiedestück herunter gearbeitet werden. Da er beim Gußstück, wie wir sahen, nur 3 mm beträgt, so hat man das Gußstück schneller „auf Maß" als das Schmiedestück. Dies bedeutet eine häufig recht wesentliche Verbilligung des gegossenen Stücks gegenüber dem geschmiedeten Hierzu kommt, daß man so genau und glatt gießen kann, daß unbearbeiteter Guß in die Maschine ohne weiteres aufgenommen werden kann. Roh geschmiedete Flächen wird man dagegen höchst selten zulassen können, da sie durchschnittlich uneben und ungenau sind.

Hieraus ergibt sich, daß man nur solche Stücke schmieden läßt, bei denen 1. allseitige Bearbeitung stattfindet, 2. einfachste Formgebung möglich ist und 3. die Festigkeits- oder technologischen Rücksichten das geschmiedete Material unbedingt erfordern. Ein Beispiel für Maschinenteile, die alle drei Bedingungen erfüllen, sind die Wellen und Achsen. Als drehende Maschinenteile müssen sie rundum abgedreht sein, ihre Form ist (mit Ausnahme der Kurbelwellen) rein zylindrisch, und Schmiedeeisen oder Stahl sind die einzigen Eisensorten, die für sie geeignet sind: wegen ihrer Beanspruchung auf Verdrehung bedürfen sie des sehnigen Gefüges, wegen der Reibung in den Lagern dichte, durch Schmieden verdichtete oder obendrein gehärtete Oberfläche. Daher bildet das Schmieden der Achsen und Wellen den „eisernen“ Bestand aller Schmiedewerkstätten in den Maschinenfabriken.

Ein fernerer Grund zum Ausschalten der Schmiede selbst bei Erzeugung schmiedeiserner Maschinenteile liegt in dem Aufschwung, den die Verwendung der Schnellstähle auf den Werkzeugmaschinen genommen hat. Mit diesen kann man gewaltige Mengen dicker Späne in so kurzer Zeit und im Verein damit so billig von den Stücken herunter-„schruppen“, daß man mehr und mehr dazu übergeht, die Maschinenteile „aus dem Vollen zu schruppen“. Das will sagen: Es ist billiger und geht schneller, beispielsweise von einem Stück fertig vom Walzwerk bezogenen Rundeisens ringsherum 20 Millimeter auf eine bestimmte Länge auf der Drehbank herunterzuschälen, als durch Ausschmieden (Strecken) den Durchmesser um zweimal 20 Millimeter zu verkleinern. Durch den Schnellstahl ist die gleichmäßig rotierende Drehbank mit ihrer vergleichsweise kleinen Kraft leistungsfähiger geworden, als der in Pausen schlagende Dampfhammer: ein Vorgang, der für die heutige Entwicklung der Maschinentechnik bezeichnend ist. Es ist der Sieg der rotierenden über die hin- und hergehende Maschine, den wir auch bei den Dampfturbinen gegenüber den Dampfmaschinen beobachten.

Bei der Berechnung, was billiger wird: ein Stück vorzuschmieden oder vorzuschruppen, ist der Hauptpunkt: die Zeit.

Was schneller geht, ist meist billiger. Je mehr Stücke in gleichem Zeitraum von einem Werk erledigt werden, desto leistungsfähiger ist das Kapital, das in ihm steckt, desto höher die Verzinsung, die Dividende. Je größer der Umsatz, desto wahrscheinlicher guter Gewinn.

Daher muß es die Hauptaufgabe des Volontärs in der Schmiede sein, sich ein möglichst genaues Urteil darüber zu bilden, wie schnell geschmiedet wird, wieviel „Hitzen" gebraucht werden, um das Stück fertig zu stellen, usw.

In die genauen Kostenvergleiche, wie sie ein gut geleitetes Werk ständig aufstellt, spielen die verschiedensten Fragen hinein: Wie hoch sind die Löhne der Dreher und der Schmiede? Wieviel Schmiede bilden eine Kolonne? Wieviel Drehbänke werden von einem Manne gleichzeitig beaufsichtigt? Wie teuer ist die hochwertige Schnelldrehbank und ihr Stahl? Wie schnell nutzen sie sich ab? Wieviel Kohlen braucht das Schmiedefeuer, wieviel Betriebskosten der Dampfhammer? Wie groß ist die Ersparnis an Materialwert, insofern, als beim Schmieden das Material im Stück nur umgeformt wird, und kaum etwas verloren geht, während beim Abdrehen die Späne heruntergeschnitten und so das Material teilweise entwertet wird? Und schließlich, wie groß ist die Herstellungsdauer pro Stück, einmal: auf der Drehbank, dann: unter dem Hammer? Diese Werte werden durch Messung genau festgestellt und erlauben erst dann einen s i c h e r e n Rückschluß auf das tatsächliche Kostenverhältnis. Selbstverständlich ist es weder dem Volontär noch dem Konstrukteur auf dem Bureau möglich, all diese Größen völlig in Rechnung zu ziehen. Derartig eingehende Erwägungen erfordern besondere Angestellte und ein auf ausgedehnte Beobachtungsergebnisse sich stützendes Rechnungsbureau. Solcher Aufwand macht sich natürlich nur für Massenherstellung bezahlt, wo sich der ersparte Pfennig mit Tausenden multipliziert.

Der Konstrukteur muß wiederum vom mathematischen Nachweis absehen und sich vom Gefühl leiten lassen. Je besser dieses ausgebildet ist, desto vorteilhafter wird er gestalten. Die einzige Möglichkeit, es auszubilden, liegt in Werkstattsbeobachtung, für die sich während der praktischen Arbeitszeit eine oft nicht wiederkehrende Gelegenheit bietet. Während die übrigen Kostenbestandteile entweder etwa Konstanten oder leicht überschlägig auszurechnen sind, ist das einzige Entscheidende die Herstellungszeit. Sie richtet sich nach der Natur des Stücks, ob es in einer Hitze seine Gestalt erhalten kann oder mehrfach erhitzt werden muß, ob es einfach oder schwierig, mit oder ohne besondre Hilfsmittel zu schmieden ist. Hierauf ist also das Augenmerk zu richten. Nicht alle Werte behält man dabei im Kopf und im Gefühl. Es empfiehlt sich daher die Sammlung von Notizen, möglichst in übersichtlicher Form, wie sie etwa die Eintragung in die bekannten Soenneckenschen Ringbücher von selbst ergibt. Besonders die bereits „studierten" Volontäre sollten bei ihren wiederholten Aufenthalten in der Werkstatt ein derartiges Buch stets bei sich führen. —

Handfertigkeit. Ein Ingenieur kann sehr leicht, etwa bei Leitung einer Auswärtsmontage, in die Lage kommen, sich selbst mal ein Werkzeug o. ä. schmieden zu müssen. Auch in den andren Werkstätten, die er noch zu erledigen hat, ist dem Volontär etwas Handfertigkeit im Schmieden von Nutzen. Diese wird er besser in der meist an die Grobschmiede angeschlossenen „Werkzeugschmiede" sich aneignen. Der Grobschmied arbeitet heute mit einem solchen Stab von Hilfskräften und Hilfsmaschinen, daß seine Geschicklichkeit vor allem in der guten Anordnung der Arbeit, im Abpassen der geeigneten Hitze, Vermeiden von Abbrand u. dgl. beruht. Derartige Künste wird der Ingenieur stets dem fachkundigen Schmiedemeister überlassen müssen. Sie beruhen auf jahrelanger Erfahrung.

Schweißen Nur auf eine kunstvolle Verrichtung des Schmiedes sei hier noch etwas ausführlicher eingegangen: das Schweißen. Der Ingenieur kann immerhin leicht in die Lage kommen (bei Auswärts-Zusammenbau von Maschinen u. dgl.), selbst eine Schweißung vornehmen oder leiten zu müssen. Vor allem aber braucht er das Urteil über Zustandekommen, Kosten und Festigkeitswert einer Schweißung zur Berücksichtigung beim Konstruieren. Auch hier muß die Beobachtung vor allem lehren. Da es jedoch erfahrungsgemäß an Erläuterung aus dem Munde eines gebildeten Fachmanns zu fehlen pflegt, so sei hier mit einigen Bemerkungen auf die „wissenschaftliche" Seite der Vorgänge hingewiesen.

Das Schweißen besteht in einer Näherung der Moleküle zweier getrennter Körper auf so große Nähe und unter so vollkommener Ausschaltung von Fremdkörperteilchen, daß die Kohäsionskräfte, die die einzelnen Schichten eines homogenen Körpers untereinander verbinden, auch zwischen den beiden Schweißoberflächen wirksam werden. Die erforderliche, im molekularen Maßstab gemessen innige Annäherung hat zwei Voraussetzungen: Jede Oberfläche, und mögen wir sie noch so glatt schleifen, bleibt doch, im mikroskopischen Größenmaß betrachtet, uneben. Infolgedessen berühren sich zwei solche „genauen Ebenen" nur mit ihren Gipfeln, nur mit einzelnen Punkten. Adhäsionskräfte treten wohl auf, aber Kohäsion entsteht noch nicht. Infolgedessen muß man die Oberflächen bildsam machen und fest aufeinander drücken; dann platten sich die Berge ab und die Unebenheiten greifen ineinander. Auf Eisenverhältnisse übertragen heißt das: wir müssen die beiden Schweißflächen hochgradig erhitzen und aufeinander unter Presse oder Hammer aufpressen. Aber selbst dann gelingt das Unternehmen nur, wenn wir einen Stoff von an sich hervorragend starker Kohäsion, zu deutsch: Zähigkeit, vor uns haben. Somit schrumpft die Auswahl der schweißbaren Stoffe zusammen auf Schmiedeeisen und die weicheren, d. h. kohlearmen Stahlsorten.

Denn einmal beeinflußt, wie wir wissen, der Kohlenstoffgehalt die Schmiedbarkeit und Zähigkeit des Eisens. Dann aber auch scheint es, als ob bei diesem feinfühligen Verfahren bereits der Kohlenstoff als „Verunreinigung", als Trennungskörper der Eisenmoleküle empfunden wird. In viel höherem und für das Gelingen der Schweißung gefährlicherem Maße aber stört die Anwesenheit der unvermeidlichen Eisen-Sauerstoffverbindungen. Jedes hoch erhitzte Eisen, und mag es vorher noch so sorgsam gereinigt, ja abgebeizt sein, „beschlägt" dennoch bei der kürzesten Berührung mit dem Luftsauerstoff mit Eisenoxyd oder -oxydul, dem sog. Hammerschlag oder Glühspan.

Das einzige Mittel, diese Bestandteile für die Schweißung unschädlich zu machen, ist neben der Vorbedingung an sich gesäuberter Schweißfläche und schnellsten Vollzugs der Kniff, daß man sie dünnflüssig macht, sodaß sie beim Aufeinanderpressen der beiden Oberflächen seitlich herausgespritzt werden. Bei der Temperatur, die für das Schweißen die einzig brauchbare ist (für Schmiedeisen Weißglut, für Stahl Gelbglut), sind nun leider die Oxyde noch fest. Deshalb ist notwendige Zutat jeder halbwegs soliden Schweißung ein (meist pulverförmiger) Stoff, der bei der Schweißpulver.

Schweißhitze sich mit Eisenoxydul zu einer flüssigen Verbindung chemisch verbindet.

Diese „Schweißpulver" bestehen deshalb in der Hauptsache aus Kieselsäure (Quarzsand) und können im Notfall durch reinen Sand ersetzt werden. Die Erfahrung zeigt, daß die sich mit diesem „Zuschlag" (ganz wie im Hochofen!) bildende „Schlacke" um so dünnflüssiger wird, je mehr verschiedene Basen gleichzeitig in ihr enthalten sind. Deshalb enthalten die vielfach geheimnisvoll benannten Schweißpulver neben den Silikaten u. a: Borax, Potasche, Soda, Kochsalz, Salmiak, Flußspat, Braunstein, Glas. Andere Beimengungen verfolgen, genau wie beim Hochofenprozeß, den Zweck, den Sauerstoff der sich „unter dem Hämmern" bildenden Eisenoxydule an K o h l e zu binden, so das Kohlenstoff abscheidende Blutlaugensalz. Um ferner den äußeren Schichten der Schweißstelle den infolge „Abbrands" bei der großen Hitze verloren gegangenen Kohlenstoffgehalt zu ersetzen, umgibt man sie gern mit „Härtemitteln" (siehe S. 163), wodurch man nebenher auch noch den Vorteil erreicht, die Stelle luftdicht abzuschließen, also vor fernerer Oxydation zu schützen.

Sonder-Schweiß-verfahren. Die verschiedenen neuzeitlichen Schweißverfahren unterscheiden sich von dem ursprünglichen fast alle nur durch die Art der Erwärmung der Schweißstelle. Für diese nimmt man Knallgas oder den elektrischen Strom zu Hilfe. Erledigt Knallgas die Erwärmung so schnell, daß die Oxydation auf ein Geringstes beschränkt wird, so ist es mit Hilfe des elektrischen Flammenbogens oder der elektrischen Widerstandswärme der selbst stromdurchflossenen Eisenenden sogar möglich, praktisch unter L u f t a b s c h l u ß zu arbeiten.

Einen grundsätzlich neuen Weg, den der c h e m i s c h e n Wärmeentwicklung und Schweißung, schlug Dr. G o l d s c h m i d t in Essen mit seinem schnell über die Welt verbreiteten patentierten Schweißverfahren ein. Sein Hilfsmittel, das „Thermit" ist ein Gemisch von Eisenoxyd mit zerkleinertem Aluminium und läßt sich mit einem Streichholz entzünden. Es entwickelt bei der Verbrennung eine Temperatur von etwa 3000^0 C., die aber dem Eisen nichts schadet, da es, vor Luft geschützt, ganz im „Thermit" eingebettet liegt. Es erfolgt hier eine chemische Umsetzung: aus Aluminium + Eisenoxyd wird Eisen + Aluminiumoxyd (Tonerde). Das sich bildende kohlefreie Eisen verschmilzt mit den Schweißenden zu einem Ganzen. Wegen der flüssigen Form des Eisens ist kein Hämmern nötig.

Ähnlich nimmt das „Blaugas"-Schweißverfahren die chemische Reduktion der von der Flamme beleckten Eisenoxyde durch Bestandteile des Gases zu Hilfe und erreicht so eine Schnellschweißung selbst bei ungereinigten Schweißflächen. Auch hier fällt durch die hohe Temperatur des Schweißvorgangs die Schweißbearbeitung fort.

Mit der Kenntnis der physikalischen und chemischen Vorgänge beim Schweißen ist die Grundlage verständnisvollen Schauens gegeben. Für dieses selbst mögen die Fragen nach bestgeeigneter Form der Schweißstelle, nach Dauer und Stärke des Hämmerns, nach Art der Abkühlung und so weiter dem Leser zu eigener Beantwortung vorbehalten bleiben.

Mit der Nennung des Goldschmidtschen und des elektrischen Schweißverfahrens sind wir auf das Gebiet der Hilfsmittel gelangt, die in der zeitgemäßen Schmiede die Menschenkraft unterstützen und ablösen. Das Biegen von Profileisen, Radreifen u. a. m. geschieht fast ausschließlich mit Maschinen oder mit Schablonen (Anteil und Zweck der Nachhilfe von Hand, des sog. Kümpelns?). Das so wichtige Geraderichten von Stangen und Blechen, nachdem sie dem Feuer ausgesetzt waren, wird im Gegensatz zum mühsamen und kunstvollen Richten von Hand jetzt vorwiegend mit Richtmaschinen geübt.

Ein besonderer Fortschritt und ein Gebiet augenblicklich ausgiebigster Entwicklung ist die Hervorbringung verwickelter Formen durch das Schmieden oder Pressen im „Gesenk". Bei ihm ist von größerem Interesse, als der mit seiner Hilfe erleichterte Arbeitsvorgang, die Herstellung der Gesenke selbst, denn hierin beruhen die Grenzen der Anwendung, die Beurteilung ihrer Kosten und die Konstruktionsfolgerungen. Gesenkschmieden.

Von den Hilfskräften, die der Schmiede heut in so eindrucksvoller Weise Gefolgschaft leisten, dienen Preßluft und Dampf zur Betätigung der Hämmer, Preßwasser treibt die Pressen. Es sei allgemein hervorgehoben, daß die Hervorbringung und Regelung dieser Kräfte nicht in das notwendige Lerngebiet des Praktikanten fallen. Die Einrichtung aller dieser Maschinen lehrt ihn später bei geschultem technischen Verständnis das Buch und der Unterricht schneller und ausgiebiger, als es jetzt die mühevollen ersten eigenen Forschungen vermögen. Es ist schließlich Mechanische Hämmer.

höchst gleichgültig für die Erkenntnis des Werkstattsvorgangs, ob Dampf oder Luft, Daumenräder oder Riemen den Hammer treiben. Und wenn auch ein aus gesunder Neigung zur Technik folgendes Interesse für die Maschinen dem Volontär von selbst innewohnen wird, so muß doch davor gewarnt werden, die maschinentechnische Erkenntnis während der Werkstattspraxis über die werkstattstechnische zu stellen.

Pressen. Immerhin sei hier kurz ein Blick auf die Maschinengruppe geworfen, die zum Betrieb der Wasserdruck-Pressen dient. Sie zerfallen in die Krafterzeuger (meist Dampf- oder elektrische Pumpen), Kraftsammler oder Akkumulatoren (nicht zu verwechseln mit den elektrischen Sekundärbatterien gleichen Namens), Kraftregler oder Steuerapparate und Kraftverbraucher (Pressen).

Die Zwischenschaltung der Akkumulatoren zwischen Krafterzeuger und Kraftverbraucher hat den Zweck, den Aufwand gewaltiger Energiemengen während kurzer Augenblicke durch ständige Hervorbringung kleinerer Energiemengen und ihre Ansammlung zu bestreiten. Die Akkumulatoren sind gewichtbeschwerte Kolben, unter die die Pumpe das Wasser preßt und so die Gewichte hebt. In den hochgehobenen Gewichten ist der Arbeitsvorrat verkörpert. Bei Entnahme von Druckwasser unterhalb des Kolbens für die Pressen sinkt das Gewicht und bewirkt so ganz gleichmäßigen Wasserdruck bei beliebig schneller und umfangreicher Verwendung von Wasser. Durch Zusatz von Gewichten kann in beschränkten Grenzen der Wasserdruck gesteigert werden — soweit ihn nämlich die Pumpmaschine hergibt, die bei wachsendem Widerstand langsamer läuft und schließlich stehen bleibt oder in Gefahr gerät, zu zerbrechen. Der Gesamtraum der Akkumulatoren muß so groß sein, daß sämtliche Pressen der Schmiede gleichzeitig ihren Wasserbedarf aus ihnen decken können, die Gesamtlieferung der Pumpe so groß, daß sie ihn in einer bestimmten Zeit, die von der Dauer der im Werk ausgeübten Preßvorgänge abhängt, wieder ergänzen kann.

Die Lenkung oder „Steuerung" der Presse erfolgt durch Ventile oder profilierte Kolben, die durch Handhebel verstellt werden. Nach den hydraulischen Gesetzen ist der Wasserdruck (gemessen in kg pro qcm) in Pumpe, Akkumulator und Presse gleich groß. Die Druckkraft, die erzeugt wird, hängt also nur von der Größe der verwendeten Kolben ab. Der mit ihrer Hilfe erzeugte Preßdruck (gemessen in kg pro qcm) am Werkstück hängt abermals ab von dem Verhältnis der Dicke des Preßstempels zum Durchmesser des Preßkolbens.

In dieser fast unbegrenzten Möglichkeit, kleine Dauerleistungen in riesige Augenblicksleistungen zu potenzieren, liegt der Grund zum Siegeslauf der Schmiedepresse, in ihrer geräusch- und erschütterungslosen Arbeitsweise die Bedingung ihrer Alleinherrschaft für eine große Anzahl von Betrieben.

Die Technik des Pressens ist heute zu hoher Vollendung gediehen: das Verfahren liefert meist völlig maßgenaue Stücke, verbessert den Rohstoff durch gediegenes Durchkneten, erspart Material und ist ungemein leicht zu handhaben, sodaß die kostspielige Verwendung gelernter Arbeiter fortfällt. Es ist nur erforderlich, daß der Meister auf Grund genauer Berechnungen angibt, wieviel Eisen nötig ist, um gerade die gewünschten Körper herzustellen (worin auch beim Gesenkschmieden und -Pressen die Kunst liegt). Denn alles überflüssige Material muß ja mühsam heruntergeschnitten werden. Schwierigkeiten liegen auf dem Gebiet der Herstellung von Stempeln und Matrizen. Ihr gelte daher vor allem die Aufmerksamkeit des Volontärs.

B. Die Kesselschmiede (und Eisenkonstruktionswerkstatt).

Verschwinden der Handarbeit

In der Kesselschmiede tritt die Handarbeit noch weiter zurück. Sie beschränkt sich lediglich auf das Setzen von Nieten, Verstemmen mit dem Meißel und ab und an Schweißen oder Ausschmieden eines Blechstoßes. Aber auch diese Handtätigkeiten sind in schneller Abnahme begriffen. Das Schweißen wird elektrisch oder mit Thermit oder Blaugas, Knallgas o. ä. besorgt, das Ausschmieden durch Auswalzen oder Dünnhobeln ersetzt. Von Hand genietet wird nur dort, wo die Maschinennietung nach der örtlichen Lage der Nietstelle durchaus nicht möglich ist. Hieraus folgt wieder, daß der Konstrukteur so zu konstruieren hat, daß solcher Niete möglichst wenige vorkommen. Voraussetzung hierfür ist das nur in der Werkstätte erlernbare Urteil, wieviel freien Raum die Anwendung der Nietmaschine erfordert.

Die Maschinennietung erfordert Preßluft oder Preßwasser als Kraftträger. Viele ziehen die Preßwasser-Nietmaschinen im Interesse solider Nietung vor.

Nieten. Die Wirksamkeit eines Nietes beruht nämlich auf folgendem: Der glühende Niet ist beträchtlich länger, als der erkaltete, wegen der Wärmeausdehnung. Wird nun der Nietkopf aus dem glühenden Eisen gebildet uud so lange durch Hämmern oder Preßdruck gefestigt, bis er kalt und verhältnismäßig unnachgiebig geworden ist, so tritt folgendes ein: Der Schaft des Nietes erkaltet allmählich und hat also das Bestreben, sich zusammenzuziehen, kürzer zu werden, d. h. die Nietköpfe einander zu nähern. Zwischen diesen liegen aber die zu verbindenden Bleche; sie können nicht näher zusammen. Die Folge ist, daß die beiden vom Schaft aufeinander zu gezerrten Nietköpfe die Bleche mit großer Gewalt zusammenpressen. Diese Kraft hält also die Bleche unverschieblich und untrennbar zusammen.

Nietmaschinen. Es ist hiernach klar, daß beim Nieten das Hauptgewicht darauf zu legen ist, daß der frischgebildete Niet solange von der ihn bildenden Kraft unter Druck gehalten wird, bis beide Köpfe nicht mehr glühen, also nicht mehr nachgiebig sind. Diese Bedingung erfüllt die etwas schwerfällige, nach Einschaltung des Wasserdrucks nur langsam wieder lösbare Preßwassernietvorrichtung besonders gut, insbesondre, da das stets durch kleine Undichtheiten austropfende Wasser den Kopf benetzt und zu seiner raschen Abkühlung und einer gewissen Härtung der Oberfläche beiträgt. Die Hammer- oder Preßluftnietung hat eine gleich solide Wirkung nur dann, wenn sie lange genug ausgeübt wird. Hier ist man also von der Achtsamkeit und Geduld der Leute abhängig.

Zudem werden bei der Preßwasser-Nietmaschine alle Kräfte im Bügel aufgefangen, während bei der (kleinen) Preßluft-Nietmaschine die Menschenkraft das Gegendrücken besorgen muß, eine den ganzen Körper durchschütternde Arbeit. Auch diese Unbequemlichkeit trägt dazu bei, daß der Nietende möglichst bald mit dem Nieten aufhört. Trotzdem erklärt sich die ausgedehnte Verwendung der Luft-Nietmaschinen aus ihrer außerordentlichen Handlichkeit.

Preßluft und Preßwasser finden noch weitere ausgedehnte Anwendung in der Kesselschmiede. So die Preßluft mittels eines der Nietmaschine ganz gleichen Apparats auch zum Verstemmen der Nietköpfe und Nietnähte behufs Abdichtung, zum Antrieb tragbarer Bohr- und Rohreinwalz-Maschinen, auch wohl zum Antrieb von Hebevorrichtungen. Preßwasser findet neben dem Antrieb durch Riemen oder Zahnräder Verwendung zum Betätigen von Blechscheren, Lochstanzmaschinen, Richte- und Biegemaschinen, und gleichfalls für Hebevorrichtungen. Daneben findet selbstverständlich die elektromotorische Kraftübertragung auch hier ein weites Feld.

Alle diese Maschinen und Vorrichtungen zu beschreiben und zu erläutern, ist nicht die Absicht dieses Buchs. Sie erklären sich dem Schauenden entweder von selbst, oder ihre Wirkungsweise kann leicht erfragt werden. Mit derartigen Fragen wendet sich der Volontär übrigens meist besser an den Betriebsingenieur. Es ist keineswegs ausgeschlossen, daß er seitens der Arbeiter über Maschinen falsche Auskünfte erhält.

Von den Vorgängen, deren Beobachtung für den späteren Ingenieur hier besondere Bedeutung hat, seien folgende hervorgehoben: Erstens ist große Aufmerksamkeit dem „Anreißen" der Blechplatten zu schenken, d. h. den Mitteln, deren sich die Vorarbeiter oder Anreißer bedienen, um auf dem Blech die Marken festzulegen, nach denen es geschnitten, gebohrt, gestanzt, gefräst werden soll. Das zu wissen, ist später beim Zeichnen von größtem Nutzen, da man dann von vornherein über die Maße im klaren ist, die man anzugeben hat, und die von vornherein festgelegt sind. Auch die Reihenfolge, in der die Maße nacheinander auf dem Bleche markiert werden, ist beachtenswert. Insbesondre präge man sich ein, auf welche Weise der Kesselschmied die in seiner Werkstatt besonders oft vorkommenden flachen Bögen (mit großem Radius) festlegt. **Blech-Anreißen.**

Die Bohrmaschinen, insbesondre solche mit vielen gleichzeitig bohrenden Bohrern, und deren gegenseitige Einstellung nach Maß, ebenso die Blechbiege-Walzen und die Hervorbringung und Prüfung der beabsichtigten Krümmungen sind der genauen Beobachtung und Erfragung zu empfehlen. **Bohrmaschinen.**

Eine ganz besondere Art Arbeiten, der meist wegen ihrer Unauffälligkeit viel zu wenig Aufmerksamkeit geschenkt wird, sind die Rohrarbeiten. Durch den Bau der Überhitzer hat dieser Zweig der Kesselschmiedarbeiten erhöhte Bedeutung erfahren. Das Biegen der Rohre und die Mittel zur Erhaltung des kreisförmigen Querschnitts auch an der Biegestelle, ihre Befestigung in Wänden oder Flanschen durch Einwalzen oder Umbördeln muß dem in die Hochschule Eintretenden genau vertraut sein, will er **Rohrarbeiten.**

nicht vor den alltäglichsten Aufgaben ratlos dastehen und durch stundenlanges Bücherwälzen oder bloßstellende Fragen sich mühsam die Kenntnisse verschaffen, deren Aneignung ihm in der Werkstatt häufig nur ein paar Minuten des Zuschauens kostet.

In weitestem Maße bietet die Kesselschmiede Gelegenheit zur Selbstbelehrung über die Zeit, die man zu den verschiedenen Arbeiten braucht, und demzufolge über das Kostenverhältnis, in dem sie zueinander stehen. Mit der Uhr in der Hand kann man beobachten, wie lange Zeit die Fertigung einer Nietreihe von 100 Nieten, die Verstemmung eines Meters Nietnaht, das Bohren von 50 Löchern von bestimmtem Durchmesser und Lochlänge dauert. Nicht minder wertvoll ist die Beobachtung der Zeit, welche für die Zurichtung der Stücke zur Bearbeitung: Anreißen, passend Hinlegen usw. angerechnet werden muß*).

Eisenkonstruktionswerkstätten. Für den späteren Maschinenbauer von nicht so unmittelbarer Wichtigkeit, dennoch aber höchst belehrend ist die Tätigkeit in den Eisenkonstruktionswerkstätten, welche die Zusammensetzungen von Walzeisen zu Gerüsten und Brücken vornehmen. Die Summe der hier auftretenden Verrichtungen ist trotz der Verschiedenheit des Zweckes von denen in der Kesselschmiede wenig verschieden, da es sich in beiden Werkstätten um die Verbindung von Walzeisenteilen durch Nieten handelt. Aus diesem Grunde und wegen des immerhin loseren Zusammenhangs dieser Werkstätte mit dem allgemeinen Maschinenbau soll daher auf ein besonderes Eingehen auf die Eisenkonstruktionswerkstatt hier verzichtet werden.

C. Werkzeugschmiede und Härterei.

Es wurde bereits darauf hingewiesen, wie geeignet der Aufenthalt in der Werkzeugschmiede für die Erlernung des Handschmiedens ist. Er hat den weiteren Vorteil, den Volontär mit einer großen Anzahl gebräuchlicher Werkzeuge bekannt zu machen, vor allem mit den Eigenschaften des Stoffs, aus dem sie bestehen. In vielen Fabriken sind die Werkzeugschmiede und die Härterei räumlich verbunden. Wo dies nicht der Fall ist, sollte der Volontär während des Aufenthalts in der Werkzeugschmiede auch in der Härterei ein

*) Auch hier empfiehlt sich Eintragung der gemessenen und erfragten Zeiten und Kosten in eine übersichtliche Notizensammlung.

ständiger Gast sein. Denn beide Werkstätten hängen sinngemäß eng zusammen, selbst wenn in der Härterei auch andere Gegenstände gehärtet werden, als Werkzeuge. Die Vorgänge beim Werkzeugschmieden dürften im allgemeinen einer besonderen Erläuterung nicht benötigen. Desto weniger entbehrlich wird solche für die unzähligen Feinheiten der Kunst des Härtens. Einige Grundlagen seien im folgenden gegeben.

Zweck des Härtens.

Zunächst erwächst die Frage nach dem Zweck des Härtens. Wir wiesen schon darauf hin, daß er ein zweifacher sein kann: erstens Verringerung des Verschleißes von Oberflächen; diesen Zweck haben die meisten Härtungen, welche an Maschinenteilen (und einzelnen Werkzeugen: Hämmern u. ä.) vorgenommen werden. Zweiter Zweck ist, dem Stahl durch Härtung die Fähigkeit zu verleihen, in weichere Körper einzudringen und Späne von ihnen herunterzuschälen: die Aufgabe der Werkzeugstähle. Man sieht von vornherein, daß fast ausnahmslos an gehärtete Körper neben der Hochwertigkeit ihrer Oberfläche auch besonders große Festigkeitsanforderungen (in bezug auf ihren ganzen Querschnitt) gestellt werden. Es ist daher die erste Bedingung einer guten Härtung, daß sie erfolgt mit der geringstmöglichen Herabsetzung der Festigkeit und Elastizität des Körpers.

Solche Härtungen lassen sich nur vornehmen an höchstwertigen Stahlsorten. Vor allem ist ein durchaus gleichmäßiger Stahl erforderlich: gleichmäßig insofern, als er an jedem Punkte seines Inhalts gleichartiges Gefüge zeigt, aber auch insofern, als er stets wieder in absolut genau derselben Beschaffenheit vom Stahlwerk geliefert wird. Denn sachgemäßes Härten hängt in lästig hohem Grade von den jeweiligen Eigenschaften des gerade vorliegenden Materials ab. Hervorragend geeignet für die Werkzeugherstellung ist der Tiegelgußstahl, der nur in kleinen Mengen auf einmal erzeugbare Aristokrat unter den Stählen. Natürlich ist er demgemäß kostbar. Das Kilogramm kostet 1 bis 2 M., und die neueren Spezialstahlsorten kommen sogar bis auf 12.00 M. für ein kg. Trotzdem bleibt die Verwendung nur des teuersten Stahls meist das Sparsamste, denn ein besserer Stahl liefert dauerhaftere Werkzeuge, wodurch der Verbrauch an Stahl sinkt. Allgemein aber steigt die Leistung einer Werkzeugmaschine und des Arbeiters durch die Verwendung guter Werkzeuge bedeutend; ganz unverhältnismäßig sogar in den mechanischen Werkstätten.

Die Maschine kann bedeutend höher ausgenutzt werden, wenn der sie bedienende Werkmann nicht alle Viertelstunde das Schneidzeug auswechseln und neu schleifen muß, und wenn er nicht ständig in Angst schwebt, daß der Stahl „anläuft“ und weich wird.

Neben dem erstklassigen Stoff bedingt Ersparnis trotz des hohen Preises seine sachgemäße Behandlung. Wie zwei verschiedene Gärtner aus demselben Trieb ungleichwertige Pflanzen erzeugen, so können geschickte Werkzeugschmiede und Härter denselben Stahl zu einer Höhe der Brauchbarkeit entwickeln, die in einer weniger gut besetzten Werkstatt einfach für ausgeschlossen gilt. In einer gut geleiteten Maschinenfabrik wird daher die Belegschaft dieser Werkstätten eine Auslese darstellen.

Theorie des Härtens.

Die Grundlage des Härtungsvorgangs ist ja eine sehr einfache. Die größere Härte des gehärteten Stahls beruht in dem solideren molekularen Aufbau einer Lösung von Kohlenstoff in Eisen gegenüber der mechanischen Eisenkohlenstoff-Mischung.

Der Kohlenstoff ist im flüssigen Eisen in Lösung enthalten. Flüssiges Eisen vermag eine sehr erhebliche Menge Kohlenstoff aufzulösen. Die Lösungsfähigkeit sinkt, genau wie beim Wasser, mit der Temperatur. Erstarrendes Eisen hat bedeutend geringere Lösungskraft, als flüssiges und mit weiterem Erkalten nimmt sie immer mehr ab. Die Folge ist die Ausscheidung von vorher gelöst gewesenem Kohlenstoff. Dieser tritt im erkalteten Eisen, wie wir bereits sahen, in Form von Graphitblättchen rein auf, zwischengelagert zwischen die Moleküle der Eisenkohlenstofflegierung. Wir wissen aber auch bereits, daß er sich nicht immer, oder nur teilweise als Graphit ausscheidet. Er kann es selbstverständlich nicht, wenn überhaupt kein überflüssiger Kohlenstoff vorhanden, also der Gesamtgehalt an Kohlenstoff so gering ist, daß er auch im kalten Eisen noch vollkommen aufgelöst existieren kann (Schmiedeeisen, Stahl). Er kann es aber auch im Roheisen nicht, wo er doch reichlich überflüssig vorhanden ist, wenn Mangan anwesend ist. Die Nachbarschaft der Manganatome vor allem verleiht nämlich dem Kohlenstoff die Fähigkeit, mit dem Eisen bei etwa 700° C. eine chemische Verbindung einzugehen, das sog. Karbid (etwa Fe_3C). Somit enthält Manganroheisen nach dem Abkühlen einesteils Moleküle von Eisenkohlenstofflösung, anderenteils Karbidmoleküle. Diese sind netzartig im Eisen verteilt und besitzen große Widerstandskraft. Sie bewirken die Härte weißen Roheisens, aber auch gleichzeitig seine Sprödigkeit, da ihr Netzwerk den gleichförmigen Zusammenhang der Lösungsmoleküle immerfort unterbricht*).

Alle diese Abscheidungsvorgänge bedürfen jedoch einer gewissen Zeit zu ihrem Vollzug. Läßt man ihnen diese nicht, sondern kühlt das glühende Eisen plötzlich ab, so haben wir vor uns (soweit der Einfluß der Abkühlung sich genügend schnell geltend machte) einen durch und durch gleichmäßigen Aufbau gleichartiger Moleküle, die lediglich aus Eisenkohlenstoff-Lösung bestehen. Diese Moleküle besitzen eine ungeheure Widerstandsfähigkeit.

Erfolgt die Abkühlung nicht in unendlich kurzem Zeitraum, sondern braucht sie eine, wenn auch kleine Zeit, so tritt stets Karbidbildung ein, die mit der Langsamkeit der Abkühlung zunimmt. Je höher der Kohlenstoffgehalt war, den das heiße Eisen in Lösung hatte, desto härter wird das abgeschreckte Eisen. Man hat also im Gesamtgehalt des Eisens an gelöster Kohle ein Maß für seine Härtungsfähigkeit und nennt deshalb die Kohle in dieser Form Härtungskohle.

Zur Klärung fassen wir kurz zusammen:

Manganarmes Roheisen (graues, weiches Roheisen).
Härtungskohlengehalt mehr als 2,6%. Beim Erstarren sondert sich der Kohlenüberschuß kristallinisch als Graphit ab.

Mangan-Roheisen (weißes, hartes Roheisen).
Härtungskohlengehalt mehr als 2,6%. Beim Erstarren verbindet sich die überflüssige Kohle mit dem Eisen chemisch zu Karbidkohle.

Stahl.
Härtungskohlengehalt 0,5 bis 2,3%. Beim langsamen Abkühlen bilden sich Karbid- und auch wohl Graphitkohle. Der abgekühlte Stahl ist verhältnismäßig weich.
Beim Abschrecken bleibt aller Kohlenstoff in Form von Härtungskohle in Lösung. Ein Kohleüberschuß kann sich nicht oder nur in kleiner Menge als Karbid frei machen.

---

*) Übrigens haben Chrom, Wolfram, Nickel, Vanadium u. a. ähnliche Wirkung, wie Mangan. Hieraus erklärt sich ihre Beimengung zu hochwertigen Werkzeugstählen.

Schmiedeisen.

Härtungskohlengehalt kleiner als 0,5 %. Beim Abkühlen, sei es schnell oder langsam, kann nie Kohleüberschuß frei werden, weil der geringe Härtungskohlengehalt auch im kalten Zustand noch in Lösung verbleibt.

Hiernach dürfte klar sein, daß für die Härtung nur Stahl in Frage kommt, sowie, daß der Stahl um so härter, aber auch spröder wird, je größer sein Gehalt an Härtungskohle ist.

Zu dieser chemischen Härtung kommt noch eine mechanische hinzu. Denn die Abkühlung durch irgend eine Flüssigkeit, in die der Stahl gehalten wird, ist außen plötzlicher, als innen. Infolgedessen haben sich die Außenschichten des Stahls stärker zusammengezogen, als der Kern und drücken diesen zusammen. Diese Kompression äußert sich jedoch nur bis zu einem gewissen Grade als Härte; größer und weniger erwünscht ist die entstehende innere Spannung, die die Elastizität vermindert und den Stahl spröde macht.

Wir ersehen schon aus den bisherigen Angaben, daß ein einfaches Erhitzen des Stahls und Abschrecken im Wasser keineswegs gute Härtung liefern kann; der Stahl wird zwar sehr hart, man sagt: „glashart", aber für durchschnittliche Verwendung viel zu spröde.

Man bedient sich deshalb eines Berichtigungs-Verfahrens und nimmt nach dem Abschrecken dem Stahl wieder einen Teil seiner Härte, indem man ihn abermals erwärmt, aber nicht bis zur Glut, sondern nur bis etwa 200 bis 330° C. Dadurch kann sich ein Teil der zwangsweise in Lösung gehaltenen Härtungskohle nachträglich ausscheiden, sodaß die Härte sich mindert und gleichzeitig durch die Anwesenheit freier oder Karbidkohle der Stahl elastischer wird. Man nennt diesen Vorgang das „Anlassen". Zugleich wird durch die nachträgliche Erhitzung der Druck der äußeren Schicht und somit die innere Spannung aufgehoben und die Sprödigkeit beseitigt.

Härtungsverfahren.

Verfolgen wir nunmehr einmal eine Härtung im einzelnen. Der fertig vorgeschmiedete Stahl wird zunächst auf die Härtetemperatur erhitzt. Diese wechselt mit den geforderten Festigkeitseigenschaften des Stahls. Die Härtung muß ja umso wirksamer vor sich gehen, je höher der Temperatursturz des Abschreckens ist. Aber man soll nie das unerläßliche Mindestmaß überschreiten.

Denn dem Temperatursturz proportional ist ja die Zusammenziehung, und der durch sie erzeugte Druck im Kern kann so gewaltig werden, daß die ihn hervorbringenden Fasern einreißen, wie ein zu eng geschnallter Gürtel: so entstehen die gefürchteten Härterisse.

Glühfarben.

Die Härtungstemperatur des Stahls liegt etwas tiefer, als seine Schmiedetemperatur und wird an der Glühfarbe erkannt. Das Glühen des Stahls beginnt zwischen 500 und 600° C. und ist zunächst wie ein dunkelbraunroter Anflug, sodann folgen die Farben:

dunkelkirschrot bei etwa	800° C.
hellrot „ „	900° C.
gelbrot bis höchstens	1000° C.
gelb bei	1000—1200° C.
mattes Weiß bei	1200—1300° C.
blendendes Weiß bei	1500—1600° C.

Hier ist der Schmelzpunkt erreicht. Die Härtungstemperatur liegt bei 700—800° C., also bei Beginn der Rotglut. Wird diese innegehalten, so hat die kräftige Umklammerung des Kerns von der Außenschicht denselben wohltätigen Einfluß, wie die Schmiedung oder Pressung: das Material nimmt an Elastizität und Festigkeit sogar zu.

Ausglühen.

Es läge nun nahe, nach den wärme-wirtschaftlichen Grundsätzen des Eisenhüttenwesens auch bei der Werkzeugherstellung gleich die Schmiedeglut als Härtungsglut zu gebrauchen. Das Werkzeug würde bei Gelbglut geschmiedet, erkaltete dabei allmählich bis auf dunkelkirschrote Glut und würde dann abgeschreckt. Der große Fehler wäre dabei der, daß die Spannungen, die durch örtliche Verdichtung, Biegung usw. beim Schmieden in den Stahl kommen, darin bleiben und im abgeschreckten Zustand ein krumm und schief gezogenes Werkzeug liefern würden. Der geschmiedete Stahl muß daher erst mit all' seiner inneren Spannung abkühlen und verliert diese dann bei erneuter Erwärmung zur Dunkelrot-Wärme und folgender ganz allmählicher Abkühlung. Diese läßt man zweckmäßig in Holzkohle vor sich gehen, damit die Außenschicht die durch das vielfache Erhitzen eintretenden Verbrennungsverluste an Kohlenstoff wieder eindecken kann. Diesen vorbereitenden Vorgang nennt man das „Ausglühen". Es wird umso unentbehrlicher, je verwickelter die Schmiedeform ist.

Das Ausglühen muß sich peinlich gleichmäßig über den ganzen Körper verteilen. Man benutzt deshalb zur Erhitzung häufig die eigens dazu geschaffenen Glühkästen und vollzieht sie sehr allmählich. Damit bei dieser langen Dauer ein „Abbrand“ vermieden wird, vollzieht man die Erwärmung unter Luftabschluß. Auf das langsame Erhitzen folgt ein ebenso langsames Abkühlen.

Nunmehr erfolgt das endgültige Erhitzen zur Härtungstemperatur, wobei man das Stück zu gleichmäßiger Erwärmung und tunlichem Luftabschluß ganz ins Schmiedefeuer vergräbt. Teile, die nicht mitgehärtet werden sollen, werden durch Umhüllung mit Lehm vor dem jähen Temperaturwechsel geschützt.

Abschrecken. Das Ablöschen oder Abschrecken darf die so mühsam erzielte Gleichmäßigkeit der Erwärmung und Spannungsfreiheit nicht gefährden und muß daher äußerst gleichmäßig, trotzdem aber so rasch geschehen, daß die größte Härte erzielt wird. Die Handgriffe und Mittel, um gleichmäßige Kühlung zu erzielen, muß der Volontär dem Härter absehen. Was die Schnelligkeit der Abkühlung anlangt, so hängt diese von den augenblicklichen und bleibenden Eigenschaften der Härteflüssigkeit ab: ihre augenblickliche Temperatur, dann ihr Wärmeleitungsvermögen, die Wärmeaufnahmefähigkeit der selbst wärmer werdenden Flüssigkeit, die Wärmemenge, die sie verschluckt, um Dampf zu bilden (latente Wärme), ferner die Schnelligkeit, mit der der Siedepunkt erreicht ist, und schließlich sogar das spezifische Gewicht (d. h. die wärmesaugende Masse), — das alles sind Punkte, die bei der Wahl der jeweiligen Härteflüssigkeit berücksichtigt werden müssen. Es ist nicht möglich, auf diese Fragen hier näher einzugehen. Genannt seien nur einige der üblichsten Flüssigkeiten:

Härteflüssigkeiten. Vor allem Wasser, teils zum Eintauchen, teils mittels Spritzen angewandt. Lösungen von Kochsalz, Salmiak, Salpetersäure oder Schwefelsäure (2 bis 4%) steigern die Härtefähigkeit des Wassers. Schwächere oder stärkere Zusätze von Kalkmilch, Seife, Gummi, Spiritus mildern die abschreckende Wirkung. Sehr beliebt ist Öl als Härtemittel, und, wie sich durch neuere Versuche ergeben hat, sehr mit Recht, weil es die Wärme in gleichmäßigster Weise abnehmen läßt. Es wirkt milder als Wasser und ist vor allem bei verwickelter Körperform wegen der natürlichen Gleichmäßigkeit seiner Wärmeabfuhr dem Wasser stets vorzuziehen. Schließlich sind noch flüssiges Zinn (230° C.), Zink (400° C.)

und Blei (330° C.) zu erwähnen, die eine sehr milde Härtung ergeben.

Auf das Abschrecken folgt unmittelbar die Härteprobe. An verschiedenen Stellen des gehärteten Körpers wird versucht, ob die Feile einen Span abnimmt. Tut sie das nicht, so ist die Glashärte vorschriftsmäßig. **Härteprobe.**

Das Anlassen geschieht nun auf folgende Weise: Ein Teil der Oberfläche wird mit Schmirgel, Glaspulver oder Sand blank gescheuert, d. h. von seinem Oxydbelag befreit. Wird nun der Körper erwärmt, so zeigen sich auf dem blankgescheuerten Teil ausgesprochene Farben, die ein genaues Maß der dort herrschenden Temperatur darstellen. Und zwar zeigen an — die Farben: **Anlassen.**

Hellgelb	die Temperatur	von		**220—230°** C.
Dunkelgelb	„	„	„	240° C.
Braungelb	„	„	„	255° C.
Braunrot	„	„	„	265° C.
Purpurrot	„	„	„	**275°** C.
Blaurot	„	„	„	285° C.
Kornblumenblau	„	„	„	**295°** C.
Hellblau	„	„	„	315° C.
Graublau	„	„	„	330° C.

Die Ursache der Farben ist in den Interferenzerscheinungen der Lichtreflexion auf dem blanken Metall zu suchen, die durch mikroskopisch dünne Oxydschichten beeinflußt wird. Will man nun in der oberflächlichen Anlauffarbe tatsächlich das Maß der im ganzen Querschnitt herrschenden Temperatur haben, so ist sehr gleichmäßige und langsame Erwärmung notwendig, — abgesehen davon, daß diese durch die Beseitigung der inneren Spannungen geboten ist. **Anlaßfarben.**

Je höher die Temperatur ist, bis zu der angelassen wird, desto weicher und elastischer wird der Stahl. Man kann daher etwa folgende Anlaßregel aufstellen:

Die blauen Anlaßfarben sind zu erreichen bei Werkzeugen, die vor allem zäh sein müssen, die aber keine sehr dauerhafte Schneide brauchen (Sägen).

Die roten Anlaßfarben sind einzuhalten bei Schneidewerkzeugen, die stoßend wirken (Stoßstähle, Stanzen, Hobelstähle).

Die **gelben** Anlaßfarben sind für Werkzeuge, die eine feine harte Schneide besitzen, aber keinen Stößen ausgesetzt sind (Drehstähle, Fräser).

Hat der Stahl die vorschriftsmäßige Anlaßfarbe erreicht, so wird durch rasches Ablöschen weitere Temperatursteigerung verhindert und die erwünschte Härte fixiert. Das Werkzeug ist nunmehr fertig gehärtet und bedarf nur noch des Schliffs, falls es Schneidewerkzeug ist.

Gebrochene Härtung.

Vielfach ist bei den Handwerkern die sogenannte „gebrochene Härtung" üblich, d. h. der Stahl wird nur eine kurze Zeit in die Härteflüssigkeit gehalten, bis seine Oberfläche erkaltet ist. Nun wird schleunigst mit dem Schmirgelholz eine blanke Stelle an der Schneide geschaffen und gewartet, bis vermöge der dem Kern noch innewohnenden Wärme die Oberfläche wieder heiß wird und die Anlaßfarben zeigt. Sodann wird endgültig abgelöscht. Das Verfahren ist nicht schlechthin zu verwerfen, da immerhin die Gewähr gleichmäßiger Wärme im ganzen Querschnitt groß ist. Denn die Wärme äußert sich ja von innen her. Deshalb kann ein besonders geschickter und **geübter** Mann wohl brauchbare Ergebnisse durch gebrochene Härtung erzielen. Erfolgt diese aber nicht **ganz** sachkundig, so kann sich der Leser nach den bisherigen Angaben ein Bild von den Folgen machen.

Bearbeitung gehärteter Stücke.

Die Härtung der Stahlstücke erfolgt bei den meisten im „vorgearbeiteten" Zustand. Die letzte feinste Form erhalten sie erst nach dem Härten — aus leicht ersichtlichen Gründen. Sie kann dann natürlich nicht mehr auf dem gewöhnlichen Wege: durch Bearbeitung mit Werkzeugstählen geschehen. Denn diese sind ja höchstens ebenso hart, schneiden also nicht. Deshalb kann ein gehärteter Gegenstand nur mehr **geschliffen** werden, da die kleinen Korund- und Karborundum-Schleifscheiben härter sind, als gehärteter Stahl.

Man kann jedoch nicht etwa, der größeren Sicherheit guten Härtens zuliebe, die Form nur roh vorarbeiten, dann härten und nunmehr durch Schleifen die verwickelten Formen herausarbeiten. Ausführbar wäre das bei unserer hochentwickelten Schleiftechnik nahezu in allen Fällen. Aber man würde ja dabei stellenweise die gehärtete Oberfläche wegschneiden. Selbst, wenn dies nichts schadete, und das Innere gleichmäßig hart sich zeigte, so würde dadurch die innere Spannung teilweise ausgeschaltet, und die spannungsbefreiten Teile würden von den noch gespannten schief und krumm gezogen.

Auch bei der Naturhärte der härtbaren Stähle ist die Bearbeitung durch Stähle schon recht schwierig. Um, besonders bei verwickelten Formen, schnellere, also billigere Vorbearbeitung zu erzielen, wählt man weiche, d. h. kohlenstoffarme Stahlsorten zur Herstellung, und führt diesen nach der Vorbearbeitung, aber vor dem Härten künstlich Kohlenstoff zu. Dieser Weg heißt Einsatzhärtung.

Die kohlenstoffarmen Stähle werden nämlich in Substanzen eingebettet, welche stark kohlenstoffhaltig sind und vor der feinstgepulverten Holzkohle den Vorzug haben, daß in ihnen der Kohlenstoff erst bei Erhitzung in geradezu molekularer Feinheit aus seiner Verbindung frei wird. Einsetzen.

Durch den Druck gleichzeitig entstehender Kohlenwasserstoffgase wird die entstehende Kohle innig dem zu kohlenden Stahl mitgeteilt. So sind alle Bedingungen der Gleichförmigkeit erfüllt. Hier besonders ist lange, oft tagelange Dauer des Vorgangs am Platze.

Über die technischen Einzelheiten des Einsetzens muß der Augenschein aufklären. Der Schleier des Geheimnisses sei nur noch von den „Härtemitteln" gezogen, deren Zweck aus dem Gesagten ja ersichtlich ist. Sie bestehen aus anorganischen und (wegen der feinen Verteiltheit des Kohlenstoffs) mit Vorliebe organischen kohlenstoffhaltigen oder die Kohlenstoffwanderung begünstigenden Stoffen, meist in besonderer und eifersüchtig geheim gehaltener Mischung. Hier seien genannt: Härtemittel.

Kochsalz, Cyankalium, doppelt chromsaures Kali, Glas, Kalisalpeter, Blutlaugensalz, Salmiak, Ton, Ziegelmehl, Kreide, Holzkohle, Roggenmehl, Gummi arabikum, Aloeharz, Kolophonium, Tischlerleim, eingetrockneter Tierharn, Hornabfälle, Chinarinde, ja sogar schwarze Seife und Lebertran!

Diejenigen Teile, welche an dem Einsetzen und Härten nicht teilnehmen sollen, werden mit Lehm umkleidet.

Für die spätere Konstruktionspraxis hat man sich bei Betätigung in der Härterei ein Urteil zu bilden, welche Formgebung jeweils die geringste Gefahr verunglückter, rissiger oder verzogener Härtestücke bietet. Wird nach solchem Gesichtspunkt entworfen, so ist Verteuerung durch „Ausschuß“ oder Härteschwierigkeiten ausgeschlossen. Auch dieses „Gefühl“ kann nur das verständnisvolle Sehen und tätige Mithilfe vermitteln.

Beobachtungswinke.

Man schätze grundsätzlich das Gewicht jedes Schmiedestücks und vergleiche den Schätzwert mit dem genauen.

Welche Nachteile hat das Stauchen des Eisens?

Welche Biegeproben muß gutes Schmiedeisen aushalten?

Wie groß ist der durchschnittliche Abbrand im Schmiedefeuer?

Kann man auch zwei verschiedene Eisensorten, beispielsweise Eisen und Stahl, zusammenschweißen, und wenn ja, unter welchen Vorbedingungen? Welchen Zweck hat es?

Wie zeigt sich „Verbrennen des Eisens“ am erkalteten und warmen Stück?

Wie kann man die Gesundheit einer Schweißstelle erkennen?

Gibt es äußere Beurteilungsmerkmale für gute oder schlechte Nietung und Verstemmung?

Welche Gewähr ist bei tragbaren Bohrmaschinen für die Genauigkeit der Bohrung gegeben?

Welche Vorteile und Nachteile hat a) das Stanzen und b) das Bohren der Nietlöcher?

Einnietung und Versteifung von Flammrohren?

Einmauerung der Dampfkessel?

Wie wird beim Biegen von Rohren die Aufrechterhaltung überall kreisförmigen Querschnitts erzielt?

Mit welcher Genauigkeit können Biegungen eines Rohres in mehreren verschiedenen Ebenen ausgeführt werden, und wie oft muß man sie durchschnittlich anpassen, ehe sie stimmen? Wie kann man gleichartige Biegungen durch Zusammensetzen von Normal-Rohrstücken erzielen?

Urteil über Kostenverhältnis der beiden letzteren Verfahren!

Inwieweit erlaubt die Wasserdruckprobe fertiger Kessel oder Kesselteile ein Urteil über ihre Dichtheit im Betrieb?

Welche Rücksichten müssen wegen der Transportmöglichkeit

in Entwurf und Aufbau von Eisenkonstruktionen genommen werden?

Welche Möglichkeit besteht, beim Härten verzogene Stücke nachträglich gerade zu richten, und empfiehlt es sich, es zu tun?

Wie schmiedet man in ein massives Stück ein Loch nach Fasson, und wann ist Bohren billiger?

Welche Proben der Härtung gibt es außer der Feilprobe?

Bei welcher Mindestglut muß das Schmieden eingestellt werden, und welche Nachteile erzeugt Schmieden zu kalten Eisens?

Welchen Einfluß übt wiederholtes Härten und Ausglühen auf den Stahl aus?

Welche Verrichtungen erfüllen die folgenden

Schmiedewerkzeuge:

Flachzange
Rundzange
Kugelzange
Schiebzange
Drahtschneider
Beißzange
Kneifzange
Nagelzange
Drückzange
Ziehzange
Stock- oder Bockschere
Tafelschere
Parallelschere
Rahmenschere
Lochschere
Drahtschere

Amboßhorn
Sperrhorn
Angel
Bankhorn
Stöckel
Spitzstöckel
Umschlageisen
Bördeleisen
Boden- oder Kesselamboß
Polierplatte
Gesenkplatte
Streckhammer
Kreuzschlaghammer
Schlägel
Spitzhammer

Flachhammer
Kreuzfinnenhammer
Kugelfinnenhammer
Schlichthammer
Ballhammer
Kugelhammer
Treibhammer
Pinnhammer
Schellhammer
Lochhammer
Kesselsteinhammer
Gesenkhammer
Holzhammer
Setzeisen

Warm- und Kaltschrotmeißel
Löschspieß
Herdhaken
Löschwedel
Kreuzmeißel
Handmeißel
Bankmeißel
Durchschlag (Hand- und Bank-)
Lochscheibe
Locheisen
Lochzange
Lochlehre
Blechlehre
Drahtlehre.

Abschnitt 12.

Die mechanischen Werkstätten.

A) Allgemeines.

Bauen und Fabrizieren. Alle Fortschritte in der Erzeugung höchstwertigen maschinentechnischen Baustoffs, alle Vervollkommnungen in Gießerei und Schmiede finden ihre Bekrönung in der mechanischen Bearbeitung der Maschinenteile. Ohne die staunenswerte Entwicklung, die dieser Zweig der Werkstattstechnik in den letzten Jahrzehnten erlebte, wären wir heute nicht imstande, die Vorteile vervollkommneter Rohstoffe und Vorarbeiten angemessen auszunutzen. Dabei steht wie überall in der Technik, naturgemäß auch diese Entwicklung in Wechselwirkung mit den Fortschritten der Rohstofferzeugung. Denn ohne die in den letzten Jahren allgemein eingebürgerten Schnellstähle hätte wiederum der Werkzeugmaschinenbau bei weitem nicht so kräftigen Anstoß zur Weiterentwicklung erhalten. Und die heutige Werkzeugmaschine an sich bietet wiederum ein so hochvollendetes Erzeugnis der Technik, wie es ohne vorzüglichstes Material und beste Bearbeitung nicht denkbar wäre.

So ist denn in zwiefacher Hinsicht der Aufenthalt in den mechanischen Werkstätten die hohe Schule der praktischen Tätigkeit. Einmal lernt der Volontär hier die verfeinerten Arbeits- und Meßmethoden kennen, die unserem Maschinenbau sein gegen früher so verändertes Gepräge verleihen. Und dann kommt er hier — wenigstens in zeitgemäß eingerichteten Werken — in ständige Berührung mit Maschinen, die zu den höchststehenden Erzeugnissen der heutigen Technik zu rechnen sind.

Es wäre sehr wenig angebracht, den Versuch zu machen, in dem hier gewählten Rahmen auch nur ein annähernd erschöpfendes Bild der Vorgänge und der Maschinen in den mechanischen Werkstätten zu geben. Abgesehen davon, daß es nicht Zweck und Absicht dieser Zeilen ist, das Schauen zu ersetzen, würde hier die Beschreibung nur langweilen, noch dazu neben dem anregenden Vielerlei der Umgebung.

Unter ausdrücklichem Verzicht auf Vollständigkeit sollen daher im folgenden in zwangloser Form ein paar Bemerkungen gemacht werden, die etwa den Standpunkt kennzeichnen sollen, auf den sich der Lernende hier am vorteilhaftesten stellt. Sie werden an die Werkzeugmaschinen anknüpfen und die Rücksichten betonen, die beim Entwerfen von Maschinenteilen auf die Eigenart des Arbeitens der Werkzeugmaschinen zu nehmen sind.

Denn mit den heutigen Werkzeugen und Baustoffen erstklassige Maschinen herzustellen, ist an sich kein Kunststück. Die Schwierigkeit liegt darin, sie billig und konkurrenzfähig zu erzeugen, unbeschadet der höchsten Vollendung. Der Schlüssel liegt im Ausnutzen der Fähigkeiten der Maschinenarbeit. Billigere Maschinenarbeit muß wachsende Löhne ständig wettmachen. Deshalb muß die an den Stücken vorzunehmende Arbeit von vornherein vom Konstrukteur für die Maschine zugeschnitten werden. Die vollkommensten Maschinen nutzen der Fabrik nichts, wenn sie nicht ausgenutzt werden. In der Anpassung der Zweckform des Maschinenteils an die Arbeitseigentümlichkeit der Werkzeugmaschinen, die ihn herstellen, liegt der Anteil des Konstrukteurs an dieser Ausnutzung. Und in zweckmäßiger Verteilung der Arbeit, sodaß nie eine Maschine unbeschäftigt dasteht und jede Arbeit auf der Maschine ausgeführt wird, die sie am billigsten ausführt, darin beruht die Kunst des Betriebsleiters. Beide wirken darin zusammen, das der Maschinenbau zur Maschinenfabrikation, das teuere Einzelstück zur billigen Vielfachausführung wird.

Voraussetzung der geeigneten Form der Maschinenteile ist somit die Kenntnis der Arbeitsweise der Maschinen. Sie allein genügt nicht. Es muß dem Ingenieur in gleichem Maße, wie dem Betriebsleiter auch in jedem einzelnen Fall die Entscheidung möglich sein, welche Art Maschinen die betreffende Arbeit am billigsten leistet. Dieser Maschine muß er seinen Entwurf anpassen. Vor seinem geistigen Auge muß hierfür der gesamte Arbeitsvorgang stehen, wie ihn das Stück an jeder einzelnen Maschine durchmacht, und die Reihenfolge in der die einzelnen Bearbeitungsabschnitte an einer oder mehreren Werkzeugmaschinen vor sich gehen.

Der erste Vorgang, der mit dem zu bearbeitenden Rohguß- oder Rohschmiedestück statthat, ist seine „Aufspannung" auf der Spannplatte der Werkzeugmaschine Daß der Transport dorthin Aufspannen.

so billig als möglich geschieht, dafür trägt der Betriebsleiter und der Erbauer des Werks die Verantwortung. Aber das „Aufspannen" ist wesentlich abhängig von der Geschicklichkeit des Konstrukteurs. Da das Stück bei der Bearbeitung sehr erheblichen Kräften gegenüber völlig unbeweglich sein muß, so muß von vornherein Sorge getragen werden, daß es möglichst ausgedehnte Flächen besitzt, mit denen es auf der festen Spannplatte der Werkzeugmaschine ruhen kann. Auch muß es so widerstandsfähig in sich sein, daß es nicht Gefahr läuft, durch die Kraft der Befestigungsschrauben zerstört, dauernd oder vorübergehend verbogen zu werden. Denn auch eine vorübergehende Formänderung muß für genaue Arbeit verhängnisvoll werden: eine Fläche, die am eingespannten Stück genau zylindrisch oder eben war, wird oval oder uneben werden, falls „Verspannung" vorlag, d. h. falls Formänderungen beim Aufspannen hervorgerufen waren, die beim Ablösen zurückfedern. Der Konstrukteur wird sich darnach zu richten haben, ob ihm für das Einspannen die bequemen Einspannvorrichtungen etwa der Drehbank oder die verhältnismäßig rohen der Hobelmaschine zur Verfügung stehen. Immer wird er bestrebt sein müssen, so zu konstruieren, daß die übliche Aufspannung leicht möglich ist.

Vollkommenste Vertrautheit mit den üblichen Hilfsmitteln und Handwerksgewohnheiten beim Aufspannen ist daher erste Voraussetzung für späteres gewandtes Konstruieren.

Einspannvorrichtungen. Nur notgedrungen wird man auf die einfachen Einspannungen verzichten. In solchen Fällen muß sich die Werkstatt helfen, wie es eben geht, solange es sich um die Anfertigung weniger Stücke handelt. Bei Massenfabrikation zahlt es sich jedoch allemal aus, für schwierig aufzuspannende Stücke eine Sonderaufspannvorrichtung herzustellen, deren Entwurf dann ebenfalls genaueste Kenntnis der Bearbeitungsvorgänge erfordert und vielfach sogar erst nach eingehender Beratung mit dem betreffenden Arbeiter entsteht. Denn entschließt man sich einmal zu einer Sondervorrichtung, so will man sie auch zu möglichst vielen Erleichterungen und Beschleunigungen der Arbeiten gleichzeitig ausnutzen. In der Tat bieten Sondervorrichtungen zum Aufspannen so hohe Vorteile, daß man sie häufig auch für solche Stücke baut, die recht wohl in normaler Weise aufgespannt werden könnten.

Denn der Kernpunkt beim Aufspannen und Herrichten des Werkstücks zur Bearbeitung ist ja der, daß während der ganzen Zeit, die es beansprucht, die Maschine notgedrungen stillstehen muß. Jede Minute, die für Aufspannen verbraucht wird, ist verlorene Zeit, verlorenes Geld. Vielfach herrschen bei den Ingenieuren völlig unklare Begriffe darüber, ein wie hoher Prozentsatz der gesamten Bearbeitungsdauer denn eigentlich auf das Aufspannen zu rechnen ist. Der Volontär wird sehr gut tun, möglichst oft bei geschickten Arbeitern mit der Uhr in der Hand zu verfolgen, wieviel Zeit für Aufspannen und Umspannen drauf geht, und wieviel Zeit die eigentliche Maschinenarbeit beträgt. Derartige Feststellungen (die man übrigens möglichst wenig auffallend vornehmen soll — niemand liebt es, wenn man seine Arbeiten mit der Uhr kontrolliert) bilden allmählich das Urteil heraus und werden vermutlich einen erschreckend hohen Prozentsatz der „toten" Arbeitszeit ergeben. Erst bei dieser Erkenntnis wird es klar, wieviel sich durch Konstruieren auf leichtes Einspannen hin, und erforderlichenfalls durch Herstellen von Sonderaufspannvorrichtungen ersparen läßt. Man befrage nur einmal den Betriebsingenieur, um wieviel billiger dies oder jenes mit Sondervorrichtungen aufgespannte Stück „gegen früher" geworden ist. Berücksichtigt man dann noch, daß durch geschickt eingerichtete Vorrichtungen z. B. Entfernungen und Durchmesser von Bohrungen usw. gleich festgelegt werden können, also Messungen erspart und Irrtümer ausgeschlossen sind, so wird man begreifen, einen wie hohen Wert ihre geschickte Anwendung für billige Erzeugung hat, und ihnen die gebührende eingehende Beachtung schenken. Denn die unscheinbaren Kästen bleiben sonst leicht unbeachtet.

Wird mit den Überlegungen des sparsamsten Vorgehens schon bei diesen Vorbereitungen begonnen, wieviel mehr werden die Köpfe angestrengt, um die Maschinenarbeit selbst zu vereinfachen und zu verbilligen! Vor allem war man von je bedacht, so schnell wie möglich zu arbeiten. Aber die obere Grenze der Schnelligkeit ist rasch erreicht. Sie liegt in unzulässiger Erwärmung von Arbeitsstück, wie von Werkzeug. Da es nicht durchführbar ist, die Temperatur an der Schneide ständig zu messen, so muß sogar schon die bloße Gefahr übermäßiger Erwärmung zwingen, von der Höchstgrenze der Schnellarbeit immer noch ein gut Stück abzubleiben. Schnellarbeit.

Die Erwärmung des Arbeitsstücks bringt die große Gefahr mit sich, daß es sich „wirft". Denn mit der Erwärmung ist naturnotwendig Dehnung verknüpft. Die starre Befestigung des Stücks auf der Spannplatte verhindert aber die Dehnung Es bleibt dem Werkstück nichts anderes übrig, als sich zwischen den starren Befestigungspunkten irgendwie so zu krümmen, daß die krumme Linie gegen die gerade um so viel länger ist, wie die Temperaturdehnung beträgt. Die Folgen sind dieselben, wie bei „verspanntem" Stück. Die am krummgezogenen Stück kreisrund oder eben erzeugten Flächen zeigen sich am erkalteten als oval oder windschief. Bei der Genauigkeit von weniger als 0,1 mm, welche in den heutigen Maschinenwerkstätten Durchschnitt ist, hat solche Ungenauigkeit sehr leicht „Ausschuß" zur Folge.

Kühlung. Aber es gibt ein Mittel, abzuhelfen. Man kann ja durch einen Wasserstrahl kühlen. Das würde aber den Stahl verderben. Denn er würde leicht bei vorübergehendem Aussetzen des Kühlens heiß werden und dann bei Wiedereintritt des Wasserstrahls abschrecken, sodaß sich ziemlich schnell die Sprödigkeit bis zum Bruch steigern würde. Auch dieses Hindernis kann überwunden werden: es gibt Flüssigkeiten, die die Härtung vermeiden. Wir sahen schon im Abschnitt „Härterei", daß Zusatz von Seife zum Wasser seine härtende Wirkung mildert. Gesättigte Seifenlösung ist nun völlig ohne Härtwirkung und dieses billige Mittel wird daher an jeder Werkzeugmaschine zur Kühlung verwendet.

Das Seifenwasser hat noch einen anderen Zweck. Es „schmiert" die Schnittstelle. Die Schmierung hat allgemein bei den Maschinen den Zweck, den Verschleiß und die Wärmeentwicklung durch Reibung trockner Oberflächen zu vermeiden. Das Schmiermittel tritt infolge der aus dem Physikunterricht bekannten Kapillarkräfte zwischen die beiden reibenden Stellen und verhindert so die unmittelbare Berührung von Metall mit Metall. Eine ähnliche Rolle spielt das Seifenwasser beim Schneiden der Metalle, und es werden auch bei bestimmten Arbeiten und Metallen statt Seifenwasser genau die Schmiermittel verwendet, die allgemein dafür dienen: Pflanzen- (Rüb-) und Mineralöle. Wenn die dünne Schmierschicht das Schneiden natürlich nicht hindert, und ja auch nicht hindern soll, so verhindert sie doch eine Aufrauhung der soeben geschnittenen heißen Fläche durch die der Schneide unmittelbar benachbarten pressenden Flächen des Schneidwerkzeugs, wodurch eine schöne glatte, häufig spiegelblanke Oberfläche entsteht. Und dann nimmt sie die Wärme unmittelbar beim Entstehen von Stahl und Stück fort. Deshalb sind an allen Seifenwasserberieselungen Vorrichtungen, um die Tropfen genau auf die Schnittstelle zu richten, und bei stärkeren Schnitten und widerstandsreichen Stoffen findet sogar ständige Bespritzung mittels winziger Räderpumpen statt, die aus tiefer gelegenen Sammelstellen das abgeflossene Schmiermittel immer wieder im Kreislauf hochfördern. So wird auch hier mit dem geringsten Verbrauch an Schmier- und Kühlmitteln die größtmögliche Wirkung angestrebt.

Kann man sich auf diese Weise der Grenze der gefährlichen Erhitzung sehr weit nähern, so ist immerhin die Schneidleistung per Sekunde begrenzt. Der Werkzeugmaschinenbauer mißt sie durch die folgenden drei Größen: Die Schnittgeschwindigkeit, d. i. die Strecke, um die sich die augenblickliche Schnittstelle nach einer Sekunde von der Schneide (in der Richtung des Schneidens) entfernt hat. Zweitens der Vorschub, d. h. der seitliche Abstand zweier benachbarter Schnittfurchen. Und drittens die Spantiefe, ein wohl ohne weiteres verständlicher Begriff. Schnittgeschwindigkeit (Länge) mal Vorschub (Breite) mal Spantiefe (Höhe) ergeben ohne weiteres den Körperinhalt der sekundlich abgeschälten Metallmenge. Mit gewöhnlichen guten Stählen erreicht man beispielsweise beim Bedrehen von Flußeisen: Sekundliche Schneidleistung.

Schnittgeschwindigkeit	90 mm/sek
Vorschub	1,5 „
Spantiefe	7 „

Also sekundlich abgeschältes Eisenvolumen:

$$90 \cdot 1{,}5 \cdot 7 = 945 \text{ cmm} = 0{,}945 \text{ ccm}$$

Gewicht des sekundlich abgeschnittenen Eisens:

$$0{,}945 \times \text{spez. Gewicht} = 0{,}945 \times 7{,}8 = 7{,}37 \text{ g}$$

Stündliche Schneidleistung:

$$7{,}37 \times 60 \times 60 = \text{rund } 26500 \text{ g} = 26{,}5 \text{ kg Flußeisenspäne.}$$

Bei solcher Leistung tritt an der Schneide des Stahls trotz aller Kühlung schon eine Temperatur von etwa 200° C. auf, was auch äußerlich in der leichten Dampfentwicklung an der Schneidstelle sichtbar wird. Da bei 220° C. schon unsere Anlaßtemperatur liegt, so ist ersichtlich, daß hiermit die Grenze erreicht ist.

Schnellstähle.

Ein weiterer Fortschritt in der Schneidleistung war also nur möglich dadurch, daß es gelang, Stähle herzustellen, die höher erhitzt werden können, ohne an Härte einzubüßen. Dies gelang in den 80er Jahren des 19ten Jahrhunderts, wenn es auch bis zur Einführung der zunächst noch unvollkommenen Erzeugnisse in die breiteste Praxis ein weiter Weg war. Seit einigen Jahren erst sind sie Allgemeingut der Maschinenfabriken geworden. Ihre Unempfindlichkeit gegen Hitze bis etwa 500° C. (also schwache Braunglut) rührt von den Zusätzen an Chrom, Wolfram usw. her, die dem Eisen eine hohe Lösungsfähigkeit für Härtungskohle verleihen und die Karbidbildung hintanhalten.

Mit den besten Schnellstählen sind Dauer-Leistungen von 450 kg Eisenspäne pro Stunde erreicht worden, d. h. eine Leistungssteigerung auf das 18fache. Durchschnittlich kann auf 3—4fache Leistung gegenüber gewöhnlichen Stählen gerechnet werden. Trotzdem die Stähle selbst (siehe Tafel S. 105/106) etwa sechsmal so teuer sind, als Gußstahl, und trotzdem sie voll ausnutzbar nur durch sehr kräftige Schnellstahlmaschinen sind, die eigens für sie angeschafft werden müssen, so ergibt sich dennoch aus dieser außerordentlichen Leistungssteigerung eine ungeheure Verbilligung durch den Schnellbetrieb bei der Bearbeitung.

Schleifen der Werkzeuge.

Wesentlichen Einfluß auf die Schnelligkeit und Leichtigkeit des Schneidens hat die Verfassung, in der sich das Schneidzeug befindet, und diese liegt zum großen Teil in der Hand des Arbeiters, der die Maschine bedient. Die durchgehend in den mechanischen Werkstätten herrschende Akkordentlohnung gibt zwar dem Arbeiter ein großes Interesse daran, daß er sein Werkzeug richtig schleift, härtet, einstellt usw. Immerhin wird der Stahl ganz anders abgenutzt, wenn er nicht in wünschenswertem Zustand ist, selbst wenn der Arbeiter schnell mit ihm arbeiten kann. Es liegt daher sehr im Sinne sparsamen Werkstattbetriebs, wenn man auch hier die Arbeitsteilung verfeinert, indem man dem Maschinenarbeiter die Fürsorge für das richtige Schleifen, Härten und Einstellen der Schneidwerkzeuge möglichst abnimmt. So bürgert sich immer mehr die Einrichtung einer besonderen Abteilung der Werkzeugmacherei ein, in der von bestimmten, eingearbeiteten Leuten und mit Anwendung genau arbeitender Schleifmaschinen die Werkzeuge geschliffen werden. Durch planmäßige, geradezu wissenschaftliche Untersuchung hat man für die meisten vorkommenden Fälle die jeweils günstigsten „Schneidwinkel“ erforscht. Die Winkel, die von Bauch und Rücken der Schneide gegeneinander, von ihrem Rücken gegen das Werkstück und von ihrer Flanke gegen die Vorschubrichtung gebildet werden, sind nämlich so wichtig für vollkommenes Schneiden, und auch nur geringes Abweichen von dem besten Wert ergibt sofort so bedeutend schlechteres Schneiden, daß selbst der geschickteste Dreher nicht mehr nach Augenmaß und „Gefühl“ sie richtig treffen kann. Die Gesetze, denen diese Winkel unterliegen, wird der Studierende auf der Hochschule kennen lernen. Ihre Erläuterung würde hier viel zu weit führen. Es empfiehlt sich jedoch sehr, besonders geschickte Arbeiter (am besten Werkzeugmacher) über ihre Handwerkskenntnisse hierin zu befragen. Denn ihre Ausdrucksweise vermittelt durch Anschaulichkeit am besten das Gefühl für die richtige Schneidengestalt, das als notwendige Unterlage später in der Hochschule vorausgesetzt werden muß. Vielfach sind die Schneidenformen genau normalisiert und in Schablonen festgelegt, von denen der Schleifer mechanisch die Winkel genau abnimmt. Auch hier zeigt sich die nicht unbedenkliche Folgeerscheinung der Arbeitsteilung, daß sie die handwerksmäßig zu erlernende Geschicklichkeit ausschaltet.

Nicht minder wichtig, als die Form der Schneide, ist ihre Härte. Im Abschnitt „Härterei“ ist gezeigt, in wie hohem Grade sie von Schulung der Härter und guten Öfen abhängt. Auch die Härtung ist daher in den neuesten Werkstätten dem Arbeiter abgenommen worden.

Nur das richtige Einstellen der Stähle an der Maschine wird wohl stets dem geschulten Maschinen-Arbeiter verbleiben. Der Volontär wird durch selbständiges Arbeiten sehr bald merken, welche Bedeutung ihm zukommt. Vielfach versucht man, durch besonders konstruierte Stahlhalter und Stichelhäuser auch hier den Einfluß der Geschicklichkeit des Arbeiters auszuschalten, bisher aber mit wenig Erfolg. Denn etwas schieben und drehen läßt sich stets, und schon das „Etwas“ macht sehr viel aus. Mehr Erfolg hat die Einrichtung, daß ein gelernter Arbeiter für eine Reihe ungelernter die Einstellung an deren Maschinen vornimmt. Die Ersparnis ist einleuchtend.

Spanbildung.

Einen großen Einfluß auf Schnelligkeit des Arbeitens, Abnutzung der Stähle, Anstrengung und Verschleiß der Maschinen haben die Bearbeitungseigenschaften des Materials der zu bearbeitenden Stücke. Je fester, hauptsächlich aber je härter und spröder ein Baustoff ist, desto langsamer muß er bearbeitet werden, und desto schneller stumpft er alle Schneiden ab. In der am Schluß dieses Abschnittes gegebenen Tafel der Schnittgeschwindigkeiten kommt das deutlich zum zahlenmäßigen Ausdruck. Hartguß muß 10—20 mal so langsam bearbeitet werden, wie Kupfer, und 5—10 mal so langsam, wie Schmiedeisen. Einen viel lehrreicheren Einblick in dieses technologische Verhalten der Metalle liefert jedoch die Spanbildung. Auch für den Laien springt der Unterschied zwischen den trockenen, brockigen Gußeisenspänen, den langen, zähen Locken der schmiedbaren Stoffe und dem kurzen, gebogenen Span der Kupferlegierungen sofort ins Auge. Ein erfahrener Fachmann vermag aus der Betrachtung der Bearbeitungs-, insbesondere der Drehspäne die Festigkeits-, Elastizitäts- und Härteeigenschaften fast so genau anzugeben, wie nach einer Prüfung mit wissenschaftlichen Instrumenten. Ja, viele Praktiker geben erst dann ein abschließendes Urteil über ein ihnen unbekanntes Material ab, wenn sie seinen Drehspan gesehen haben. Hier bietet sich dem Neuling ein reiches Lerngebiet, dessen Bedeutung für Ausbildung des technischen Gefühls gar nicht hoch genug angeschlagen werden kann. Natürlich muß dieses Buch diese reine Anschauungsbelehrung ganz der Praxis und dem erfahrenen Praktiker überlassen. Es kann nur eindringlichst das Studium der Spanbildung dem Volontär empfehlen.

Formgebung. Der Ingenieur wird bei der Wahl des Baustoffs natürlich nach Möglichkeit auf seine Bearbeitbarkeit auf den Werkzeugmaschinen Rücksicht nehmen. Im großen und ganzen wiegen jedoch die Festigkeitsrücksichten und die Bedingungen der Rohbearbeitung (Gießen, Schmieden, Walzen usw.) vor. Volle Berücksichtigung der Eigenart der Maschinenarbeit ist nur möglich auf dem Gebiete der Formgebung und allgemeinen Wahl der konstruktiven Mittel. Die Erlernung dieser Kunst ist der Hauptinhalt der konstruktiven Seite des Studiums überhaupt. Es wäre verfehlt hier von den ihr zur Verfügung stehenden Mitteln zu sprechen. Dies muß den Konstruktionsübungen auf der Hochschule völlig vorbehalten bleiben. Dem Neuling würde auch diese Besprechung schwerlich verständlich sein. An dieser Stelle liegt einer der Hauptvorteile der Wiederholung praktischen Arbeitens nach Erledigung einiger Hochschulsemester. Dann achtet der Student ganz von selbst auf alle diese Fragen und bringt ihnen umso mehr Verständnis entgegen, je mehr er beim Konstruieren gemerkt hat, „wo's fehlt".

Hier sei nur auf eine allgemein beachtenswerte Eigentümlichkeit der Werkzeugmaschinen hingewiesen, deren Berücksichtigung in erster Linie unumgänglich ist. Das ist die starke Komplikation, die jedes anscheinend geringfügige Abweichen von den Grundbewegungsrichtungen und Grundformen mit sich bringt. Der rechte Winkel, die geradlinige Flanke und der kreisförmige Querschnitt: das sind die Grundlagen, von denen nie ohne triftigen Grund abgewichen werden darf. Man beobachte daher genau, welche Verstellung an den Maschinen, welche Hilfsvorrichtungen, und welches schwierige Messen erforderlich werden, wenn, etwa bei Herstellung eines Keiles, eine Flanke gegen die andere um einen spitzen Winkel geneigt ist, oder wenn an der Drehbank eine konische Fläche erzeugt werden soll. Die Bearbeitung von prismatischen Körpern mit krummlinig begrenzter Grundfläche macht meist besondere Vorrichtungen (Kopierfräser, Stoßschablonen usw.) nötig, die Erzeugung „geschnittener" (d. h. bearbeiteter) Zähne an Zahnrädern oder Schnecken mit krummen Flanken erfordert bereits die verwickeltsten Sondermaschinen. Die Herstellung von Körpern mit elliptischem Querschnitt ist auf einer normalen Drehbank ausgeschlossen.

Anderseits sind einige verwickelt erscheinende Formen mit der Maschine ohne weiteres herstellbar, so vor allem die Schraubenflächen. Der Grund liegt darin, daß sie durch Zusammenfügen der rein drehenden Bewegung mit geradliniger Verschiebung entstehen. Was der Volontär also vor allem auf die Hochschule mitbringen muß, das ist die Unterscheidungsfähigkeit, ob eine Körperform im werkstatttechnischen Sinn einfach oder verwickelt ist, d. h. ob sie leicht und schnell herstellbar ist oder nicht. In diesem Sinn ist das Wort: „technisches Formgefühl" und „technisches Formempfinden" zu verstehen. Der geschulte Ingenieur denkt und entwirft nur noch in Formen, die werkstattstechnisch einfach sind, und diese innige, wesentliche Verknüpfung der Form mit ihrer Herstellung durch einfachste Mittel unterscheidet das Formgefühl des Ingenieurs so völlig von dem des Malers oder Architekten, das man besser „Stilgefül" nennen würde.

In dieser aus der Entstehung herausgeborenen Einheit von Form, Zweck und Entstehung beruht das unbewußte Empfinden von Harmonie beim Anblick gut durchkonstruierter Maschinen. Da nach den Lehren der Ästhetik der ästhetische Eindruck in dem Empfinden einer verborgenen Gesetzmäßigkeit besteht, so ist die Ästhetik der maschinentechnischen Formgebung auf die festeste Grundlage gegründet. Sie bedarf keiner Stilregeln, denn sie ist von selbst „stilvoll", ästhetisch aus sich selbst. Und daraus erklärt sich der völlige Sieg dieser Ästhetik der „Konstruktivität" auch in der heutigen gewerblichen Kunst.

Dies nebenbei. Wichtig ist also, daß der junge Ingenieur, wenn er auf die Hochschule kommt, vertraut ist mit den Entstehungswegen der Formen. Ungemein übend ist hierbei die ständige Überlegung beim Betrachten der umherliegenden fertig bearbeiteten Stücke, wie sie eingespannt gewesen sind, und wie ihnen die Formen verliehen wurden, die sie nunmehr innehaben. Meistens findet man ja das Stück in der Nähe der Werkzeugmaschine, die es bearbeitete, und kann sich sofort davon überzeugen, ob man sich die Bearbeitungsweise richtig vorgestellt hat, da man vermutlich noch ein unvollendetes Stück in Arbeit beobachten kann. Hierin liegt der unersetzliche Wert und die so bald nicht wiederkehrende Lern-Gelegenheit der praktischen Arbeitszeit.

Hilfsvorrichtungen. Den „praktischen Blick" sehr bildend ist die Beobachtung, auf welche einfache Weise sich der Maschinenarbeiter häufig durch kleine Hilfsvorrichtungen Zeit spart und bessere Ausnutzung der Maschine erzielt. Besonders sei hingewiesen auf die kleinen Schaltvorrichtungen: „Faulenzer", ‚Schwärmer" u. ä., und auf die kleinen Marken, die sich der Arbeiter auf den Verstellkurbeln anbringt, um nach vorübergehender Verrückung später immer wieder sofort auf denselben Punkt einstellen zu können.

Behandlung der Maschine. Diese Vorrichtungen hängen schon zusammen mit einem sehr wichtigen Kapitel: der Behandlung der Werkzeugmaschine. Hier liegt ein Gebiet zur Entfaltung des persönlichen Geschicks und der Verstandesfähigkeiten, das die Entwicklung der Maschinenbearbeitung nicht nur nie dem einzelnen abnehmen, sondern im Gegenteil ständig mehr in die Hand geben muß. An Stelle der Meisterschaft in handwerksmäßigen Fertigkeiten tritt die nicht minder schwierige vollendete Beherrschung einer Werkzeugmaschine. Je empfindlicher und verwickelter die Werkzeugmaschinen werden, desto größer wird der Einfluß, den die jeweils gute oder unsorgfältige Behandlung auf tadelloses, rasches Arbeiten hat. Und darum kann eines ständigen wirtschaftlichen Antriebmittels, wie des Akkord- oder besser Prämienlohns, immer weniger entraten werden, um den Mann zu veranlassen, seine Maschine gut zu pflegen. Er erhöht dadurch die Schnelligkeit seiner Arbeit und folglich seinen Verdienst, und das Unternehmen hat die Möglichkeit, die Tilgungsfrist für das in den Maschinen steckende Anlagekapital lang zu bemessen und so die Bilanz zu verbessern.

Für den Volontär hat die Übung in vorschriftsmäßiger Behandlung der ihm zum Lernen überwiesenen Werkzeugmaschine den hohen Wert, ihm den großen Einfluß der sachgemäßen Wartung eines Mechanismus auf seine Nutzbarkeit handgreiflich zu zeigen. Er lernt auch, jede Maschine als ein besonderes Einzelwesen mit Sonderlaunen und Sonderfehlern zu erkennen. So wird er davor bewahrt, später allzusehr beim Konstruieren zu theoretisieren. Er möge ferner darauf achten, welche Teile Ölung brauchen, welche nicht, wo und mit welchen Vorrichtungen jeweils am angemessensten Schmierung zugebracht wird usw. Solcher Grundstock technischer Kenntnisse wird später sehr angenehm von ihm empfunden.

Zusammenbau der Werkzeugmaschine.

Auf alle Fälle sollte man versuchen, während des Aufenthalts in den mechanischen Werkstätten einer vollkommenen Werkzeugmaschinenzerlegung oder noch besser der Aufstellung einer neu angekauften Maschine beizuwohnen. Die in der Montagehalle durchgeführte Montage von Fertigfabrikaten der Fabrik erstreckt sich in der Mehrzahl der Fälle ja nur auf ein vorläufiges Zusammenstellen. Die eigentliche betriebsfertige Aufstellung geschieht mit allen Feinheiten erst an Ort und Stelle. Bei der Aufstellung von neuen Werkzeugmaschinen in den Werkstätten liegt nun dieser letztere Fall vor. Und zwar bietet gerade die Werkzeugmaschine ein Prachtbeispiel genauer Montage, sorgfältigster Aufstellung, und vor allem bietet sich hier Gelegenheit zur späteren Beobachtung im Betrieb: wo sich hier das Fundament „sackt“, dort der Rahmen nachträglich „verzieht“, und so fort. Zudem ist bei mittleren Größen und Durchschnittstypen auch dem konstruktiv und wissenschaftlich noch nicht ausgebildeten Praktikanten die Übersicht über das Ineinandergreifen aller Teile erleichtert. Es wird ihm sofort, und spätestens beim

Beginn des Arbeitens der neuen Maschine klar, welchem Zweck jeder Einzelteil dient. Diese oder jene technische Aufgabe ist bei der neuen Maschine vielleicht anders gelöst, als bei den alten Typen in derselben Werkstatt. So wird die Anregung zu vergleichendem, verständnisvollem Schauen in passendster Form gegeben. Auf keinen Fall versäume daher der Praktikant, vorkommenden Falls seinen Meister zu bitten, daß er ihm Teilnahme an einer solchen Aufstellung gestattet. Es lohnt auch durchaus, um einer solchen Neuaufstellung willen, falls sie nicht gerade in derselben Werkstätte stattfindet, wo man gegenwärtig arbeitet, diese auf ein paar Tage zu verlassen.

Genauigkeit. Der größte Vorteil dabei ist die Erkenntnis, welchen Grad von Genauigkeit man bei derartigen Aufstellungen innehalten muß und — kann. Durch die hierbei zu verwendenden empfindlichen Instrumente, wie Wasserwagen, Präzisionswinkel und -Lineale, bekommt man erst einen Einblick in die erheblichen Schwierigkeiten, die die Formänderung des Maschinengestells und der Einzelteile bei Aufstellung und Inbetriebsetzung machen, und über die vollendete Herrschaft des heutigen Werkzeugmaschinenbaues über diese Schwierigkeiten.

Die Genauigkeit der Maschine ist ja die erste und unerläßliche Vorbedingung für die Verbindung der heute notwendigen raschen Maschinenarbeit mit Genauigkeit der Erzeugnisse. Man kann schließlich auch mit ungenauen, klapprigen Maschinen genaue Arbeit liefern. Vermutlich werden die meisten Leser dieses Buches selbst die Gelegenheit haben, das festzustellen, da man den Volontären unmöglich die besten und neuesten Maschinen zum Lernen zur Verfügung stellen kann. Aber auch der Geschickteste braucht an einer schlechten Werkzeugmaschine ungleich mehr Zeit zur Erzeugung guter Ware und wird leichter „Ausschuß“ liefern, als der Durchschnittsarbeiter an einer tadellosen Maschine. Die Maschinengenauigkeit verteuert selbstverständlich die Werkzeugmaschine. Aber ohne sie wäre derart galoppierendes Arbeitstempo, wie es der Schnellstahl mit sich bringt, gar nicht möglich; so zahlt sich das höhere Anlagekapital einer guten Maschine durch volle Ausnutzung der wirtschaftlichsten Arbeitsgeschwindigkeit stets aus.

Die Hauptpunkte, wo diese Genauigkeit zum Ausdruck kommt, sind: vollkommen ebene Aufspannfläche, starre

Führung der Werkzeuge oder des bewegten Werkstücks, Vermeidung „toten Gangs" in den Verstellspindeln („Zügen"), genaues Zusammenfallen der Achsen gegenüberliegender Teile (Löcher oder Zapfen), die völlige Genauigkeit aller rechtwinkligen Neigungen und genaue Entfernungsgleichheit paralleler Flächen.

Mit der Genauigkeit der Maschine Hand in Hand geht die Genauigkeit des Messens an den Arbeitsstücken. Diese Frage ist von solcher Wichtigkeit, daß sie zusammenhängend in einem besonderen Abschnitt besprochen ist, auf den hier verwiesen werde.

Der wiederholt betonte letzte Hauptgesichtspunkt für die wirtschaftlichste Fabrikation von Maschinenteilen ist die Zuweisung der Bearbeitungen an diejenige Maschinengattung, die für ihren Vollzug jeweils die geeignetste ist. Unter diesem Gesichtspunkt seien im folgendem besprochen:

B. Typen der Werkzeugmaschinen.

Überblick.

Die gemeinsame Grundlage aller Werkzeugmaschinen ist die Abtrennung von Spänen von den zu bearbeitenden Flächen. Um diese hervorzurufen, bedarf es stets einer gegenseitigen Verschiebung von Werkstück und Werkzeug. Bei dieser können sich entweder beide bewegen, oder nur das Werkstück, oder nur das Werkzeug, und zwar geradlinig oder kreisend, in lot- oder wagerechter Richtung.

Um dem zum erstenmal in eine mit Maschinen erfüllte Werkstatt Tretenden einen ersten Überblick zu geben und ihn davor zu bewahren, allereinfachstem nachzufragen, ist im folgenden eine kleine Zusammenstellung gegeben, welche keinen anderen Sinn und Zweck hat, als dem Volontär das erste Zurechtfinden in der Vielheit der unbekannten Werkzeugmaschinen zu erleichtern. Sie soll keine wissenschaftliche oder erschöpfende Klassifikation darstellen. Denn in Wirklichkeit bewegt sich ja z. B. bei der Drehbank nicht nur Werkstück, sondern auch Werkzeug, nur senkrecht zur Schneidrichtung und verhältnismäßig sehr langsam: auf eine Schnittlänge vom Durchmesser des gedachten Stücks mal π kommt eine seitliche Verschiebung von selten mehr als 1 mm. Der Ausdruck: „das Werkzeug steht still" ist also nicht streng richtig. Immerhin ist der Grundgedanke der Arbeitsweise der, daß das Werkzeug steht. Es muß nur nach je einer Umdrehung des Werkstücks um den „Vorschub“ weitergerückt sein, um bei der folgenden Umdrehung wiederum „Fleisch“ vorzufinden. Nur in diesem Sinne: als vorläufiges Mittel, nach den ersten Eindrücken des Auges auf die Art der Werkzeugmaschine zu schließen, ist der Gebrauch der folgenden Zusammenstellung gedacht.

Zusammenstellung der in mechanischen Werkstätten von Maschinenfabriken gebräuchlichsten Werkzeugmaschinenarten.

<table>
<tr><th colspan="2"></th><th>Das Werkstück bewegt sich</th><th>Das Werkzeug bewegt sich</th><th>Beide bewegen sich</th></tr>
<tr><td rowspan="2">Kreisend</td><td>Um wagerechte Achse</td><td>Drehbank (Abstechbank)</td><td>Universalfräsmaschine, Horizontalfräsmaschine, Liegende Bohrmaschine (Zylinderbohrmaschine) Kreissäge, Schleifmaschine</td><td>Rundfräsmaschine, Schleifmaschine</td></tr>
<tr><td>Um lotrechte Achse</td><td>Karusselldrehbank, „Chucking“-Maschine oder „Vertikaldreh- und Bohrwerk“</td><td>Vertikalfräsmaschine (Nutenfräsmaschine), Bohrmaschine (Gewindeschneidmaschine)</td><td>Rundfräsmaschine</td></tr>
<tr><td rowspan="2">Geradlinig</td><td>In wagerechter Richtung</td><td>Tischhobelmaschine</td><td>Shaping-Maschine oder Stoßhobelmaschine</td><td>—</td></tr>
<tr><td>In lotrechter Richtung</td><td>—</td><td>Stoß- und Stanzmaschine</td><td>—</td></tr>
<tr><td colspan="2"></td><td colspan="2">In vielseitiger Zusammenstellung bei Sonder-Werkzeugmaschinen, insbesondre bei Zahnrad- und Schnecken-Bearbeitungsmaschinen.</td><td></td></tr>
</table>

Ein Blick auf diese Zusammenstellung zeigt die auffallend größere Mannigfaltigkeit unter den Werkzeugmaschinen mit kreisender Bewegung. Man ist eben bestrebt, möglichst viele Arbeiten mit kreisender Bewegung auszuführen.

Bei der Besprechung des Wettstreits zwischen Hobel- und Fräsmaschinen werden wir weiter unten auf die Gestalt näher eingehen, die die Frage: „Kreisende oder hin- und hergehende Bewegung?" besonders für die Maschinenarbeit annimmt.

Dem Abschnitt sind ferner hinten angefügt zwei Tafeln über die Leistungsfähigkeit und den Leistungsverbrauch der Werkzeugmaschinen. Im allgemeinen werden diese beiden Tafeln mehr dem Gebrauch solcher Volontäre anempfohlen, die bereits die Hochschule besucht haben. Des Anfängers Blick könnte leicht durch Berücksichtigung der darin enthaltenen Beobachtungsanregung von dem vor allem anzustrebenden Ziel der werkstattsmäßigen Vertrautheit mit den Werkzeugmaschinen abgelenkt werden. Immerhin ist es nicht schädlich, wenn er einmal eine Mußestunde benutzt, sich klarzumachen, was jene Zahlen besagen. Sie sind ohne weitere Erläuterung beigefügt, da bei Praktikanten in vorgeschrittenen Semestern ihr Verständnis vorauszusetzen ist. Wenn der noch nicht „studierte" Volontär sie nicht verstehen sollte, so tut das dem Erfolg seiner praktischen Tätigkeit keinen Eintrag.

1. Die Drehbank.

Schon durch die Bezeichnung „Bank" im Gegensatz zu den anderen „Maschinen" ist angedeutet, daß die Drehbank geschichtlich die älteste Werkzeugmaschine ist und auch ohne Antrieb durch Maschinenkraft verwendet werden kann, wennschon der Volontär schwerlich noch in einer Fabrikwerkstätte Metalldrehbänke mit Fußantrieb finden dürfte. Die Drehbank ist schlechthin die Allerwelts-Werkzeugmaschine. Nahezu sämtliche Maschinenteile, mögen sie ebene oder gekrümmte Oberflächen haben, lassen sich auf ihr herstellen. Ihre Bedienung erfordert wegen ihrer Vielseitigkeit fast ausschließlich gelernte Leute, die die Auslese des gesamten Arbeiterstamms der Werke in bezug auf geistige Bildung zu sein pflegen. Ein Dreher wird, an eine beliebige Werkzeugmaschine gestellt, stets in kürzester Zeit sich einarbeiten, während das umgekehrte nicht der Fall ist. Aus dieser Allseitigkeit der Ausbildung für Maschinenarbeiten, welche durch das Erlernen des Metalldrehens sich ergibt, erklärt sich die berechtigte Gepflogenheit, die praktische Ausbildung des jungen Ingenieurs vorwiegend (leider manchmal ausschließlich) in die Dreherei zu verlegen. Ein weiterer Grund hierfür ist, daß wegen der vielseitigen Anforderungen der Drehbank an ihre Bedienung vorwiegend ein Dreher nur je eine Maschine bedient. Hieraus ergibt sich eine weniger störende Abkömmlichkeit der Dreher für etwaige Unterweisung des Neulings.

Die drei Hauptverrichtungen auf der Drehbank sind das Abdrehen, das Ausdrehen und das Plandrehen.

Abdrehen. Unter Abdrehen versteht man die Bearbeitung der Außenseite eines Körpers. Sie vollzieht sich selbstverständlich am bequemsten und schnellsten, wenn der Körper rein geradlinig zylindrisch ist. Man beachte stets den Arbeitszuwachs durch Hinzutritt von konischen, kugligen oder gar beliebig profilierten Drehflächen. Kommen für profilierte Drehflächen Sonder-Profilstähle zur Verwendung, so achte man darauf, wie die Umdrehungszahl des Stücks entsprechend langsamer gewählt werden muß.

Schraubendrehen. Eine Verrichtung, deren vielfache Ausübung für den Praktikanten nicht dringend genug empfohlen werden kann, ist das Schraubendrehen. Gerade auf diesem Gebiet kann der Konstrukteur so wesentlich billiger entwerfen, wenn er diejenigen Steigungs- und Profil-Verhältnisse wählt, deren Erzeugung auf der Drehbank die geringste Räderversetzung und die wenigst häufige Umspannung des Stahles erforderlich macht, — aber natürlich nur, wenn er selbst genaue praktische Kenntnisse und eingeprägte Erfahrung im Schraubendrehen besitzt. Bezüglich der dem Anfänger oft sehr schwierig erscheinenden Zusammenhänge zwischen Leitspindel, Zahnradübersetzung und Schraubensteigung sei hier sehr empfohlen, sich eine der vielen gedruckten „Anleitungen im Gewindeschneiden auf der Drehbank“ anzuschaffen, -- wofern eine solche nicht in der Werkstatt aushängt. Sie vermitteln in ihrer einfachen, auf das Verständnis der Dreher berechneten Ausdrucksweise am leichtesten die erforderlichen Aufklärungen*).

---

*) Einige derartige Druckschriften sind: G. Baumann, Gewindeschneiden. 9. Aufl., Aarau 1905. M. 2,20. – R. Dahl, Leitfaden zum Berechnen der Wechselräder beim Gewindeschneiden an der Leitspindel-Drehbank. 8. Aufl., Berlin 1901. M. 1,50. — B. Lukasiewicz, das Berechnen und Schneiden der Gewinde. Praktisches Handbuch für Eisen- und Metalldreher. 3. Aufl., Leipzig 1904. M. 3,50.

Besondere Aufmerksamkeit wende ferner der Praktikant dem Ausdrehen zu, d. h, dem Bedrehen der Innenseite von Hohlkörpern. Für die spätere Konstruktions-Praxis ist es wichtig, vor Augen zu haben, wie beschwerlich und verteuernd sauberes Ausdrehen ist. Der Konstrukteur muß auch aus der Werkstatt ein Gefühl dafür mitbringen, inwiefern das Ausdrehen eines erweiterten Innenraums durch eine enge Vorderöffnung hindurch überhaupt möglich ist. Mit dem Ausmessen auf dem Zeichentisch ist da meist wenig geholfen. Der Entwerfende muß seinem Entwurf ansehen: „Komme ich noch mit dem Stahl hinein oder nicht?“ Ausdrehen.

Die dritte Gruppe von Verrichtungen ist das Plandrehen, d. h. die Erzeugung von Ebenen auf der Drehbank. Sie bedingt stets, daß der Drehstahl, sich senkrecht zur Drehachse verschiebend, nacheinander immer weiter werdende Kreise auf dem Stück beschreibt. Bleibt nun die Zahl der Umdrehungen in der Minute, d. h. die „Tourenzahl“ während der Abflächung sich gleich, so muß notwendigerweise mit dem zunehmenden Radius des Schnittkreises auch die Schnittgeschwindigkeit dauernd zunehmen. Zu geringe Schnittgeschwindigkeit ist unwirtschaftlich, zu große ergibt die besprochenen Gefahren für Stahl und Stück. Man schaltet daher nacheinander verschiedene Tourenzahlen durch das Vorgelege ein, um die Schnittgeschwindigkeit möglichst gleich groß zu erhalten. Selbst wenn, — wie bei den neueren Abstechmaschinen, — durch selbsttätige gesetzmäßige Umdrehungsregelung der große Nachteil der stufen- und sprungweisen Tourenänderung vermieden und gleichförmige Schnittgeschwindigkeit annähernd aufrecht erhalten bleibt, so ist man doch, insbesondere bei großen Bänken, bald an der Höchstgrenze der Tourenzahl angelangt, und arbeitet also in der Nähe des Mittelpunkts stets unwirtschaftlich. Plandrehen.

Die Erzeugung von Ebenen ist also auf Drehbänken nur wirtschaftlich, solange es sich um Ringflächen von geringer Breite handelt. Dies ist der Grund, weshalb die Fabrikation ebener Flächen notwendig anderen Werkzeugmaschinen zufiel.

Im übrigen fand auch innerhalb der Bauform der Drehbank eine Herausbildung von Sondergestaltungen für Sonderzwecke statt. So erblickt man in jeder größeren Werkstatt die durch die sperrige Form des Werkstücks bedingte „Wellendrehbank“ mit Sonderdrehbänke.

besonderen Stützen des Werkstücks, die den Zweck haben, eine störende Durchbiegung der Welle zwischen den Spitzen zu vermeiden. Im Gegensatz zu den langen dünnen Wellen stehen die kurzen scheibenförmigen Werkstücke. Für sie sind eigene Kopf- und Plandrehbänke konstruiert worden, die insbesondere von der Gestalt von gewöhnlichen Drehbänken völlig abweichen, wenn sie für ganz große Stücke: Schwungräder usw. bestimmt sind.

Revolverdrehbänke. Unerreicht in Bequemlichkeit und Wirtschaftlichkeit wird die Drehbank dann, wenn es sich darum handelt, Maschinenteile ohne Umspannen „in einem Sitz“ fertig zu stellen. Das Werkstück kann auf der Spannvorrichtung eingespannt bleiben, und nur ein Wechsel der Werkzeuge wird nötig. Das Einspannen des Werkstücks vollzieht sich allerdings an der Drehbank nicht gerade bequem, wie der Leser aus eigener Erfahrung bestätigen wird. Immerhin sind die Spannvorrichtungen sehr gut ausgebildet. Wenn beim Entwurf der Stücke auf leichte Anwendung dieser Vorrichtungen von vornherein geachtet wird, so vollzieht sich das Aufspannen im Ganzen recht glatt. Auch das Studium dieser Einspannvorrichtungen ist daher wichtig.

Um nun auch den Wechsel der Stähle zu vermeiden, brachte man alle Stähle, die für eine Reihenfolge von Bearbeitungen nötig waren, in einem gemeinsamen „Revolverkopf“ unter, der nun einfach um je einen bestimmten Winkel gedreht wird, wenn das nächste Werkzeug gebraucht wird. Diese Werkzeuge können von einem gelernten Dreher eingestellt und das Weitere einem ungelernten Arbeiter überlassen werden: eine wesentliche Verbilligung. Es liegt in der Natur der Sache, daß ein Werkzeug umso vielseitiger brauchbar ist, je einfacher es ist, und daß sein Anwendungsgebiet sich einengt, wenn es unter Sondergesichtspunkten hergestellt ist. So stellt denn auch der Entwurf von Maschinenteilen, die mittels Revolverbänken bearbeitet werden sollen, besondere Aufgaben für den Konstrukteur; beispielsweise wird die Herstellung eines Maschinenteils mit einem sechsteiligen Revolverkopf gleich wirtschaftlich möglich sein, solange 3, 4, 5 oder 6 Stähle zu seiner Bearbeitung ausreichen. Wird ein siebenter erforderlich, so tritt sofort die Notwendigkeit auf, einen Stahl auszuwechseln und die Wirtschaftlichkeit der Herstellung ist unverhältnismäßig schwer beeinträchtigt. Der Konstrukteur muß deshalb die Bearbeitungen auf der Revolverbank beim Entwurf vor Augen haben. Hieraus ergibt sich für den Praktikanten der richtige Gesichtspunkt ihrer Betrachtung.

Der letzte Schritt in der Weiterbildung der Werkzeuge und Einspannvorrichtungen und in der Ersparung von menschlicher Bedienung wurde mit der Erfindung der „Automaten" gemacht. Ein einziger gelernter Arbeiter vermag deren bis 20 Stück zu bedienen. Die Schnelligkeit der Bearbeitung ist aufs höchste gesteigert, gleichzeitig aber ist die Marschroute des konstruierenden Ingenieurs derartig eingeengt, daß nur noch unter schrittweiser Anlehnung an die jeweils vorliegenden Automaten-Mechanismen der Maschine ihre Arbeit richtig zugeschnitten werden kann. Hier betreten wir daher Sondergebiete. Es verschlägt wenig, wenn der Volontär in dem Werk, wo er arbeitet, derartige Maschinen überhaupt nicht kennen lernt. Auch dann, wenn sie ihm vor Augen arbeiten, sollte er nicht unnütz seine Zeit damit vergeuden, in die Feinheiten ihres Mechanismus einzudringen. Das ist Aufgabe von Sonderstudien auf der Hochschule. Automaten.

2. Chucking-Maschinen.

Die Chucking-Maschinen oder Vertikal-Dreh- und Bohrwerke sind nichts weiter als eine konstruktive Umbildung der Plandrehbänke, deren Hauptachse senkrecht gestellt ist. Hierdurch wird der Vorteil bequemsten Aufspannens erreicht, da das Stück während dieser Verrichtung aufliegt. Die Maschine besitzt der Bohrmaschine gegenüber den großen Vorzug vielseitigster Verwendung und (weil das Werkzeug beim Schneiden ruht) der Anwendbarkeit des Revolverkopfes. Der Nachteil gegenüber den Bohrmaschinen beruht darin, daß der Mittelpunkt der vom Stahl bearbeiteten Kreise gegen das Maschinengestell unverschiebbar ist. Die Chucking-Maschine eignet sich aus diesem Grunde hauptsächlich für Stücke mit einer (zentralen) Bohrung. Sind mehrere Löcher nebeneinander zu bohren, so muß für jede Bohrung eine Neuaufspannung erfolgen, während bei der Bohrmaschine einfach der Werkzeughalter nach Belieben wandert. Die häufigere Umspannung macht somit in diesem Falle die Verwendung der Chucking-Maschine gegenüber der Bohrmaschine unwirtschaftlich. Vergleich mit der Bohrmaschine.

Eine in der Gestalt völlig abweichende, im Grunde aber sehr ähnliche Werkzeugmaschine ist die Karusselldrehbank. Auch Karusselldrehbank.

hier haben wir eine aufrecht gestellte Plandrehbank vor uns, nur ist hier der Stahl in weiten Grenzen (vor allem in wagerechter Richtung) beweglich. Die Karusselldrehbank ist daher für Abdrehen von Ebenen besonders brauchbar.

3. Hobel- und Stoßmaschinen.

Die Hobel- und Stoßmaschinen haben geradlinige Bewegung von Stahl gegen Arbeitsstück oder umgekehrt. Hierdurch scheinen sie besonders geeignet zu sein, in jene bei Besprechung der Drehbänke erwähnte Lücke einzuspringen: nämlich ebene Flächen wirtschaftlich zu bearbeiten. Denn während des ganzen Vorwärtsschreitens besitzen Werkzeug und Werkstück eine vollkommen gleichmäßige Geschwindigkeit gegeneinander. Wir werden sehen, daß dieser Anschein trügt, zumindest daß es Werkzeugmaschinen gibt, die dieselbe Arbeit noch wirtschaftlicher leisten, als die Hobel- und Stoßmaschinen. Denn den Maschinen mit geradliniger, hin- und hergehender Bewegung haften schwere grundsätzliche Mängel an.

Hobeln oder Fräsen?

Als Hauptübel ist zu betrachten, daß diese Maschinen die Hälfte des Arbeitsweges leerlaufen müssen; es folgt aus dem Grundgedanken, der ihnen zugrunde liegt, daß sie nach Vollendung eines Schnittes das Werkzeug um die gleiche Strecke arbeitslos zurückziehen, zu dem nächsten Schnitt gleichsam wieder ausholen, gerade so, wie der Tischler beim Hobeln. Man hat versucht, diesen Mangel zu beseitigen, indem man besondere Stichelhäuser und Stahlhalter schuf, die für Vorwärts- und Rückwärtgang je einen Stahl enthalten, mit dem Rücken einander zugewandt. Aber trotz aller sinnreichen Umsteuervorrichtungen mittels Elektromagneten, Federn usw., gelang es nie, dem grundsätzlichen Mangel einer solchen Vorrichtung abzuhelfen. Beim Vorwärts- und Rückwärtshobeln kehren sich alle Kräfte im Maschinengestell um. Vor allem die seitlichen „Führungen“ leiden auf die Dauer unvermeidlich unter diesem ständigen Wechsel, der einem langsamen, aber beharrlichen und ungeheuer kraftvollen Rütteln gleichkommt. Der Hauptvorteil der Hobelmaschine: ihr sehr genaues Arbeiten, geht durch das unvermeidlich entstehende Spiel in den Führungen verloren.

Die Zeit, in der die Arbeit vollzogen wird, ist und bleibt der Angelpunkt der Wirtschaftlichkeit. Deshalb beschritten die Hobel-

und Stoßmaschinenfabrikanten mit besserem Erfolg einen zweiten Weg: die Maschinen vollziehen ihren leeren Rücklauf mit größerer Geschwindigkeit als den Arbeitslauf. Bei neueren Maschinen hat man die Rücklaufgeschwindigkeit stellenweise bis auf das vierfache erhöht. Viel nützt auch dieser Notbehelf nicht, denn der ständige Wechsel der Geschwindigkeiten im Verein mit ihrer Richtungsumkehr erhöhen den Verschleiß aller Teile, besonders der Riemen und Räder ganz ungemein, sodaß eine viel kürzere Tilgungsfrist des Anlagekapitals für solche Maschinen angesetzt werden muß. Deshalb fällt ein Arbeitsfeld nach dem anderen, das bisher ausschließliches Herrschaftsgebiet der Hobelei und Stoßerei war, der Fräserei, dieser übermächtigen Konkurrentin, zu.

Aus dem verwickelten Vor- und Rückwärtstrieb folgt ein weiterer Nachteil der Hobelmaschine: sie behält für alle Metalle notgedrungen dieselbe Schnittgeschwindigkeit bei. Für die Bearbeitung leicht schneidbarer Stoffe bedeutet das natürlich einen schweren wirtschaftlichen Verlust.

Auch die beiden in Werkstätten häufig zu hörenden Einwände: die Hobelmaschinen arbeiten genauer und seien billiger als die Fräsmaschinen, besonders in bezug auf die Kosten des Stahls, sind in dieser allgemeinen Fassung hinfällig. In der Tat ist bei der Fräsmaschine mit ihrer breiten, langsam vorwärtsschreitenden Schneidfläche die Gefahr des „Verziehens" durch Erwärmung größer, als bei der Hobelmaschine, die schnell über die Arbeitsfläche hinfährt und nach jedem Schnitt während des Rücklaufs Zeit zum Abkühlen gibt. Aber die vorzügliche Kühlung der heutigen Fräser durch reichliche Seifenwasserberieselung vermeidet das Verziehen gänzlich. — Die Preise zweier für gleich große Arbeitsstücke geeigneter Hobel- und Fräsmaschinen sind durchschnittlich ziemlich gleich. Auch der Preisunterschied der einfachen Hobelstähle gegenüber den verwickelten, schwierig herstellbaren Fräsern ist nicht ausschlaggebend: zwar kostet ein Fräser von 5 kg Gewicht beispielsweise etwa 30 M., ein gleichschwerer Stoßstahl nur 20 M., (wobei noch zu berücksichtigen ist, daß immerhin die Stoß- und Hobelstähle vielfach etwas leichter sein werden als Fräser, die dieselbe Arbeit ausführen); zwar sind die Kosten für Ausglühen, Härten, Nachschleifen beim Fräser doppelt so groß, wie beim Hobel und Stoßstahl: dennoch ist es falsch, den Fräser als teurer zu bezeichnen. Denn ein

Stoßstahl muß etwa sechsmal so oft aufgearbeitet werden als ein Fräser: seine eine Schneide nutzt sich viel schneller ab, als die zahlreichen des Fräsers, ganz abgesehen davon, daß der Hobelstahl vielfach von Hand, also durchschnittlich nicht mit den vorteilhaftesten Schneidewinkeln geschliffen wird, während der Fräser nur von Maschinen geschliffen werden kann, also stets höchste Schneidfähigkeit besitzt.

Immerhin gibt es eine nicht unbeträchtliche Anzahl von Gebieten, die stets das eigenste Arbeitsfeld der Hobelmaschine bleiben werden. Die Erzeugung langer und schmaler Ebenen, die unter dem „würgenden" Fräser allzuleicht erzittern, also ungenau werden, und die Bearbeitung sehr großer Flächen (die allerdings nach Möglichkeit vom Konstrukteur vermieden werden sollte). Denn der Hobelstahl steht zur Größe der bearbeiteten Fläche in keiner unmittelbaren Beziehung. Der Fräser*) aber muß mindestens die Länge der geringsten Flächenerstreckung und wegen der von ihm zu fordernden Starrheit eine entsprechende Dicke besitzen. Daher kommt man durch die Herstellungs- (Härtungs-) Schwierigkeiten bald an eine obere Grenze, die wirtschaftlich nicht überschritten werden kann. Von dort ab wird die Hobelmaschine Alleinherrscherin.

Neben alle Erwägungen dieser Art tritt natürlich vielfach die reine praktische Notwendigkeit: die vorhandenen Hobelmaschinen müssen bis zum Ablauf der für sie angesetzten Tilgungsfrist schlecht und recht ausgenutzt werden; so wird vieles gehobelt, was vielleicht billiger zu fräsen wäre.

Trotz dieser verbleibenden Wichtigkeit der geradlinig bewegten Werkzeugmaschinen hat dennoch die Fräsmaschine den größeren Anspruch auf sorgsamste Beobachtung durch den Volontär.

4. Fräsmaschinen.

Messerkopf und Fräser.

Man könnte den Fräser als kreisende Feile mit sehr tiefen Kerben (oder sehr hohen Zähnen) bezeichnen. Hierdurch dürfte am besten der Wirkungsbereich bezeichnet sein, in dem diese Art der Maschinenarbeit die Handarbeit ersetzt. Entstanden ist der Fräser aber wohl schwerlich aus der Feile, vielmehr zeigt der „Messerkopf" der Bohrer wahrscheinlich das Urbild: hier

*) Gilt nur vom Walzenfräser, siehe S. 189.

ist eine Anzahl von Stählen, „Messern“, strahlenartig an dem walzenförmigen Ende eines Schaftes befestigt. Bei Drehung des Schaftes beschreibt jeder Punkt der Messerschneiden einen Kreis. Werden sie alle sorfältig eingestellt, so liegen in dieser Anordnung folgende grundsätzliche Vorteile: während bei einem Messer auf die Schaftdrehung auch nur ein Span abgetrennt wird, vervielfacht sich diese Schneidleistung mit der wachsenden Zahl der Schneiden. Von anderem Standpunkt kann man sagen: in die gleiche Schneidarbeit teilen sich so und so viel Schneiden. Die einzelne Schneide leistet so und so viel mal weniger Arbeit, wird also so und so viel mal so wenig abgenutzt. In Wirklichkeit kommt die erstere Multiplikation und letztere Division nicht voll zum Ausdruck; beide Vorteile vereinigen sich auf mittlerer Linie: ein Messerkopf von sechs Schneiden leistet nicht das sechsfache eines einschneidigen, und nutzt sich nicht sechsmal so wenig ab, wie jener. Aber er leistet immerhin beträchtlich größere Arbeit und braucht weniger oft nachgeschliffen zu werden. Wo diese mittlere Linie liegt, hängt von sehr vielen Faktoren ab, vor allem von der gleichmäßigen Einstellung der Messer.

Es vervielfacht sich also beim Messerkopf die Qual und die Zeit des Stahleinstellens. Dadurch geht der größte Teil der Vorteile wieder verloren. Man griff deshalb zu dem naheliegenden Mittel, Stähle und Kopf in einem Stück herzustellen, und schuf damit den Fräser. Daß man damit ein Werkzeug erfand, das nur mit Maschinen geschliffen werden kann (wie aus dem Gesagten hervorgeht), ist ja eher ein weiterer Vorteil.

Stirnfräser.

Der Fräser hat in seiner nunmehrigen Ausbildung natürlich ein ungleich weiter ausgedehntes Anwendungsgebiet, als der Messerkopf. Er dient vor allem zur Herstellung gerader Flächen. Diese können in zweifacher Weise von ihm erzeugt werden: die Drehachse liegt entweder parallel zur erzeugten Fläche (Walzenfräser) oder sie steht senkrecht zu ihr (Stirnfräser). Beide Verfahren werden auch gleichzeitig oder abwechselnd von ein und demselben Fräser ausgeübt; Beispiel: Nutenfräsmaschine. Es ist Sache der eigenen Belehrung, welche Art des Arbeitens jeweils angebracht erscheint. Hier sei nur auf den grundsätzlichen Übelstand des Stirnfräsers hingewiesen, daß die Punkte des Stirnumfangs natürlich eine andere Schnittgeschwindigkeit haben müssen, als die in der Mitte. Der Mittelpunkt des Stirnkreises steht sogar still. Die Abnutzung ist daher ungleichmäßig, stärker am Rand als in der Mitte. Dagegen gewährt der Stirnfräser den Vorteil, daß er von der Größe der zu bearbeitenden Fläche unabhängig ist und deshalb nie unförmige Größe erreicht. Er bleibt stets verhältnismäßig billig.

Fassonfräser. Ein großer (vielleicht der größte) Vorteil des Walzenfräsers fehlt ihm aber völlig. Für „Fassonfräsen" kann man nur Walzenfräser verwenden. Der Stirnfräser kann natürlich nur Ebenen erzeugen. Gibt man jedoch dem Walzenfräser statt gerader Flanke eine profilierte, so erzeugt der Fräser, auf einer zur Achse senkrechten Linie geführt, eine Schnittfläche, die, längs der Schnittrichtung durchschnitten, eine Gerade ergibt; quer zur Schnittrichtung durchschnitten zeigt sie ein Profil, das sich zu dem des Fräsers verhält, wie Positiv zu Negativ. Die Profil**kanten** sind kongruent. Die ungeheure Zeitersparnis liegt auf der Hand. Sie tut dabei der Genauigkeit auch nicht den geringsten Abbruch.

Aber jede Meb wirkung verlangt Mehraufwand; das ist unabänderlich. Hier liegt er in der größeren Kostspieligkeit der Fassonfräser. Selbstverständlich lohnt die Herstellung eines solchen Fräsers nur, wenn das betreffende Profilstück Massenware ist: z. B. Leisten, ganze Drehbankbetten; vor allem aber eignet sich dieses Verfahren für die Herstellung von Zahnrädern und Schnecken, da hier ja die Formen der Zahnflanken für verschiedene Räder doch gleich bleiben und das Schneiden aller Zähne mit einem und demselben Profilfräser größte Gleichmäßigkeit verbürgt. Zu der Gleichmäßigkeit des Schnittes kommt die Genauigkeit des Zahnabstands hinzu, die sich auf jeder Universal-Fräsmaschine mühelos durch den sogenannten „Teilkopf" erreichen läßt. Er sei besonderer Beachtung empfohlen.

Man macht sich die Möglichkeit, wiederkehrende Teilprofile mit Fassonfräsern zu bearbeiten, noch in einer anderen, höchst interessanten Weise zunutze. Teils absichtlich, teils der Not gehorchend, setzt man verwickelte und besonders ausgedehnte, breite Profile aus mehreren Einzelprofilfräsern zusammen. Jeder von ihnen ist einfach in der Form und kurz, daher billig und zuverlässig härtbar. Alle zusammen, in der rechten Reihenfolge hintereinander auf die Frässpindel gefädelt, zeigen das erwünschte Profil. Aus wenigen dieser Profilteile kann man nun, wie aus Bausteinen, eine unendliche Anzahl verschiedener Gesamtprofile zusammenstellen. Der Konstrukteur steht daher hier vor der Möglichkeit, durch Beachtung dieser „Normalien“ im Vorrat an Fassonfräsern ganz außerordentliche Ersparnisse zu erzielen.

Hinterdrehen.

Mit dieser Seite der Verteuerung hat sich somit die Werkstattstechnik sehr vorteilhaft abgefunden. Noch an einer anderen Stelle macht sich jedoch ein verteuernder Einfluß der Fräserprofilierung geltend. Schleift man einen solchen Fräser, so ändert er sein Profil, wenn auch nur wenig, so doch genug, um genaues Arbeiten, vor allem bei Zahnrädern, auszuschließen. Man hat daher den Kunstgriff des „Hinterdrehens“ erfinden müssen, ehe der Profilfräser überhaupt anwendbar wurde. Die Einzelheiten über Aussehen, Wirkungsweise und Kennzeichnung hinterdrehter Fräser erfragt und prüft der Leser am besten in der Werkstatt selbst Zur Ausführung der Hinterdrehung bedient man sich einer Sondermaschine, der Hinterdrehbank, welche durch ihr eigenartiges Schnappen stets die Aufmerksamkeit auf sich zieht.

Die Anschaffung einer solchen Hinterdrehbank zahlt sich auch in mittelgroßen Fräsereien sehr wohl aus, denn das Verfahren des Hinterdrehens hat sich so vorteilhaft erwiesen, daß man es auch für gewöhnliche Fräser jetzt häufig anwendet: die Zähne werden widerstandsfähiger und die Unveränderlichkeit der Schneidwinkel beim Schleifen ist in höherem Grade gewährleistet, als beim gewöhnlichen Fräser. So hat auch hier die Werkstatt aus der Not eine Tugend gemacht.

Rundfräserei.

Umfassendste Verwendung findet neuerdings die „Rundfräserei“, die ganz auf den Errungenschaften der Profilfräser-Herstellung beruht. An profilierten Drehkörpern (Handräder, Griffe usw.) zeigt sie vor allem dem Drehen gegenüber so große Zeitersparnis, daß ihre Anwendung lohnend wird.

Kopierfräsen.

Schließlich sei noch auf eine besonders viel angewandte Fräsmethode hingewiesen: das Kopierfräsen. Es erfordert im allgemeinen besondere Kopierfräsmaschinen, wird jedoch hie und da auch nur mittels nachträglich „angebastelter“ Vorrichtungen an gewöhnlichen Fräsmaschinen ausgeführt. Die Aufmerksamkeit sei auf den Grad der Genauigkeit gelenkt, auf den der Konstrukteur ihrerseits rechnen darf.

Über allgemeine Vor- und Nachteile des Fräsens an sich ist im vorigen Absatz gesprochen worden. Daher sei hier darauf verwiesen.

5. Bohrmaschinen.

Bohren, Abflächen.

Die Arbeitsweise der Bohrmaschine hat viel Verwandtschaft mit dem Stirnfräsen. Sie dient auch keineswegs nur dazu, Löcher zu bohren. Eine sehr oft anzuwendende Nebenverrichtung ist beispielsweise das Abflächen der zur Bohrungsachse senkrechten Endflächen, auf denen meist die Schraubenköpfe und -Muttern aufruhen, mittels Bohrstange und Schneidemesser.

Ausreiben.

Von allgemeiner Bedeutung ist die Frage der mit Bohrmaschinen erreichbaren Genauigkeit. Sie wird erzielt durch Nachreiben der Löcher mit den verschiedenen Sorten von Reibahlen, in denen man eine besondere Form von Walzenfräsern erblicken könnte. Das Arbeiten mit ihnen ist deshalb eine besondere Kunst, weil sie wegen ihrer eigenartigen, messerartigen Schneidwinkel und der ganz schwachen Konizität, die sie häufig besitzen, große Neigung zum Festfressen im Loch haben.

Beim Konstruieren verbleibt erfahrungsgemäß für Anordnung der Schraubenlöcher der möglichst ungünstige Platz. Häufig ist es knapp möglich, das Loch überhaupt bohrbar zu machen. Es ist daher sehr von Vorteil, wenn sich der Praktikant durch Unterhaltungen mit geübten Bohrern und dem Meister genau über die Möglichkeiten unterrichtet, die für das Bohren schlecht zugänglicher Löcher vorhanden sind. Dasselbe gilt für das Einziehen von Lochgewinden mit der Gewindebohrmaschine. Sonst konstruiert man späterhin leicht Löcher und Gewinde, die nur von Hand oder auch gar nicht gebohrt und gezogen werden können.

Gewindebohren.

Bohrvorrichtungen.

Wiederholt sei an dieser Stelle der Hinweis auf die Bohrvorrichtungen, von der Bohrschablone angefangen bis hinauf zu den ausgeklügelten Einspannvorrichtungen mit gehärteten Bohrbüchsen.

Vielfach-Bohrmaschinen.

Für eine große Anzahl von Bohrungen sind die gewöhnlichen Bohrmaschinen, insbesondere der Normaltyp der Radialbohrmaschinen, nicht geeignet oder noch nicht auf der Höhe der Wirtschaftlichkeit. Man verwendet beispielsweise für das Bohren von langen Lochreihen, wie sie insbesondere bei Nietverbindungen nötig werden, Mehrfach- oder mehrspindelige Bohrmaschinen. Die Beobachtung ihrer Arbeitsweise lehrt unter anderm, welche entscheidenden Maße der Bohrer für das Bohren einer ganzen Reihe braucht. Diese Kenntnis ist wichtig für die Eintragung der Maße in den Zeichnungen.

Niet- und Schraubenlöcher können häufig erst bei der Zusammenstellung (wenn die zu verbindenden Stücke in ihrer endgültigen gegenseitigen Lage festliegen) gebohrt werden. Hier kommen dann die verfahrbaren und tragbaren Bohrmaschinen in Anwendung.

Transportable Bohrmaschinen.

Bei ihnen ist ein grundsätzlicher Mangel der gewöhnlichen Bohrmaschinen aufs größte Maß getrieben: die unsichere „Führung" des Werkzeugs. Denn von allen anderen Fehlerquellen abgesehen ist die hauptsächlichste die, daß naturgemäß immer der Bohrer nur an seinem einen Ende gefaßt werden kann, und auch an diesem wegen der Forderung schnellen Werkzeugwechsels nur mittels des sinnreichen konischen Bohrfutters. Sicher geführt ist daher der Bohrer erst, sobald seine Spitze im Bohrloch steckt. Aus diesem Grunde ist die Schwierigkeit beim Beginn des Vorgangs am größten. Tiefes „Ankörnen" des Bohrungsmittelpunkts ist unerläßlich; der Konstrukteur hat streng auf diese Schwierigkeit Rücksicht zu nehmen, indem er stets eine zur Lochachse senkrecht stehende Angriffsfläche für den Bohrer schafft. Das erfordert häufig den Aufwand besondrer Angüsse („Augen").

Horizontal-Bohrmaschinen.

Für eine große Reihe gerade der wichtigsten Bohrungen scheidet die Verwendung des durchschnittlich lotrechten Bohrers dann überhaupt aus. Wegen der sichereren Lagerung des Werkstücks und leichteren Führung des Werkzeugs zeigt beispielsweise die „Kanonenbohrmaschine" für Durchbohrung langer Wellen liegende Anordnung. Sie ist auch in anderen Beziehungen (Messen, Kontrollmessung, Bohrspanentfernung) höchst lehrreich. Von der einseitigen Lagerung des Bohrwerkzeuges ganz abgegangen ist man schließlich bei der Zylinderbohrmaschine, die von allen Bohrmaschinen die höchste Genauigkeit erreicht, und ja auch erreichen muß.

6. Schleifmaschinen.

Entstehung.

Die jüngsten unter den Werkzeugmaschinen der Maschinenfabrikation sind die Schleifmaschinen. Sie wurden geboren aus der Notwendigkeit, glasharte Oberflächen zu bearbeiten. Die gehärtete Oberfläche muß höchsten Anforderungen gegenüber Druck- und Reibungsbeanspruchung genügen. Man ist deshalb bestrebt, das Aufliegen zwischen ihr und dem auf sie einwirkenden Teil möglichst vollkommen zu gestalten, um die mühsam gehärtete

Oberfläche auch wirklich auszunutzen. Alle Härtungsvorgänge haben, wie bekannt, Änderungen in dem Gefüge der Oberfläche und gleichzeitig Zusammenziehung des Körpers, d. h. Änderungen seiner Abmessungen im Gefolge. Es ist also ganz unmöglich, einen Körper schon vor dem Härten so zu bearbeiten, daß er hernach völlig genaues Maß und spiegelglatte Oberfläche hat. Man ist gezwungen, vor dem Härten auf Bruchteile von Millimetern genau vorzuarbeiten und die letzte feine Arbeit erst nach der Härtung zu vollenden.

Die Maschine, welche diese Bearbeitung vollziehen soll, muß zwei Eigenschaften in sich vereinen: ihr Werkzeug muß härter sein als der härteste Stahl, und ihre Genauigkeit muß mindestens so groß sein, wie die vollkommenste Drehbank sie liefert.

Beide Anforderungen erfüllt die Schleifmaschine in ihrer heutigen Gestalt in so hervorragendem Maße, daß sie längst aufgehört hat, Notbehelf zu sein und nur für das Herunterschleifen von wenigen Hundertsteln von Millimetern zu dienen. Sie wird außer für gehärtete Gegenstände auch für aller Art Eisen und Stahl in seinem naturharten Zustande verwandt und leistet Schneidleistungen, die denen guter Schneidstähle quantitativ nicht nachstehen, sie qualitativ übertreffen.

Wirkungsweise. Dies liegt in folgendem begründet: der Stahl leistet seine Arbeit unter großem Kraftaufwand und bei verhältnismäßig geringer Schnittgeschwindigkeit. Jede einzelne seiner Furchen weist einen erhöhten Rand und vertiefte Mitte auf. Wenn die Höhen und Tiefen der Wellenlinie des Furchenquerschnitts auch nur in Tausendsteln von Millimetern meßbar sind, so genügt doch diese Rauhigkeit der Oberfläche schon, der Genauigkeit eine sehr merkliche Höchstgrenze zu setzen. Der Schleifstein dagegen arbeitet mit geringem Kraftaufwand, aber mit der Umfangsgeschwindigkeit eines Expreßzuges (20 bis 30 m pro Sekunde). Die breite Schleiffläche läuft schnell über die Längenerstreckung der Werkstücke hin und leckt gleichsam nur ein dünnes Häutchen bei jedem Lauf herunter. Die Dicke dieses Häutchens ist im Gegensatz zur Spantiefe des Stahls von der Einstellung des Supports viel unabhängiger. Während der Dreher leicht mit dem Stahl zu tief in das „Fleisch" geraten kann, nähert sich der Schleifmechanismus der Maßgrenze ganz allmählich und der Schleifer kann mit aller Bequemlichkeit die Abnahme des Maßes Hundertstel für Hundertstel, Schleifgang für

Schleifgang verfolgen. Bei normaler Schleifsteinbreite trifft zudem jeder Punkt des Schleifstückumfangs drei- bis viermal hintereinander auf die allmählich weiterrückende Scheibe. Hierdurch wird der bei der ersten Berührung erfolgende Schnitt sofort geglättet und poliert, sodaß die verbleibende Rauhigkeit nur noch mikroskopisch ist und jedenfalls innerhalb der im Maschinenbau vorkommenden Anforderungen der Genauigkeit überhaupt keine obere Grenze mehr setzt.

Dieser Triumph des schnell kreisenden Werkzeugs ist natürlich mit Nachteilen verknüpft, deren mehr oder weniger vollkommene Überwindung das Verfahren erst wirtschaftlich lebensfähig macht. Vor allem handelt es sich um die Herstellung des Werkzeugs: der Schleifscheibe. Sie besteht entweder aus natürlichem Stoff: Schmirgel, oder aus dem Kunsterzeugnis Karborundum, d. h. auf elektrothermischem Wege hergestelltem Siliziumkarbid (kohlensaurem Kiesel). In mehr oder weniger feines Mehl (je nach geforderter Feinheit der Schleifarbeit) zermahlen, werden beide Stoffe mit Klebstoff gemischt und unter hohem Druck in die gewünschte Form gepreßt. Man gelangt so zu Fabrikaten, die jeder Anforderung genügen. Als Maßstab für ihren Preis sei angeführt, daß Karborundumscheiben von 60 mm Durchmesser und 12 mm Dicke 2,10 M., solche von 100 mm Durchmesser und 25 mm Dicke 5,60 M., und die größten von 600 mm Durchmesser und 100 mm Dicke 412 M. kosten. Schmirgelscheiben.

In das Feld des Werkzeugmaschinen-Konstrukteurs fällt die Beseitigung der beiden anderen Übelstände: der Wärme- und der Staubentwickelung. Gegen beide gleichzeitig wird wirksam vorgegangen, wenn man von der Trockenschleiferei übergeht zur Naßschleiferei, d. h. wenn man das Schleifen unter starker Berieselung des Werkstücks mit Wasser vornimmt; die Anwendung von Seifenwasser ist bei Abwesenheit der Enthärtungsgefahr des Werkzeugs natürlich nicht nötig. Vielfach allerdings wird ein Zusatz von Soda dem Kühlwasser beigefügt, hauptsächlich, um die lästige Neigung zum Rosten einzuschränken. In manchen Betrieben wird daher nach Möglichkeit trocken geschliffen und der Staub durch besondere Absauger unschädlich für die Gesundheit und die Maschine gemacht. Naßschleifen.

Es versteht sich von selbst, daß eine Werkzeugmaschine, die derartig genaue Arbeit liefern soll, selbst ein Muster von Präzisionstechnik sein muß. Erschwert wird die dauernde Aufrechterhaltung der Maschinengenauigkeit durch den feinen Staub, der sich in alle Fugen setzt und vor allem die Lager rasch verschleißen läßt. Man findet daher ganz eigenartige Sonderkonstruktionen an diesen Maschinen.

Formgebung. Die Bedingungen, die der Konstrukteur beim Festlegen der Form für zu schleifende Körper befolgen muß, beziehen sich vor allem auf noch weiter getriebene Einfachheit, d. h. Vermeidung aller kurvenbegrenzten Profile.

Für die Planschleifmaschinen gelten ähnliche Rücksichten, wie für die Fräserei-Formgebung.

Beobachtungswinke.

a) Dreherei.

Was versteht man unter „Zentrieren"?

Wie hoch muß der zentrierte Körper mindestens von dem zentrierenden eng passend umschlossen werden, um den Zweck der Zentrierung sicherzustellen?

Kann man einen aus zwei verschieden dicken konaxialen Zylindern zusammengesetzten Körper sowohl auf der kleinen Stirnfläche, wie auch gleichzeitig auf der ihr zugewendeten kreisringförmigen Stufenfläche kraftübertragend aufruhen lassen?

Kann man einen derartigen Körper sowohl mit dem dünnen, wie mit dem dicken Zylinder in ein aus einem Stück bestehendes jeweils gleichweites Rohr gleichmäßig sauber passen?

Kann man dasselbe erreichen bei einer Zusammenfügung des Rohres aus zwei getrennten Stücken — einem weiten und einem engen?

Vielfach entfernen die Dreher von dem sich drehenden Werkstück beim Einpassen das letzte Hundertstel mit der Feile. Kann dies ohne Beeinträchtigung der völligen Rundheit geschehen?

Welche Mittel hat der Dreher, um störende Durchbiegung sehr langer Stücke (Wellen) zu vermeiden?

Kann ein beispielsweis auf der Chucking-Maschine sauber gebohrtes Stück hernach auf der Drehbank so eingespannt und außen bedreht werden, daß der Außenzylinder und die Bohrung absolut konaxial sind? Und umgekehrt?

Wie kann bei Drehen eines Profils nach Schablone der Dreher sich versichern, daß die Schablone nicht schief steht?

Welche Folgen hat eine Verschiebung der Reitstockspitze aus der Mittelachse der Drehbank?

Welchem Zweck dienen die folgenden

Drehwerkzeuge und ähnliches:

Universal-Planscheiben	Stahlhalter und Einsatzstähle
Zentrierende Spannfutter	Klemmfutter
Drehdorn	Spitzenschleifapparat
Expandierender Drehdorn	Gewindelehren
Mitnehmer	Richtvorrichtungen für Spindeln usw.
Gewindesträhler und Halter dafür	Dornpresse
Kordierapparat	Bohrstange
Kordierrädchen	Zentrierbohrer

Speziell Revolverdreherei:

Schneideisenhalter	Schwenkbarer Stahlhalter
Schneideisenköpfe (mit Kapseln)	Bohrfutter mit Spannbüchsen
Gewindebohrerköpfe	Abstechstahl
Gewindeschneidköpfe	Anschläge

b) Hobelei und Stoßerei.

Welche Einrichtungen gibt es, um selbsttätig zylindrisch-konkave und zylindrisch-konvexe Flächen durch Hobeln zu erzeugen?

Hobeln und Stoßen von Zahnrädern und Kegelrädern.

Wieviel „Auslauf" muß der Konstrukteur neben dem Rand einer Arbeitsfläche für Hobel- und Stoßstahl zur Verfügung stellen?

Welchem Zweck dienen die folgenden

Werkzeuge und Vorrichtungen:

Stahlhalter	Anschlagleisten und -Kreuze
Winkel- und Klappstahlhalter	Spannwinkel
Einsatzstähle	Verstellbare Ausrichte-Untersätze
Stähle mit aufgelöteten Schnelldrehstahl-Schnittflächen	Vorstecker als Anschlag für bearbeitete Flächen
Spannkloben	Indikator, Parallelstück.

c) Fräserei.

Herstellung eines Keils?

Herstellung von Langlöchern, Nuten und Federn?

Erzeugung von Sechskantköpfen?

Fräsen von Zahn-, Kegel- und Schraubenrädern, sowie von Schnecken?

Wie klein darf man beim Fräsen von konkaven Profilen den kleinsten Krümmungsradius höchstens wählen?

Welchem Zweck dienen die folgenden

Fräser, Werkzeuge und Vorrichtungen:

Fräsfutter mit Spannbüchsen
Winkelstirnfräser
Schaftfräser
Zusammengesetzte Fassonfräser
Zweischneider für Langlöcher
Fräser für Kupplungszähne
Parallelreißer
Prismenstücke
Scheibenfräser
Nutenfräser
Hinterdrehte Fräser
Schlitzfräser
Zahnradfräser
Schneckenfräser
Außenfräser
Parallelschraubstock
Lehren zum Messen der Zahnstärke im Teilkreis
Apparate zum Messen der Mittenentfernungen der Zahnräder
Apparate zum Kontrollieren der Achsen von Kegelrädern.

d) Bohren und Chucking.

Was geschieht, wenn man auf der Grenze zweier ungleicher Materialien ein Loch bohrt (Bohrachse parallel zur oder geradezu in der Grenzfläche)?

Wie kann man sich helfen, wenn durchaus ein Loch schräg zur Oberfläche gebohrt werden muß?

Wie lang darf eine Bohrung im Verhältnis zu ihrem Durchmesser gemacht werden, damit noch normale Bohrer verwendet werden können?

Welche Mittel wendet man zum Bohren noch längerer Löcher an?

Welche Übelstände bringt das Bohren langer schmaler Löcher überhaupt mit sich?

Wie kann man verhüten, daß eine lange Bohrung in schmalem Fleisch (Rippe) nicht seitlich heraustritt?

Wie kann der Konstrukteur in der Zeichnung schon zeigen, mit welcher Art Bohrer ein Loch gebohrt wird?

Welchen Einfluß haben die verschiedenen Sorten Bohrer auf Genauigkeit usw. des Loches?

Wie stellt der Bohrer oder Anreißer die Stelle fest, wo er anbohren soll, wenn sich zwei Bohrungen in der Mitte des Körpers treffen sollen? Mit welcher Genauigkeit wird das Treffen durchschnittlich eintreten?

Welche Mißstände ergeben sich beim Anbohren gegenüber dem Durchbohren?

Kann mittels Gewindebohrer ein Gewinde bis völlig auf den Grund des vorgebohrten Loches gezogen werden?

Welchem Zweck dienen die folgenden

Werkzeuge und Vorrichtungen:

Maschinen-Reibahlen
Verstellbare Reibahlen
Nachstellbare Grundreibahlen
Konushülsen mit Reibahlen
Kopf- und Halssenker
Spiralsenker
Zapfensenker (mit Anschlag)
Spitzensenker
Aufstecksenker mit Anschlägen
Aufstecksenker zum Rückwärtssenken
Führungsbüchsen für Bohrstangen
Bohrstangen und Messer zum Anschneiden der Naben
Bohrstangen zum Bohren in Vorrichtungen
Gewindebohrer
Mitnehmer für Gewindebohrerköpfe
Reversierende Gewindebohrerköpfe
Nachstellbare Reibahlen mit Ölzuführung für lange Löcher
Spindelbohrer und -Reibahlen
Pendeldorne
Pendelnde Reibahlen
Kanonenbohrer mit Ölzuführung
Krauskopf
Spiralbohrer und Zentrumsbohrer

e) Schleifen.

Wie werden Spiralbohrer geschliffen?

Wie werden Fräser geschliffen?

Schleifen nach Schablone.

Schleifen kugeliger Flächen.

Welchem Zweck dienen die folgenden

Werkzeuge und Vorrichtungen.

Klemmbüchsen und Dorne für Polieren
Magnetische Aufspannfutter und Vorrichtungen
Diamanten und Diamanthalter
Kupferschleifdorne
Polierscheiben

Mittlere Leistungsfähigkeit verschiedener Werkzeugmaschinen.

(Nach „Uhlands Handbuch für den praktischen Maschinenkonstrukteur", Bd. III, II. 3).

		Schnitt- bezw. Umfangsgeschwindigkeit des Werkzeuges in mm pro sek bei					Vorschub des Werkzeuges pro Spiel oder Umdrehung bei		Spantiefe in mm bei			
		Hartguß	Werkzeugstahl	Gußeisen	Schmiedeeisen oder Weichstahl	Bronze oder Kupfer	Schruppen	Schlichten	Stahl	Gußeisen	Schmiedeeisen	Bronze
Hobelmaschinen	kleine			110			0,4 bis 2 mm	3 bis 12 mm	bis 8	20	12	4
	mittlere			100								
	große			90								
Drehbänke		30 ÷ 50	60	80 ÷ 120	90 ÷ 150	200 ÷ 300	etwa 1,5 mm	5 mm	4	10	7	3
Bohrmaschinen	Lochbohrmaschinen	7 ÷ 14	Tiegelst. 30 ÷ 40	60 ÷ 70	80 ÷ 160	Bronze 100 ÷ 180	0,1 bis 5 mm					
	Ausbohrmaschinen	6 ÷ 12	25 ÷ 35	50 ÷ 60	60 ÷ 80	90 ÷ 150	0,2 bis 1 mm	bis 6 mm				
Fräsmaschinen			180 ÷ 250	200 ÷ 350	250 ÷ 400	500 ÷ 600	0,2 bis 3,0 mm					

Leistungsverbrauch (N), Kaufpreis (K) und Gewicht (G) verschiedener Werkzeugmaschinen.

	Hobelmaschinen mit mittlerer Tischlänge				Drehbänke				Radialbohrmaschinen			Fräsmaschinen		
	Hobelbreite in mm	N in P. S	K in M	G in kg	Spitzenhöhe in mm	N	K	G	N	K	G	N	K	G
Kleinere Maschinen	500 ÷ 700	1 ÷ 1,5	1400 ÷ 4000	1000 ÷ 6000	bis 200	0,4 ÷ 0,6	500 ÷ 1000	400 ÷ 1200	0,1 ÷ 0,3	300 ÷ 1500	250 ÷ 1400	0,1 ÷ 0,5	600 ÷ 3500 und mehr	700 bis 4000 und mehr
Mittelgroße Maschinen	800 ÷ 1200	2 ÷ 3	4000 ÷ 7000	6000 ÷ 12000	bis 300	0,6 ÷ 1,5	1000 ÷ 2000	1200 ÷ 3000	0,3 ÷ 1	1500 ÷ 2500	1400 ÷ 3500	0,5 ÷ 1		
Große Maschinen	1200 ÷ 1600	3 ÷ 5	7000 ÷ 13000 und mehr	12000 ÷ 22000 und mehr	bis 600	1,5 ÷ 3	2000 ÷ 10000	3000 ÷ 17000	1 ÷ 2	2500 ÷ 5000 und mehr	3500 ÷ 8000	1 ÷ 5		

Abschnitt 13.

Messen und Anreißen.

Höchste Entwicklung der Meßmethoden geht mit der höchsten Entwicklung der Werkzeugmaschinen Hand in Hand. Weil der Maschinenbau Maßarbeit von erster Güte braucht, entstand die sicher und genau arbeitende Werkzeugmaschine, die nun ihrerseits derart genaue Maßarbeit lieferte, daß man an die Lösung von Aufgaben ging, an die man bisher nicht gedacht hatte. Sie steigerten dann im Gang der Entwicklung abermals die Anforderungen an die Genauigkeit. Diese endlose Kette findet die Grenze teils durch die natürliche Genauigkeit der Werkzeugfurchen (wie wir im vorigen Abschnitt sahen), zum größten Teil aber in den Kosten genauer Bearbeitung. Die Kosten der Genauigkeit immer niedriger zu gestalten, Genauigkeit mit Schnellarbeit zu verbinden, ist das Ziel der Entwicklung geworden. Gerade die letzten Jahre zeigen in dieser Richtung bedeutende Fortschritte.

Genauigkeitsgrad. Die Genauigkeit des Messens richtet sich in erster Linie nach der benutzten Maßeinheit. Der Architekt gibt seine Maße in m, höchstens in cm an. Abweichungen um cm oder mm beeinträchtigen den Wert der Arbeit des Maurers noch nicht. Der Möbelschreiner hat im allgemeinen nicht zu fürchten, daß millimetrische Ungenauigkeiten ihm Schaden bringen, denn er arbeitet nach cm. Nur wenn er etwa einen Kasten in eine Lade oder eine Schranktür in den Rahmen paßt, sind Abweichungen von mehreren mm unzulässig.

Ganz ähnlich, wie dieser Handwerker, arbeitete bis vor gar nicht so langer Zeit der gesamte Maschinenbau, und bestimmte Gebiete erfordern auch heute kein anderes Verfahren; nur, daß an Stelle der Genauigkeit auf mm solche auf Zehntel-mm tritt und dementsprechend die Maße in mm angegeben und mit mm-Maßstäben gemessen werden. Sind Passungen zweier Stücke ineinander nötig, wie Zapfen und Lager, so werden sie bei der Herstellung Paar für Paar durch Probieren aufeinander zugeschnitten oder bei der Montage sauber passend gemacht. Es schadet nichts, wenn ein Loch ein Zehntel mm zu weit geraten ist: man dreht dann von dem zugehörigen Zapfen ein Zehntel weniger herunter. Beide werden mit gleicher Marke „gekörnt“ und so als zusammengehörig gekennzeichnet.

Austauschbarkeit.

Dies Verfahren ist für den Maschinenbau durchaus ausreichend. Wir sahen bereits, daß die Forderungen für die Fabrikation von Maschinenteilen erheblich weitergehen: Austauschbarkeit muß hier gewährleistet sein. Eine beliebige Reihe von Zapfen nominell gleichen Durchmessers muß in eine beliebige Reihe von Bohrungen des gleichen nominellen Durchmessers in beliebiger Vertauschung passen, ganz gleichgültig, welchen Zapfen ich aus der Reihe herausgreife und in welche Bohrung ich ihn einführe. Welches ist der billigste Weg, auf dem man diese schwer erfüllbare Forderung erreicht?

Passungen.

Betrachten wir noch einmal den Vorgang des einzelnen Einpassens, Paar für Paar. Hier stellt der Dreher, der beispielsweise eine Welle für ein Lager passend drehen soll, das ein anderer Dreher ausgedreht hat, zunächst dessen Durchmesser mittels Lochtaster auf etwa Zehntel-mm genau fest. Noch genaueres Messen erlaubt ihm das Messen mit der Schublehre, welche noch Teile von Zehnteln zu schätzen gestattet. Er dreht nunmehr das Werkstück vorsichtig ab, bis in die Nähe des ermittelten Durchmessers und unter Benutzung seines Tasters oder der Schublehre. Ist er auf weniger als 0,1 mm an das gemessene Maß heran, so probiert er, ob die Welle an der Lagerbohrung „auschnäbelt“ oder ob sie etwa schon hineingeht. Je nachdem dreht er nach Gefühl so viel herunter, daß sie so leicht geht, wie vorgeschrieben. Zusammengefaßt bedeutet das: Der Dreher mißt in Zehnteln, allenfalls in roh geschätzten Teilen von Zehnteln; er fühlt Hundertstel-, ja Tausendstel-Millimeter-Maßunterschiede, denn Feinmessungen lehren, daß selbst Laienhände genau merken, ob zwei in derselben Bohrung von ihnen hin- und herbewegte Zapfen im Maß um wenige Tausendstel-mm voneinander abweichen, und zwar am „leichteren“ oder „strammeren“ Gang.

Normallehrenkaliber.

Dieses „Gefühl“ nutzt nun die Maschinenfabrikation in folgender Weise aus: Das Werk schafft sich einen Vorrat von Musterzapfen und Musterbohrungen, aus gehärtetem Stahl und aufs genaueste geschliffen. Mit Hilfe der Mikrometerschraube und besonderer Meßmaschinen werden diese Zapfen, die sog. „Kaliberdorne“, und die zugehörigen Löcher: „Kaliber“, vor dem Hinausgehen in die Werkstatt nachgeprüft, sodaß ihre Fehler jedenfalls kleiner als Tausendstel-Millimeter sind. Ihre Genauigkeit ist so groß, daß sie nur in wohl eingefettetem und geputztem Zustand in einander eingeführt werden dürfen, da nur dann die zwischen Stahl und Stahl befindliche Fettschicht verhindert, daß sich die Adhäsionskräfte (deren „Saugen" man deutlich spürt) in Kohäsionskräfte verwandeln, d. h. daß sich die geschliffenen Oberflächen „ineinander fressen". Neu hergestellte Kaliberpaare können nur dann ineinander gefügt werden, wenn man den Ring zuvor durch die Wärme der Hand ausdehnt, den Dorn dagegen möglichst kühl hält. Erst nach längerem Gebrauch tritt trotz bester Härtung allmählich doch eine Abnutzung ein, die dann schließlich zur Ausscheidung des Kalibers und Neuschliff führt.

Mit diesem Hilfsmittel ist es nun möglich, Zapfen und Bohrung getrennt herzustellen und doch die Sicherheit zu haben, daß sie genau passen. Eine Reihe von 50millimetrigen Wellen beispielsweise wird so gedreht, gefeilt und geschmirgelt, daß es eben möglich ist, das 50er Kaliber über sie zu schieben. Die dazu gehörigen Bohrungen werden in der Bohrerei so genau mit der Reibahle ausgerieben, daß der 50er Kaliberdorn eben in sie hineingesteckt werden kann: dann wird später in der Montagehalle jede Welle in jede aus der Menge gegriffene beliebige Bohrung passen. Trotzdem also nur auf Zehntel-Millimeter gemessen und der letzte Rest an Hundertsteln und Tausendsteln nur gefühlt wurde, ist die Wirkung die gleiche, als hätte man auf Tausendstel genau gemessen.

Sphärische Endmaße. Das System ergibt für große Durchmesser unhandliche Dorne. Man ersetzt diese daher dann durch die sogenannten „sphärischen Endmaße", d. h. Stahlstäbe, deren Endflächen die Teile einer und derselben Kugeloberfläche sind, deren Mittelpunkt die Mitte der Stabachse ist. Zwei um genaues Maß entfernte Spitzen messen ja falsch, wenn man den Meßstab schief einführt. Diese Möglichkeit ist bei den sphärischen Endmaßen ausgeschlossen, da, in welcher Schräge sie immer die gegenüberliegenden Wandungen berühren, stets die Verbindungslinie der Berührungspunkte Durchmesser einer und derselben Kugel ist.

Rachenlehren. Für große und kleine Außenmaße bedient man sich vielfach der Rachenlehren, die infolge der Bügelwirkung sofort klemmen, wenn man sie etwa gewaltsam über die zu messende Rundung zwingt. Infolgedessen ersetzen sie das bei den Kalibern so klare

Handgefühl durch ihre Gewichtswirkung: ein Drehkörper hat genau den auf der Rachenlehre angegebenen Durchmesser, wenn diese durch ihr eigenes Gewicht langsam über ihn herübersinkt.

Welches sind nun die Vorteile und Nachteile dieses durchschnittlich geübten Meßverfahrens? Der größte Vorteil gegenüber den Maßstäben, Tastern, Schublehren und Mikrometerschrauben ist vor allem der, daß die Einstellung des gewünschten Maßes dem Arbeiter abgenommen ist. Es verhält sich ja mit dem Messen, wie mit den meisten Künsten: ausführbar ist auch die höchste Leistung mit den allereinfachsten Mitteln — von wenigen besonders Geschickten und mit dem nötigen Zeitaufwand. In den Händen geschickter Arbeiter sind Schublehre und Mikrometerschraube nahezu unübertreffliche Präzisionsinstrumente. Damit ist aber der Maschinenfabrikation wenig geholfen. Jeder gewesene Konditor, Maurer oder Schneider (deren sich so und so viele unter den „ungelernten“ Maschinenarbeitern befinden) soll in kürzester Zeit genau arbeiten lernen, und das ist nur möglich, nachdem er gut messen gelernt hat. In den Händen dieser Leute ist selbst der einfache Millimeterstab eine Skala, mit der drei ungelernte Arbeiter dieselbe Strecke dreimal verschieden lang ermitteln.

Demgegenüber bedeutet das ein für allemal unveränderliche Normalkaliber eine unendliche Vereinfachung der Maßnachprüfung.

Man hat daher hie und da auch für „Planarbeiten“ (Hobeln, Stoßen, Fräsen u. ä.) in Anlehnung an den Gedanken der Kaliber feste Maßklötzchen aus gehärtetem Stahl eingeführt; diese erübrigen sich im allgemeinen deshalb, weil im Durchschnitt von den ebenen Flächen nicht derartig weit getriebene Genauigkeit verlangt zu werden braucht. Nur ganz selten werden Prismen ineinander „gepaßt“ (Stein und Kulisse).

Der Messung mittels Normalkaliber haften trotz alledem zwei große Mängel an: Jeder Mensch hat genaues Gefühl für den Grad der „Leichtigkeit“, mit der ein Zapfen in einem Loch „geht“. Aber die Benennung dieses Grades ist bei den einzelnen verschieden. Leider tritt diese individuelle Verschiedenheit am häufigsten und stärksten zutage zwischen Meister und Arbeiter. Der Arbeiter, für sein eigen Werk parteiisch, behauptet, ein Zapfen ginge „saugend“, während der Meister ihn als viel zu leicht gehend verwirft. Die Folge sind ständige Mißhelligkeiten. Der

Grund liegt also in dem Ersatz der **Maßzahl** durch den **Gefühlsgrad**.

Der zweite Mangel ist mittelbar mit dem ersten verknüpft: Die Grenze für die schließliche Genauigkeit ist fließend; der Arbeiter, um sich vor „Ausschuß" zu bewahren, arbeitet lieber etwas zu genau, genauer, als für den vielleicht ganz einfachen vorliegenden Zweck erforderlich. Zu genaues Arbeiten bedeutet aber Verschwendung: an Zeit, Maschinenkraft und an Lohn. Der Meister vermag nicht zu hindern, daß zu genau, also zu langsam, gearbeitet wird, solange er nicht seinen Leuten eine bindende Zusage geben kann: mit dieser **Mindestgenauigkeit** bin ich zufrieden.

Grenzlehren. Der Mangel des heute wohl noch durchschnittlich üblichen Normallehren-Systems ist also das **Fehlen einer zweiten, unteren Genauigkeitsgrenze**, die mit dem Normalkaliber im Verein einen genauen Spielraum der „zulässigen Ungenauigkeit" gibt. Mit großer Schnelligkeit bürgert sich daher das noch verhältnismäßige junge „Grenzlehren"-System in den gut geleiteten Maschinenfabriken ein, soweit in ihnen das Bedürfnis nach äußerst genauer Arbeit vorliegt (Werkzeugmaschinen, Kraftmaschinen). Unter einer Grenz- oder Toleranzlehre versteht man eine Doppellehre, deren eines Lehrmaß um etliche Tausendstel bis Hundertstel größer ist, als das nominelle Maß der Lehre, während das andere um ebensoviel kleiner ist. Mit Hilfe dieses Kunstgriffs kann nunmehr einfach zur Regel gemacht werden: die „Gutseite" muß über den Zapfen (bezw. in die Bohrung) ohne Zwang gehen, die „Ausschußseite" darf nicht hinüber- bezw. hineingehen. Diese Bedingung erlaubt kein Drehen und Deuteln und hat als Ergebnis eine Genauigkeit, die sicher keinesfalls geringer ist, als die Übereinstimmung beider Lehrenseiten. Durch die Bemessung der Differenz der beiden Seiten hat man den gewünschten Genauigkeitsgrad in der Hand. Dieser ist je nach dem Verwendungszweck des betreffenden Maschinenteils sehr verschieden. Jede Maschinenfabrik muß sich da die geeignetsten Spielräume aussuchen, was umso leichter ist, als durch die praktische Erfahrung mit den Grenzlehren die früheren Gefühlsbegriffe von „leichtem", „saugendem" und „pressendem" Sitzen sich verwandelt haben in zahlenmäßig festgelegte Spielräume. Der Spielraum muß, wie die Erfahrung ergeben hat, nicht ein absolutes Maß, sondern eine bestimmte Beziehung zum Durchmesser besitzen. Beispielsweise nehmen die für einen festen Sitz zuzulassenden Genauigkeitsgrenzen von 0,003 auf 0,01 mm zu, wenn der Bohrungsdurchmesser von 10 auf 200 mm wächst. Der für Lagerzapfen im allgemeinen zuzulassende laufende Sitz läßt Toleranzen von 0,02 bis 0,05 mm für dieselben Durchmessergrenzen zu.

Die Einführung der zweifellos hervorragenden Verbesserung, die dieses System bietet, stößt außer auf den Geist der „guten, alten Gewohnheit“ auf die Schwierigkeit, daß immerhin ein Lager so feiner Instrumente und ihre ständige Instandhaltung recht kostspielig ist. Von keiner Seite aber, die den Schritt gewagt hat, wird geleugnet, daß sich die Kosten mehr als reichlich bezahlt machen, und daß der neue Zustand besser ist, als das vielfach mit großer Fertigkeit geübte Messen nach Seidenpapier-, Schreibpapier-, und Zeichenpapierdicken.

Gewindelehren.

Neben die Lehren für Rundkörper und Bohrungen treten noch die für wichtige andere Genauigkeitskurven, so vor allem die für Gewinde, bei denen man gleichfalls Gewinde-Lehrdorne und Gewinde-Lehrmuttern in Ringform unterscheidet. Mit ihnen müssen naturgemäß absolut übereinstimmen die Profile der zugehörigen Gewindestähle oder Gewindesträhler.

Werkzeugmacherei.

Der eigenhändige Gebrauch aller dieser feinmechanischen Meßwerkzeuge macht ja den Volontär bald völlig vertraut mit allen den kleineren Nebenerfahrungen, die hier nicht erwähnt werden können und sollen. Trotzdem sei noch besonders anempfohlen sich **mindestens** durch Zuschauen und häufige Anwesenheit in der **Werkzeugmacherei** auch über diejenigen Arbeiten zu belehren, mit denen nun wiederum die Arbeits-Lehren erzeugt, geprüft und erneuert werden. Insbesondere sollte ein jeder Ingenieur, der mit der Werkstatt in häufige Berührung kommt, gelernt haben, die Prüfung einer Arbeits-Lehre mittels des Kontrollkalibers oder -Dornes zuverlässig vornehmen zu können. Denn ohne diese ist eine sichere Entscheidung über die Güte der Arbeit oder, wichtiger, über die Verantwortung für eine „Pfuscherei“ nicht mit der erforderlichen „autoritativen“ Sicherheit möglich.

Anreißen.

Noch größere Bedeutung, auch schon für die Zeit des Studiums, hat die aufmerksame Beobachtung und, wenn angängig, eigenhändige Ausübung des „Anreißens“. Auf die Wichtigkeit dieser Verrichtung wurde schon an anderem Orte hingewiesen. Man schuf die besondere Stellung des Anreißers aus mehr als einem Grunde. Hier liegt geradezu ein Musterbeispiel für die Vorteile der Arbeitsteilung vor. Vor allem schaltet seine Tätigkeit die Fehlerquellen aus ungenauem Messen seitens ungelernter Arbeiter aus. Die Mehrzahl der Maschinenarbeiter richten sich lediglich nach den Körnermarken des Anreißers und bekommen die Werkzeichnung, deren Entziffern den Ungelernten größte Schwierigkeiten machen würde, gar nicht in die Hand. Das ist ein weiterer Vorteil und verkleinert auch die Anzahl der anzufertigenden Blaupausen erheblich. Schließlich kommt noch als wesentlich hinzu, daß Auge und Hand eines geübten Anreißers es vortrefflich verstehen, etwaige Ungleichmäßigkeiten bei Guß, Schmiedung oder Pressung durch das Anreißen zu berücksichtigen und die Maße so zu schieben, daß das Material allseitig ausreicht. Voraussetzung hierfür ist auch der gleichzeitige Überblick über die *relative* Lage von Maßmarken, die für *verschiedene* Werkzeugmaschinen in Anwendung kommen.

Schon die Beobachtung dieses Hin- und Herverschiebens der Maße um der jeweiligen Rohstück-Ungenauigkeiten willen gibt dem künftigen Ingenieur den beherzigenswerten Wink, daß er keineswegs sich darauf verlassen darf, daß die von ihm schön in die Mitte gezeichneten Mittelachsen auch in Wirklichkeit immer dort verbleiben (selbstverständlich weichen sie nur mehr oder weniger ab, je nach ihrer Wichtigkeit). Mit welchen Abweichungen durchschnittlich zu rechnen ist, muß der Augenschein lehren.

Vor allem aber ist das Meßverfahren des Anreißers von unersetzlichem Wert für das richtige Eintragen der Maße in die Werkzeichnungen. Es ist ja ganz unglaublich, eine wie hohe Zeitersparnis und vor allem Ersparnis an Verdruß und Kosten aus Irrtümern die zweckentsprechende und klare Eintragung der Maße mit sich bringt. Die Fähigkeit hierzu ist das *Zeichen eines konstruktiv wohlerzogenen und solide vorgebildeten Ingenieurs*, abgesehen von ihrer Unentbehrlichkeit. Die Zeit, welche für den Konstrukteur notwendig ist, die richtige Anordnung und Auswahl der Maße zu treffen, ist umso kleiner, die Mühe umso geringer, je deutlicher ihm die Tätigkeit des Anreißers vor dem geistigen Auge steht, d. h. je sorgsamer er sich während seiner praktischen Ausbildung um sie gekümmert hat.

Die Hilfsmittel des Anreißers sind ja verhältnismäßig einfach: Zirkel, Streichmaß, Lineal, Winkel und Winkelschmiege und ein genauer Maßstab reichen im allgemeinen aus, falls er ohne Anreißplatte arbeitet. Bedient er sich — wie in der Regel — dieses kostbaren Hilfsmittels, so treten noch die sogenannten Parallelreißer und Spitzmaße hinzu. Aus ihrer Anwendung ergibt sich z. B. die Zweckdienlichkeit, gewisse Maßangaben stets auf die Endflächen des Körpers zu beziehen. Auch geht von vornherein die Anschauung in Fleisch und Blut über, daß man niemals Maße von Punkt zu Punkt, sondern nur Abstände von Linie zu Linie geben darf. —

Tätigkeit am Anreißtisch und Aufenthalt in der Werkzeugmacherei sind also zwei unentbehrliche Voraussetzungen für den künftigen Ingenieur und müssen, wenn nicht von selbst geboten, jedenfalls von dem Praktikanten erbeten werden.

Beobachtungswinke.

Werkzeuge und Vorrichtungen.

Kontrolldorne	Anschlagleisten	Indikator
Fühlhebel	Spannwinkel	Wasserwage
Tiefenlehren	Lehre zum Messen der Nabenentfernungen	Parallel-Endmaße
Prismenstücke		Spitzenapparate
Parallelstücke	Lehre zum Revidieren von Winkellöchern unter 90°	Klötzchen-Rapporteure
Anreißplatten		
Tuschierplatten		

Abschnitt 14.

Schlosserei (mit Klempnerei) und Montage.

Wert der Handfertigkeit.

Der Aufenthalt in Schlosserei und Montage hat andre Zwecke und ein andres Gesicht als der Aufenthalt in den bisher besprochenen Werkstätten. Stand in diesen die Erlernung des rein Handwerksmäßigen und der Handgriffe bei aller Erwünschtheit doch in zweiter Stelle, so überwiegt hier die Notwendigkeit, die Handfertigkeiten zu erlernen. Es dürfte wenige Ingenieure geben, die die eigenhändige Ausübung des Schlosserhandwerks nie gebraucht, und denen besondere Fertigkeit darin nicht sehr willkommen gewesen wäre. — Diesen Unterschied will auch die Art der Besprechung in diesem Buche berücksichtigen, indem sie weit weniger eingehend sein soll.

Denn auch eine zweite Schwierigkeit liegt vor: Die Montage insbesondre und die damit eng zusammenhängende Schlosserei sind viel inniger abhängig von dem Fabrikat, das erzeugt wird, als die mechanischen Werkstätten. Die allgemein gehaltene Besprechung kann auf viel weniger Einzelheiten eingehen: die verschiedenen Einzelheiten haben in Montagewerkstätten verschiedenartiger Fabrikate sehr wechselnde Wichtigkeit.

Auch insofern wird eine buchmäßige Erläuterung des Geschauten überflüssig, als in der Schlosserei und Montage der Zusammenhang jeder Tätigkeit mit dem Endzweck ohne weiteres gegeben ist. Auch wenn der Konstrukteur sehr „vom grünen Tisch“ konstruiert, vermag er am ehesten die Vorgänge bei der schließlichen Zusammensetzung zu berücksichtigen, — womit leider nicht gesagt ist, daß sie stets genügende Berücksichtigung fänden.

Wenn sich der Volontär aber einmal ein paar Tage abgemüht hat, Handbohrungen oder Gewindeschneiden mit der „Knarre“ oder „Ratsche“ auszuführen, so wird er genau zu schätzen wissen, welchen Zeitaufwand und welche Mühe, ergo: welche Kosten es verursacht, wenn Bohrungen so angeordnet werden, daß sie nur mit der Hand ausgeführt werden können, und wird sich doppelt bemühen, sie, wenn irgend möglich, zu vermeiden. Und wenn der Volontär mit durchgemacht hat, wieviel Ärger, Lauferei und Zeitverlust eine Unachtsamkeit der Konstrukteure in ganzen „Kleinigkeiten“ verursachen kann, so wird er bei späterer eigner konstruktiver Tätigkeit den Wert der „Kleinigkeiten“ von vornherein richtig einschätzen. Erst die umständliche Probiererei und Nacharbeit mit den unverhältnismäßig großen Kosten, die sie macht, wird ihm in vollem Umfang beweisen, welcher Wert in Genauigkeit der Arbeit in den mechanischen Werkstätten liegt, und daß es sich auszahlt, lieber für eine halbe Stunde mehr Lohn in der Dreherei zu bezahlen, wenn dann das Stück genau paßt, als es erst in der Montage zu passen und darauf einige Stunden hochbezahlter Monteurarbeit verwenden zu lassen.

Noch ein anderes lehrt aber die handwerksmäßige Vertiefung hier: Nirgends wird so viel „gepfuscht“ oder „gemogelt“, wie in der Montage, — sehr zum Schaden des Rufs des Fabrikats, wenn das Pfuschen Überhand nimmt. Neben Überwachungspflicht derWerkstattsleitung muß auch die Überwachungs-Fähigkeit des Ingenieurs stehen. Der Ingenieur muß bei genauer Prüfung die Pfuscherei aufzudecken und nachzuweisen imstande sein, er darf sich nichts „vormachen“ lassen. Das schädigt sein Ansehen und gibt ihn im entscheidenden Augenblick völlig in die Hand des Monteurs, der die Lage natürlich erkennt und ausnützt. Solche Fähigkeit ergibt sich aber nur durch mühevolle, beharrliche Selbstarbeit.

Auch für die konstruktive Tätigkeit gibt die Erfahrung in der Montage Lehren, die sich weiter erstrecken, als auf die bloßen Rücksichten auf bequeme Zusammenfügbarkeit. Beispielsweise wird vielfach bei den Berechnungen der Dicke von dreifach gelagerten Kurbelwellen schlechtweg vorausgesetzt, daß sie in allen drei Lagern völlig gleichmäßig aufliegen. Jeder erfahrene Monteur weiß, daß sie das nie tun. Dadurch aber ändert sich sofort das ganze Bild des Kraftflusses im Material und die Rechnung wird nur so bedingt richtig, daß der erfahrene Konstrukteur dementsprechend vorsichtig dimensioniert. Der unerfahrene hält sich fest an die theoretische Voraussetzung gleichmäßigen Aufliegens (die ihm als theoretisch gar nicht erst zum Bewußtsein kommt) und wundert sich nachher, wenn seine Welle zu schwach ist.

Die Betrachtung des Montierungsvorgangs nach solchen zuletzt erwähnten Gesichtspunkten ist selbstverständlich für den Neuling nicht möglich, denn es geht ihm ja die Fähigkeit zur Kritik aus dem Gesichtswinkel des Konstrukteurs heraus völlig ab. Das schadet aber auch gar nichts. In einem der zwischen oder nach dem Studium zu erledigenden praktischen Viertel- oder Halbjahre wird er zu solcher Beobachtung Zeit und Verständnis besitzen.

Fürs erste ist die Hauptaufgabe die geradezu handwerksmäßige Erlernung der Maschinenschlosserei unter ständigem Nachdenken über den Zweck der Hantierungen und die Völligkeit, mit der sie ihn erreichen lassen. Lediglich aus der Erfahrung heraus, die der Verfasser an anderen und sich selbst gemacht hat, sei noch kurz und ohne Planmäßigkeit auf ein paar Punkte aufmerksam gemacht, deren Übersehen während des Praktizierens späterhin besonders unangenehm empfunden wird.

Unlösbare Verbindungen. Kaltnieten.

Zunächst bieten Schlosserei und Montage den vollen Überblick über die Hilfsmittel, die der Maschinenbau anwendet, um Teile fest miteinander zu verbinden. Von den „unlösbaren" Verbindungen, den Nieten, ist an andrem Orte bereits die Rede gewesen. In der Schlosserei lernt der Volontär zu der warmen Nietung auch noch die Nietung in kaltem Zustand kennen. Sie dient eigentlich nur zur Verhinderung des Lockerwerdens und Herausfallens von Sicherungs-Schräubchen, kleinen Stiften, Stangen u. ä. Wesentliche Kraftübertragung ist ihr nicht zuzumuten. Vielfach jedoch dient sie als zusätzliches, sicherndes Mittel bei eingeschraubten oder eingepreßten Bolzen u. dgl. In diesen Fällen bedürfen die nachträglich zu vernietenden Bolzenenden eines gewissen Materialüberschusses am Rande, die zugehörigen Bohrungen dagegen der Aussparung am Rande. Die genaue Beachtung dieser Feinheiten ist für ihre richtige zeichnerische Darstellung und konstruktive Berücksichtigung notwendig.

Aufschrumpfen.

Ganz im Gegensatz ist die dritte unlösbare Verbindung: das Aufschrumpfen, besonders fest. Der Grund, daß diese Verbindung nicht häufiger benutzt wird, liegt wohl hauptsächlich in einer gewissen Unsicherheit: denn die Kraft, mit der die Schrumpfung wirkt, hängt völlig ab von der Temperatur, bei der das Schrumpfstück aufgezogen wird. Sie kann also nur einem sehr zuverlässigen Monteur überlassen werden.

Löten.

Schließlich gibt es noch eine unlösbare Verbindung von Metallteilen, die der Maschinenbau wohl kennt und hie und da anwendet, aber nicht sonderlich schätzt: das Löten. Gerade, weil es als untergeordnet betrachtet und in der von Schlosserei und Montage wohl stets räumlich getrennten Klempnerei vorgenommen wird, entzieht es sich leicht ganz der Aufmerksamkeit des Volontärs. Das Interesse, das er als künftiger Konstrukteur an der Handhabung des Lötgeschäfts hat, ist aber kein so geringes, daß nicht Fehlen seiner Kenntnis als rechte Lücke von ihm selbst später empfunden würde. Beispielsweise sind an den Schutz- und Mantelblechen der Kraftmaschinen, an den Kühlwasserleitungen innerhalb von Gasmaschinen, an kupfernen Flanschenrohren u. a. m. Lötungen vorzusehen. Einem Konstrukteur, der nicht mit der Technik des Lötens vertraut ist, machen die Kleinigkeiten, die dafür zu berücksichtigen sind, unnötiges Kopfzerbrechen.

Der Volontär tut deshalb gut, sich dann und wann einen Nachmittag für Besuche in der Klempnerei und der Kupferschmiede Urlaub geben zu lassen, und sich hier über das Ausgießen von Lagern mit Weißmetall, das Biegen von Kupferrohren und eben vor allem das Löten gründlich durch Zusehen und Fragen zu unterrichten.

Kurz sei hier nur auf die verschiedenen Arten von Loten eingegangen. Man trifft je nach Schmelzpunkt, Festigkeit und Farbe die Auswahl unter den verschiedenen Loten für den jeweils vorliegenden Zweck. Der Maschinenbau bedarf im allgemeinen eines verhältnismäßig festen, harten Lotes, das auch leichte Stöße und Schläge noch aushält. Das Messing-, Hart- oder Schlaglot findet daher vorzugsweise Verwendung. Wegen seiner bei verhältnismäßig hohem Schmelzpunkt (etwa 300° C.) eintretenden Strengflüssigkeit heißt es auch Strenglot. Es besteht aus zerkörntem Messing und Zink, bisweilen auch noch Zinn in den verschiedensten Zusammensetzungen, je nach Erfordernis. Je höher der Prozentsatz an Messing (bis 85 Gewichtsprozent), desto strengflüssiger ist es, desto sorgfältiger ist also zu bewirken, daß es in die Lötfuge auch wirklich eindringt. Für untergeordnete Lötungen (Blechfugen u. ä.), die niemals größeren Krafteinwirkungen ausgesetzt sind, wird Weichlot verwandt, das aus Zinn-Blei-Legierungen in verschiedensten Zusammensetzungen besteht. Sein niedriger Schmelzpunkt (180 bis 250° C.) macht es auch besser geeignet für Lötung leichtschmelzender Legierungen. Lote.

Das Lot muß nämlich stets einen niedrigeren Schmelzpunkt haben, als die zu lötenden Metalle, denn seine Wirkung beruht in einer nur oberflächlichen leichten Verschmelzung mit den gelöteten Metallen und ist durchschnittlich dem Kleben mit Kleister zu vergleichen, wenngleich bei einigen besonderen Lötverfahren auch wohl chemische Übergänge mitspielen, die eine dem Schweißen ähnliche Wirkung hervorbringen. Voraussetzung guter Lötung ist wie beim Schweißen eine metallisch reine Oberfläche, die durch Feilen unmittelbar vor dem Löten oder durch Abätzen erzielt wird. Die gebräuchlichen Ätzmittel sind Salzsäure, Lötwasser (Zink in Salzsäure gelöst), Lötsalz (eingedampftes Lötwasser mit Salmiak) oder fein gepulvertes Kolophonium, mit konzentriertem Ammoniak angerührt. Damit auch im Lötfeuer eine verunreinigende Oxydation ausgeschlossen bleibt, wird die Lötstelle mit Stoffen belegt, die bei der betreffenden Löttemperatur gerade den richtigen Flüssigkeitsgrad besitzen, um die Stelle einzuhüllen, aber nicht abzutröpfeln: bei Weichloten erfüllen Kolophonium, Stearin oder Salmiak, bei Hartloten Borax oder — bei sehr strengflüssigem Lot — Glaspulver diese Anforderung. Die beim Löten sich entwickelnden Dämpfe sind, wie hieraus ersichtlich, häufig gesundheitsschädlich. —

Auch der Lötverbindung kann, wie dem Kaltnieten, eine Kraftübertragung im Sinne des Maschinenbaus nie zugemutet werden. Immerhin wird ihre Haltbarkeit häufig unterschätzt. Die Verwechselung mit dem einfachen „Vergießen" mit Blei oder Zink, das man bei Lagern häufig anwendet, liegt nahe. Die Lötung ist aber doch eine wesentlich zuverlässigere Verbindung. Ihr Hauptübelstand liegt darin, daß ihre Zuverlässigkeit völlig von der Sorgfalt des Klempners, einem unbestimmten Rechnungsglied, abhängt. —

Einpressen. In der Mitte zwischen den unlösbaren und lösbaren Verbindungen steht die Verbindung durch **Einpressen**, die mit zunehmender Genauigkeit in der Bearbeitung der ineinander zu pressenden Stücke sich wachsender Beliebtheit erfreut und deshalb der besonderen Beachtung empfohlen wird. Der immerhin in ihr steckende Unsicherheitsgrad wird durch Zufügung einer besonderen Sicherung (Versplinten, Kaltnieten usw.) berücksichtigt.

Schrauben. Die lösbaren Verbindungen sind vor allem die Schrauben. Sie müssen mit besonderer Aufmerksamkeit „studiert" werden. Über die verschiedenen Arten des Gewindes (rechteckiges, dreieckiges, flaches, scharfes, Gas- und Fein-Gewinde), über ihre **Formen** (Kopf-, Mutter-, Vierkantkopf-, Rundkopf-, Hammerkopf- und versenkte Schrauben) sowie über die **Form ihrer Muttern** (Sechskant-, Kronen-, Flügel-, Bund-, Stell-, Überwurf- und Gegen- oder Kontermutter) muß von dem Studierenden bereits bei dem Eintritt in die Hochschule **völlige Klarheit** verlangt werden. Insbesondre ist wertvoll, wenn man aus eigner Erfahrung den großen Unterschied zwischen Paß-, Durchsteck- und Stiftschrauben kennt und den Grad der Zuverlässigkeit, mit der sie ihre Aufgabe erfüllen können. Und schließlich muß noch anempfohlen werden, daß man sich mit den Monteuren über die verschiedenen Sorten von **Schraubensicherungen** und ihre praktischen Erfahrungen damit unterhält. Selbst ein so unscheinbares und alltägliches Ding, wie ein Schraubenschlüssel, ist von großer Wichtigkeit für den Konstrukteur: denn besonders der Anfänger im Konstruieren pflegt den Platz, dessen das Anziehen der Muttern mit dem Schlüssel mindestens bedarf, gern zu knapp zu bemessen. —

Die zweite Hauptart der lösbaren Verbindungen ist die Verkeilung. Sie kommt vor allem zur Anwendung für die Befestigung von Rädern auf Wellen und Achsen. Die Herstellung von Nut und Keil, ihr Zusammenpassen, die Montage und vor allem die Demontage sind Dinge, deren genaueste Kenntnis von dem Volontär unbedingt erworben werden muß. Keile.

Neben den Verbindungen ist schließlich noch ein Gebiet von allgemeinster Bedeutung, das unmittelbar damit zusammenhängt: nämlich die Erzielung der Undurchlässigkeit der Verbindungsfugen gegenüber gepreßten Flüssigkeiten oder Gasen. Man unterscheidet bewegliche Dichtungen (Stopfbüchsen) und unbewegliche. Das Packen einer Stopfbüchse ist eine Sache, die jeder Ingenieur verstehen muß, wenn anders er die Bedeutung ihrer Zugänglichkeit, Wärme und Wirksamkeit richtig einschätzen soll. Als feste Dichtungen dienen Asbest in Pappen und Schnurform, Gummi, Leder, Hanf, vor allem aber Metalle, wie Kupfer, Messing, Blei. Je nach dem Fabrikationsgegenstand seiner Lehrwerkstätte wird der Volontär die eine oder andre kennen lernen und das genügt durchaus. Dichtungen. Stopfbüchsen

Eine Art der Dichtung ist aber von allgemeinster Bedeutung und ihre praktische Kenntnis für gute Konstruktion wesentliche Voraussetzung; das ist die Dichtung ohne Dichtungspackung: das Einschleifen oder Aufschleifen. Der Leser versäume nicht, sich über diesen Vorgang durch Anschauung zu belehren. Aufschleifen

Ein verwandtes Gebiet ist das Aufpassen von Fläche auf Fläche, welches überwiegend durch Schaben geschieht. Es ist für die Beobachtung der Formänderung des scheinbar so starren Baustoffs sehr lehrreich, und seine Langwierigkeit und vor allem seine von vornherein nicht vorauszusehende Dauer dürften eine eindringlichere Sprache zu dem Praktikanten reden, als der beste Vortrag des Professors auf der Hochschule, wie ungeheuer wichtig es ist, so zu konstruieren, daß das Schaben womöglich ganz wegfällt. — Schaben.

Es gibt noch unendlich Vieles, auf das bei der Schlosserei und Montage hingewiesen werden könnte. Aber zweifellos ist die Buchform hierzu nicht fähig, da ein bloßes Aneinanderreihen weiterer Einzelheiten ermüden würde und mit Recht Gefahr liefe, überblättert zu werden. In den Beobachtungshinweisen dieses Abschnittes werden noch einige Fragen von Wichtigkeit hervorgehoben werden.

Noch einmal sei zum Schluß betont, daß gerade in bezug auf Schlosserei und Montage für den Neuling die gründliche Erlernung des rein Handwerksmäßigen bei gleichzeitiger reger Beobachtung vorerst, d. h. vor dem Studium, völlig ausreicht, — selbst wenn ihm manches noch unklar bleibt. Umso nötiger ist eine Wiederholung des Aufenthalts in der Montage nach einigen Semestern des Studiums.

Beobachtungswinke.

Wie entscheidet der Schlosser, ob das Schleifen eines „Sitzes" lange genug angedauert hat?

Was sind Paßstifte oder Prisonstifte? Wann werden sie eingebracht und wie kann man sie bei der Demontage herausbekommen?

Welchem Zweck dienen Paßringe?

Wie werden Stiftschrauben ein- und ausgeschraubt?

Welchen Zweck haben Abpreßschrauben (in Deckeln, Flanschen u. ä.)?

Wie werden beim Beginn einer Maschinenmontage die Hauptachsen festgelegt?

Aufspannen von Kolbenringen.

Einbringen eines Kolbens in die Zylinderbohrung.

Aufkeilen von Exzenterscheiben.

Einjustieren einer Werkzeugmaschine.

Wie weit kann die Bearbeitung sehr schwerer Stücke mit transportablen Werkzeugmaschinen bei unverrückt bleibendem Stück getrieben werden?

Einstellen einer Kraftmaschinen-Steuerung.

Herstellung der Ölnuten in Eisen, Bronce und Weißmetall.

Werkzeuge und Vorrichtungen.

Körner
Durchschläge
Schraubenzieher
Verstellbarer Mutterschlüssel (Franzose)
Vierkantschlüssel
Aufsteckschlüssel
Schneidkluppen
Gasrohrschraubstock
Bankzwingen
Reifkloben
Spitzkloben
Stiftkloben
Flachzangen
Lochscheren
Kreuzmeißel („auskreuzen“)
Bankmeißel
Durchschläge
Locheisen
Lochzangen
Bastardfeilen
Barettfeilen
Vogelzungen
Scharnierfeile
Nadelfeile
Hohlfeile
Sägefeile
Lochfeile
Reibahle
Flachschaber
Hohlschaber
Prismenschaber
Herzschaber
Winkelreibahle
Spiral genutete Reibahle
Versenker
Zentrumbohrer
Spitzbohrer
Spiralbohrer
Metallsäge
Windebock
Hammerlötkolben
Spitzlötkolben
Gaslötkolben
Lötlampe
Lötzange
Lötrohr
Zylinderstichmaß
Senklot
Dosenlibelle

Schlußwort.

Wir sind am Ende unserer Betrachtungen angelangt, — oder besser: wir müssen unseren Betrachtungen hier ein Ziel setzen. Es gibt ja für den Volontär noch sehr vieles in seiner neuen Umwelt, dessen Erläuterung ihm wünschenwert wäre.

Vor allem war wenig oder gar nicht die Rede von dem, was alle die Maschinen rings um ihn her belebt: der Krafterzeugung und Kraftübertragung in den Fabriken. Noch vor 15 Jahren hätte eine Besprechung dieses Gebietes wohl in den Rahmen dieses Buches eingefügt werden können: denn es kamen in Betracht nur Dampfkraft, Wellentransmission und einige hydraulische Anlagen. Heute findet sich mannigfachste Erzeugung elektrischer Betriebskraft durch Kolbendampfmaschinen, Dampfturbinen, Gasmaschinen, Ölmotoren, — und verschiedenartigste Kraftübertragung: mittelst Elektrizität, Wellentransmission, Druckwasser, vor allem neuerdings Druckluft. Das sind Gebiete, deren Umgrenzung allein Seiten füllen würde.

Ferner fehlt aus demselben Grunde überwältigender Vielheit ein Eingehen auf diese Maschinen aus dem Gesichtspunkt heraus, daß sie die Fabrikationsgegenstände der Werke sein können, in denen die Volontäre arbeiten.

Es gibt jedoch eine große Menge von Literatur, die diese Dinge in leichtverständlicher Form behandeln. Leider finden sich solche Bücher, die es verstehen, Sachlichkeit und Verständlichkeit mit Knappheit und richtiger Heraushebung des Wesentlichen zu vereinen, verhältnismäßig wenige. Ohne damit aussprechen zu wollen, daß es nicht besser geeignete Bücher gäbe, möchte hier nur der Verfasser ein paar ihm zufällig in die Hand gefallene nennen, die er für recht geeignet hält.

Es sind dies:

Vor allem: „Das Werden und Wesen der Maschine“ von A. W. H. Roth, Berlin 1904, Verlag Alfred Schall, in Taschenformat, M. 4,50.

Dann: Karl Schreber, Die Kraftmaschinen, Leipzig 1903, B. G. Teubner, 342 S.

und schließlich aus „Teubners Handbüchern für Handel und Gewerbe“:

„Die Anlage von Fabriken“ von Haberstroh, Görts, Weidlich & Dr. Stegemann, insbesondere der Abschnitt von Görts: „Innere Einrichtung“ S. 278 bis 447. Leipzig 1907, B. G. Teubner, M. 12,80. —

Hiermit möchte sich der Verfasser vom Leser verabschieden. Er kann keinen besseren Wunsch aussprechen, als daß die mit Absicht dem Beginn des Studiums vorgeschaltete praktische Arbeitszeit ihn lehren möge, er könne nur dann ein richtiger Ingenieur werden, wenn er auf der Hochschule nie vergißt, daß der Ingenieurberuf nicht nur den Erwerb von Wissen, sondern auch tiefstes Verständnis für die Anforderungen des Lebens voraussetzt. Nur der ist ein echter Ingenieur, der an seinem Reißbrett vorbei in die Werkstatt, und aus ihr in die weite Welt blickt, und der sich auf seinen Posten vorbereitet hat durch Ausbildung der Fertigkeiten, der Fachkenntnisse, der Allgemeinbildung und — des Charakters.

Erläuterungstafel für einige technische Maße.

---

1 engl. (1 Zoll englisch) = 25,4 mm.

Tourenzahl = Zahl der Umdrehungen in der Minute.

1 at oder 1 Atm. (1 Atmosphäre) = 1 kg/qcm (1 Kilogramm pro qcm) = 733 mm Hg (733 mm Quecksilbersäule) = 10000 mm Wassersäule.

„1 at absolut" bedeutet: 1 at Druck gerechnet gegenüber dem absoluten Vakuum; die uns umgebende Luft hat somit rund 1 at absoluten Druck.

„1 at Überdruck" bedeutet: 1 at Druck gerechnet gegenüber dem atmosphärischen Druck; die uns umgebende Luft hat also den Überdruck Null.

„10% Vakuum" bedeutet: (1—0,10) · 733 mm Hg = 0,9 at absolut.

1 PS (Pferdestärke) = 75 mkg/sek (75 Meterkilogramm pro Sekunde) = 736 Watt.

1 KW oder 1 KVA (1 Kilowatt) = 1000 W oder 1000 VA (1000 Watt oder 1000 Voltampere) = Einheit des Produkts aus Volt und Ampere eines Stromes = Einheit der Leistung eines Stromes = rund $^4/_3$ PS.

„Effektive Leistung" einer Maschine ist die an der Achse ihres Treibrades zur Verfügung stehende Leistung (sekundliche Arbeit), die um den Betrag der Reibungs-, Erschütterungs-, usw. Verluste geringer ist, als die tatsächlich im Kraftzentrum (Zylinder) in den Mechanismus eingeleitete „Indizierte Leistung".

$$\frac{\text{Effektive Leistung}}{\text{Indizierte Leistung}} = \text{Wirkungsgrad.}$$

Anhang.

1. Auszug aus den „Bestimmungen" der Technischen Hochschulen und großen Fachvereine „über die Ausbildung der jungen Männer, welche an technischen Hochschulen Maschineningenieurwesen usw. studieren wollen".

2. Hauptpunkte und Nachweise der Bestimmungen aller deutschen Staats-Eisenbahnverwaltungen über die praktische Tätigkeit in ihren Werkstätten.

3. Hauptpunkte und Nachweise der Bestimmungen über die praktische Tätigkeit auf den Kaiserlichen Werften.

I.

Bestimmungen über die Ausbildung der jungen Männer, welche an technischen Hochschulen Maschineningenieurwesen einschließlich Elektrotechnik und Schiffbau oder Hüttenwesen studieren wollen,

entworfen von Vertretern technischer Hochschulen und der folgenden Vereine: Verein deutscher Ingenieure, Verein deutscher Eisenhüttenleute, Verein deutscher Maschinenbauanstalten, Verband deutscher Elektrotechniker, Verein deutscher Werkzeugmaschinenfabriken, Schiffbautechnische Gesellschaft, Verein deutscher Eisen- und Stahl-Industrieller, Nordwestliche Gruppe des Vereines deutscher Eisen- und Stahl-Industrieller, Gesamtverband deutscher Metallindustrieller, Verein deutscher Eisengießereien.

§ 1.

Als ordentliche Studierende an den technischen Hochschulen sind nur solche zuzulassen, welche

a) das Reifezeugnis einer Oberrealschule, eines Realgymnasiums, eines Gymnasiums oder einer diesen Schulen inbezug auf das technische Studium gleichgestellten Lehranstalt besitzen,

b) eine mindestens einjährige praktische Ausbildung nachweisen.

Die Erwerbung des Titels als Diplomingenieur und somit desjenigen als Doktor-Ingenieur ist an die Bedingung des Nachweises dieser einjährigen praktischen Ausbildung zu knüpfen.

§ 2.

Hinsichtlich der in § 1 unter b geforderten Ausbildung wird folgendes bestimmt:

a) Zweck der praktischen Ausbildung.

Die praktische Ausbildung soll den Lehrbeflissenen (Praktikanten) als Arbeiter ohne Sonderstellung mit den Werkstattarbeiten und der industriellen Produktion bekannt machen und ihm Gelegenheit geben, die Arbeiter durch unmittelbaren Verkehr richtig beurteilen, behandeln und in ihrer Denkweise verstehen zu lernen.

Die praktische Ausbildung hat in Werkstätten technischer Betriebe zu erfolgen. Lehrwerkstätten, welche außerhalb der industriellen Produktion stehen, in denen hauptsächlich nur Lehrlinge von Meistern unterrichtet, aber keine Arbeiter gewerblich beschäftigt werden, eignen sich nicht zu dieser Ausbildung.

b) Praktische Ausbildung derjenigen, welche Maschineningenieurwesen einschließlich Elektrotechnik studieren wollen.

Mit dem Formen, Schmieden, Feilen, Meißeln, Hobeln, Drehen usw. hat sich der Lehrbeflissene soweit vertraut zu machen, daß er befähigt wird, die Schwierigkeiten der einzelnen Arbeiten zu beurteilen und an der Ausführung und Aufstellung von Maschinen selbsttätig teilzunehmen. Zu diesem Zwecke hat er sich auch hinreichende Handfertigkeit bei diesen Arbeiten zu erwerben.

Besonderer Wert ist sodann bei der praktischen Ausbildung auf die Kenntnis der Materialien und ihres Verhaltens bei der Bearbeitung zu legen, ferner auf die Kenntnis der verschiedenen Arten der Bearbeitung, auf die Handhabung der Werkzeuge und die Benutzung der Werkzeugmaschinen, auf die Kenntnis der im Maschinenbau üblichen Formen, sowohl hinsichtlich ihrer Zweckmäßigkeit als auch in bezug auf die Entwicklung des Formensinnes an sich. Der Forderung in letzterer Richtung hat insbesondere die Tätigkeit in der Formerei und Modelltischlerei zu dienen.

Die Tätigkeit in der Formerei und Modelltischlerei soll zusammen etwa 4 Monate, diejenige in der Schlosserei wenigstens 5 bis 6 Monate umfassen, während auf die Tätigkeit in der Schmiede und Dreherei etwa je 1 Monat zu verwenden ist; auch sind für die Tätigkeit als Anreißer einige Wochen vorzusehen.

Für diejenigen, welche sich später mit Eisenkonstruktionen zu beschäftigen gedenken, empfiehlt es sich, wenigstens einen Monat in einer Kesselschmiede oder in einer Eisenbahnbauanstalt zu arbeiten oder sich auf einer Werft mit den Nietarbeiten vertraut zu machen.

Diejenigen Lehrbeflissenen, die sich im besonderen der Elektrotechnik zuwenden wollen, müssen 4 bis 6 Wochen der für die Schlosserei bestimmten Zeit auf Ankerwicklung verwenden.

Die Reihenfolge der Beschäftigung in den verschiedenen Werkstätteabteilungen kann je nach den Verhältnissen verschieden sein. Sie ist in der Regel durch den Leiter der Werkstätten zu bestimmen, der insbesondere auch darüber wachen wird, daß der Lehrbeflissene die Arbeitsordnung, welcher er sich in vollem Umfange zu unterwerfen hat, pünktlich einhält, sowie daß er bestrebt und in der Lage ist, den Zweck der Werkstattätigkeit nach Möglichkeit zu erreichen.

e) Praktische Tätigkeit während der Studienzeit.

Für alle Lehrbeflissenen empfiehlt es sich, während ihrer Studienzeit die großen Ferien zu praktischer Tätigkeit zu benutzen, welche sie — je nach ihrer besonderen Fachrichtung — mit Reparaturen und Montagen maschineller Anlagen, mit dem hüttenmännischen Betriebe, mit der Führung von Betriebsmaschinen usw. vertraut macht; insbesondere ist den Studierenden des Schiffs- und Schiffsmaschinenbaues zu empfehlen, während der Ferien als Hilfsmaschinist und Hilfsheizer Reisen an Bord größerer Dampfer zu machen.

f) Lohnvergütung; Kranken- und Unfallversicherung.

Ob und in welchem Maße dem Lehrbeflissenen eine Lohnvergütung zu gewähren ist, bleibt dem Ermessen der Betriebsleitung überlassen.

Der Lehrbeflissene muß vor Antritt seiner praktischen Tätigkeit den Nachweis genügender Kranken- und Unfallversicherung beibringen.

§ 7.

Unter der Voraussetzung, daß die technischen Hochschulen des Deutschen Reiches nach Maßgabe des in § 1, § 3 bis § 6 Ausgesprochenen verfahren, erklären sich die eingangs genannten technischen und industriellen Körperschaften bereit, dafür Sorge zu tragen, daß in den Betrieben ihrer Mitglieder, soweit sie sich hierzu eignen, die in § 2 behandelte praktische Ausbildung gegen ein Lehrgeld erlangt werden kann, welches in der Regel 300 M., höchstens bis 500 M. betragen soll.

II.

Hauptpunkte und Nachweise der Bestimmungen über die praktische Tätigkeit in Eisenbahnwerkstätten.

A. Preußisch-Hessische Staatseisenbahngemeinschaft.

1. Seit dem 1. IV. 1906 unterliegen auch für künftige staatlich angestellte Ingenieure Studiengang und praktische Arbeit vor und während des Studiums lediglich den allgemein seitens der technischen Hochschulen erlassenen Bestimmungen. Junge Männer, welche die Absicht haben die staatliche Laufbahn einzuschlagen, brauchen vor Ablegung ihrer Diplom-

Hauptprüfung überhaupt nicht mit den Eisenbahnbehörden in Fühlung zu treten.

2. Die Werkstätten der preußisch-hessischen Staatseisenbahngemeinschaft nehmen junge Leute als Volontäre an, soweit Platz vorhanden ist. Annahme geschieht auf 1 Jahr ohne Unterbrechung, oder in Abteilungen von 6 und 3mal 2 Monaten, letztere in den Hochschulferien (August und September).

3. Die Gebühr beträgt 300 M., und zwar 200 M. beim Eintritt, 100 M. nach 6 Monaten.

4. Die Meldung ist einzureichen bei derjenigen Eisenbahndirektion, in deren Bezirk die Ausbildung gewünscht wird; für Hessen in der Eisenbahndirektion Mainz. Bestimmte Werkstätte kann beantragt werden. Zeitpunkt der Meldung: jeweils einige Wochen vor 1. IV. oder 1. X.

5. Beizufügen ist das Reifezeugnis eines Gymnasiums oder Realgymnasiums des Deutschen Reichs oder einer preußischen Oberrealschule.

Näheres gibt: **„Eisenbahn-Verordnungs-Blatt" 1906, Nr. 29 (3. Mai).**
Zu beziehen durch alle Postanstalten und Buchhandlungen.

Werkstätten der K. P. E. V., in denen Volontäre Aufnahme finden
(nach den „Geschäftlichen Mitteilungen" der Preußisch-Hessischen Staatseisenbahngemeinschaft; nur für den Dienstgebrauch und nicht erhältlich).

Direktionsbezirk:	Werkstätten:
Altona	Neumünster
	Wittenberge
	Glückstadt (Nebenwerkstätte).
Berlin	Berlin, Markgrafendamm
	Berlin, Ostbahnhof
	Grunewald (Eichkamp)
	Potsdam
	Tempelhof.
Breslau	Breslau, Oberschlesischer Bahnhof
	Breslau, Odertor
	Breslau, Freiburg
	Lauban.
Bromberg	Bromberg.
Cassel	Arnsberg
	Cassel
Cassel	Göttingen
	Paderborn.
Cöln	Oppum
	Cöln (Nippes).
Danzig	—
Elberfeld	Langenberg
	Opladen
	Siegen.
Erfurt	Erfurt
	Gotha
	Jena
	Meiningen.
Essen (Ruhr)	Dortmund
	Speldorf
	Witten.
Frankfurt (Main)	Betzdorf
	Frankfurt
	Fulda
	Limburg a. Lahn.

Direktionsbezirk:	Werkstätten:	Direktionsbezirk:	Werkstätten:
Halle (Saale)	Cottbus Halle.	**Münster**	Lingen Osnabrück.
Hannover	Leinhausen Stendal.	**Posen**	Frankfurt a. Oder Guben Posen.
Kattowitz	Gleiwitz Ratibor.	**St. Johann-Saarbrücken**	Karthaus Saarbrücken St. Wendel (Nebenwerkstätte).
Königsberg i. Preußen	Königsberg Osterode i. Ostpr.	**Stettin**	Eberswalde Greifswald Stargard i. Pomm.
Magdeburg	Braunschweig Halberstadt Magdeburg-Buckau.		
Mainz	—		

B. Reichseisenbahnverwaltung (Elsaß-Lothringen).

1. Für die Ausbildung und Prüfung der Bewerber um die höheren maschinentechnischen Beamtenstellen treten jedesmal die Vorschriften desjenigen deutschen Bundesstaates in Wirkung, in dem der Bewerber die Staatsprüfung abzulegen beabsichtigt.

2. Für (anheimgestellte) praktische Tätigkeit in Reichseisenbahnwerkstätten gelten genau dieselben Bestimmungen wie in der Preußisch-Hessischen Staatseisenbahngemeinschaft (siehe unter A).

3. Meldungen und Anfragen sind zu richten an die Kaiserliche Generaldirektion der Eisenbahnen in Elsaß-Lothringen zu Straßburg.

4. **Es kommen in Betracht die Eisenbahnwerkstätten:**

Hauptwerkstätten: Mülhausen, Bischheim bei Straßburg, Montigny bei Metz.

Nebenwerkstätten: Saargemünd und Luxemburg.

C. Königlich Sächsische Staatseisenbahnen.

1. Ableistung der einjährigen praktischen Tätigkeit braucht keinesfalls in den Staatseisenbahnwerkstätten zu erfolgen.

2. Für (anheimgestellte) praktische Tätigkeit gelten dieselben Vorschriften, wie in Preußen (siehe unter A), mit folgenden wesentlichen Abweichungen:

3. Die Meldung ist bei der Generaldirektion der Staatseisenbahnen, Abteilung III, zu Dresden einzureichen. Beizufügen ist das Reifezeugnis eines Gymnasiums oder Realgymnasiums des Deutschen Reichs.

4. Die Gebühr beträgt nur 200 M. und wird im Falle der Anstellung im sächsischen Staatsdienste als Regierungsbaumeister nach zweijähriger Dienstzeit zurückgezahlt.

Näheres gibt **Anlage 1** der „**Vorschriften über die Ausbildung und Prüfung für den höheren Staatsdienst im Baufache vom 25. Februar 1904**"; zu beziehen von der Verlagsbuchhandlung und Druckerei von C. Heinrich in Dresden-N., kleine Meißnergasse 4.

Für Ausbildung von Volontären kommen in Betracht die Staatseisenbahnwerkstätten in Dresden, Chemnitz, Leipzig und Zwickau.

D. Königlich Bayrische Staatseisenbahnen.

Briefliche Antwort auf eine Anfrage des Verfassers bei der Generaldirektion der K. B. Staatseisenbahnen in München besagt: „Die Ableistung eines Volontär-Jahres in einer Werkstätte vor dem Studium ist in Bayern nicht verlangt. Die praktische Werkstätte-Ausbildung erfolgt erst nach der Zulassung zum Vorbereitungsdienst bei den K. B. Staatseisenbahnen in einer unserer Zentral-Werkstätten."

Für diese ist Voraussetzung das Absolutorial-Zeugnis eines humanistischen oder Realgymnasiums und das Diplom der technischen Hochschule zu München, entweder für Maschinen- oder Elektro-Ingenieure, verbunden mit Leumundszeugnis.

E. Königlich Württembergische Staatseisenbahnen.

1. Ableistung einer wenigstens einjährigen Werkstattstätigkeit vor der maschinentechnisch-naturwissenschaftlichen Vorprüfung (auf der Techn. Hochschule) ist zwingende Vorschrift für spätere Anstellung im Staatsdienste. Sie kann in den Staatseisenbahnwerkstätten, aber auch in jeder württembergischen oder nicht württembergischen staatlichen oder privaten Werkstätte, auch wenn nicht für Eisenbahnmaterial arbeitend, abgeleistet werden, welche hierzu geeignet ist; hierüber entscheidet auf Ansuchen die Abteilung für Maschineningenieurwesen der K. Techn. Hochschule in Stuttgart.

2. Gesuche um Aufnahme in eine staatliche Werkstätte sind einige Zeit vor dem gewünschten Eintritt durch Vermittlung der Maschineningenieurabteilung der K. Techn. Hochschule an die Königliche Generaldirektion der Staatseisenbahnen zu Stuttgart zu richten.

3. Beizufügen ist das Reifezeugnis an einer zehnklassigen Realanstalt oder an einem Realgymnasium, und im Falle der Minderjährigkeit die schriftliche Einwilligung des Vaters oder Vormundes.

4. Die Vergütung beträgt bei der Verkehrsanstaltenverwaltung pro Jahr 300 M., welche zur Hälfte beim Eintritt, zur anderen Hälfte nach einem halben Jahre zu bezahlen sind. Für Bedürftige und Würdige (Nachweis durch Zeugnis der Gemeindeverwaltung) Herabminderung des Satzes auf die Hälfte, für Söhne von Angestellten der Verkehrsanstalten auf ein Drittel.

Näheres ergeben:

Ministerialverfügung vom 10. V. 1892 (**Regierungsblatt 1892, Nr. 12,** Seite 162, § 1),

Ministerialverfügung vom 30. VI. 1893 (**Regierungsblatt 1893, Nr. 17,** Seite 223, §§ 5—8 und 16—17).

Die betr. Nummern des Reg.-Blattes sind durch den Buchhandel oder auch bei der Expedition des Regierungsblattes in Stuttgart käuflich zu beziehen.

In Betracht kommen:

die Wagenwerkstätte in Cannstatt, Lokomotivwerkstätten in Eßlingen, Aalen, Friedrichshafen und Rottweil, Betriebswerkstätten am Sitze der Maschineninspektionen in Stuttgart, Heilbronn, Ulm und Tübingen; die Beschäftigung als Former und Modellschreiner nur in der Lokomotivwerkstätte Aalen.

F. Großherzoglich Badische Staatseisenbahnen.

1. Für die Vorbereitung zur höheren staatlichen Maschineningenieurlaufbahn sind maßgebend die Bestimmungen der Großherzoglichen Technischen Hochschule in Karlsruhe. Hiernach kann die praktische Arbeitszeit in einer Maschinenfabrik oder in den staatlichen Eisenbahnwerkstätten erfolgen. Ausreichend sind 9 Monate und zwar: 3 Monate in der Schlosserei, 2 Monate mechanische Werkstätte, 1 Monat Schmiede, 3 Monate Gießerei und Modelltischlerei.

2. Hierzu tritt, aber keinesfalls vor Ablegung der Diplomvorprüfung, am Ende des zweiten Studienjahres ein dreimonatlicher Fahrdienst auf der Lokomotive.

3. Die Werkstätten der badischen Staatsbahnen nehmen „Arbeitsfreiwillige" auf, soweit Platz vorhanden ist, und sofern sie beabsichtigen, späterhin in den Staatsdienst zu treten. Eine bindende Verpflichtung hierzu ist nicht einzugehen.

4. Die Staatsbahnverwaltung verlangt für die praktische Beschäftigung keinerlei Entgelt, übernimmt aber auch keine Versicherungspflicht für etwaige Unfälle.

5. Die Meldung ist einzureichen einige Zeit vor dem Eintrittstermin bei der großherzoglichen Verwaltung derjenigen Werkstätte, in der der Arbeitsfreiwillige zu arbeiten beabsichtigt.

6. Beizufügen ist der Nachweis badischer Staatsangehörigkeit, sowie das Reifezeugnis eines deutschen Gymnasiums oder Realgymnasiums, oder einer deutschen Oberrealschule.

Näheres geben:

1. die **Bestimmungen für Zulassung zum Studium des Maschinenbaufachs auf der großherzoglichen technischen Hochschule zu Karlsruhe**; erhältlich bei ihrem Sekretariat.

2. **„Verordnungs-Blatt der Großherzoglichen Generaldirektion der Staatseisenbahnen“ Nr. 19 vom 7. XII. 1906, S. 89 f.**; erhältlich durch die C. F. Müllersche Hofbuchhandlung in Karlsruhe.

Eisenbahnwerkstätten, in denen Arbeitsfreiwillige Aufnahme finden, sind: die Großherzoglichen Hauptwerkstätten zu Karlsruhe, Heidelberg und Offenburg.

G. Großherzoglich Oldenburgische Staatseisenbahnen.

Im Winter 1907/08 wird eine gesetzliche Neuregelung der Vorschriften voraussichtlich vor sich gehen.

Bis dahin gilt:

1. Die Ablegung eines Volöntärjahres vor dem Studium ist nicht obligatorisch für Annahme zum höheren Staatsdienst als Maschineningenieur. Der Bauführer-(Diplom-Haupt-)Prüfung hat eine sechsmonatliche praktische Ausbildung zu folgen; die etwa vor der Prüfung durchgemachte Ausbildungszeit kann aber angerechnet werden.

2. Diese Ausbildung kann in Privatfabriken oder in der Großherzoglichen Eisenbahnwerkstätte zu Oldenburg erfolgen.

3. Zugelassen wird in diese nur eine beschränkte Anzahl. Zeitige Anmeldung ist daher ratsam.

4. Eine Vergütung wird nicht vorlangt.

5. Anmeldung hat zu erfolgen bei der Großherzoglichen Eisenbahndirektion zu Oldenburg.

6. Über die beizufügenden Zeugnisse bestehen keine Vorschriften. Es wird von Fall zu Fall über die Aufnahme entschieden.

Näheres ergibt:

„Gesetzblatt für das Herzogthum Oldenburg,“ XXIV. Band, vom 22. März 1877, 56. Stück.

H. Großherzoglich Mecklenburgische Staatseisenbahnen.

Akademische Maschinenbauvolontäre werden an den Werkstätten der Direktion nicht angenommen. Bestimmungen darüber existieren daher nicht.

III.

Hauptpunkte und Nachweise der Bestimmungen über die praktische Tätigkeit auf den Kaiserlichen Werften.

Hauptpunkte:

§ 6. Dem Beginne des Studiums geht eine praktische Tätigkeit von mindestens einem Jahr auf den Kaiserlichen Werften und ausnahmsweise auch auf solchen Privatwerften und Privatmaschinenfabriken voran, welche den Schiffsmaschinenbau betreiben und für den Bau von Kriegsschiffen als leistungsfähig bekannt sind.

§ 7. Behufs Zulassung zur praktischen Beschäftigung hat sich der Anwärter an diejenige Kaiserliche Werft zu wenden, in deren Betriebe er die praktische Vorbildung zu erlangen wünscht (Kiel oder Wilhelmshaven).

Dem Gesuche ist beizufügen:

a) Der Lebenslauf, welcher auch über die Militärverhältnisse Auskunft zu geben hat;

b) das Reifezeugnis von einem Gymnasium, einem Realgymnasium (Realschule 1. Ordnung) oder einer Oberrealschule des Deutschen Reichs;

c) die Benachrichtigung der Seekadetten-Annahmekommission über die Annahme als Einjährig-Freiwilliger oder, wenn der Anwärter schon den einjährig-freiwilligen Militärdienst bei der I. Matrosendivision abgeleistet hat, der Nachweis der Entlassung als Reserveoffiziersaspirant. Abweichungen hiervon bedürfen der Genehmigung des Staatssekretärs des Reichs-Marine-Amts.

Gesuch und Lebenslauf sind in deutscher Sprache abzufassen und eigenhändig zu schreiben.

Die Kaiserlichen Werften nehmen andere junge Leute, als die nach den angegebenen Bestimmungen qualifizierten, nicht an.

Ein Entgelt wird für die Beschäftigung als Eleve nicht erhoben; auch wird kein Lohn gezahlt.

Alle näheren Bestimmungen sind vereinigt in den

„**Vorschriften über die Ausbildung, Prüfung und Anstellung im Schiffbaufache und im Maschinenbaufache der Kaiserlichen Marine**", Neudruck vom September 1903; zu beziehen bei der Königlichen Hofbuchhandlung von Ernst Siegfried Mittler & Sohn in Berlin, Kochstraße 68/71.

Sachregister.

NB. Die Schlagwörter der Inhaltsübersicht am Anfang des Buches sind in dieses Register im allgemeinen **nicht** mit aufgenommen, ebenso nicht die in den „Beobachtungswinken" enthaltenen Werkzeuge usw.